AutoUni – Schriftenreihe

Band 113

Reihe herausgegeben von / Edited by
Volkswagen Aktiengesellschaft
AutoUni

Die Volkswagen AutoUni bietet Wissenschaftlern und Promovierenden des Volkswagen Konzerns die Möglichkeit, ihre Forschungsergebnisse in Form von Monographien und Dissertationen im Rahmen der „AutoUni Schriftenreihe" kostenfrei zu veröffentlichen. Die AutoUni ist eine international tätige wissenschaftliche Einrichtung des Konzerns, die durch Forschung und Lehre aktuelles mobilitätsbezogenes Wissen auf Hochschulniveau erzeugt und vermittelt.

Die neun Institute der AutoUni decken das Fachwissen der unterschiedlichen Geschäftsbereiche ab, welches für den Erfolg des Volkswagen Konzerns unabdingbar ist. Im Fokus steht dabei die Schaffung und Verankerung von neuem Wissen und die Förderung des Wissensaustausches. Zusätzlich zu der fachlichen Weiterbildung und Vertiefung von Kompetenzen der Konzernangehörigen, fördert und unterstützt die AutoUni als Partner die Doktorandinnen und Doktoranden von Volkswagen auf ihrem Weg zu einer erfolgreichen Promotion durch vielfältige Angebote – die Veröffentlichung der Dissertationen ist eines davon. Über die Veröffentlichung in der AutoUni Schriftenreihe werden die Resultate nicht nur für alle Konzernangehörigen, sondern auch für die Öffentlichkeit zugänglich.

The Volkswagen AutoUni offers scientists and PhD students of the Volkswagen Group the opportunity to publish their scientific results as monographs or doctor's theses within the "AutoUni Schriftenreihe" free of cost. The AutoUni is an international scientific educational institution of the Volkswagen Group Academy, which produces and disseminates current mobility-related knowledge through its research and tailor-made further education courses. The AutoUni's nine institutes cover the expertise of the different business units, which is indispensable for the success of the Volkswagen Group. The focus lies on the creation, anchorage and transfer of knew knowledge.

In addition to the professional expert training and the development of specialized skills and knowledge of the Volkswagen Group members, the AutoUni supports and accompanies the PhD students on their way to successful graduation through a variety of offerings. The publication of the doctor's theses is one of such offers. The publication within the AutoUni Schriftenreihe makes the results accessible to all Volkswagen Group members as well as to the public.

Reihe herausgegeben von / Edited by
Volkswagen Aktiengesellschaft
AutoUni
Brieffach 1231
D-38436 Wolfsburg
http://www.autouni.de

Weitere Bände in der Reihe http://www.springer.com/series/15136

Philipp Andreas Rosen

Beitrag zur Optimierung von Wasserstoff-druckbehältern

Thermische und geometrische Optimierung für die automobile Anwendung

Mit einem Geleitwort von
Prof. Dr.-Ing. Thomas von Unwerth

 Springer

Philipp Andreas Rosen
Wolfsburg, Deutschland

Zugl.: Dissertation, Technischen Universität Chemnitz, 2017

Einreichungstitel: Beitrag zur thermischen und geometrischen Optimierung von Wasserstoffdruckbehältern für die automobile Anwendung

D93

Die Ergebnisse, Meinungen und Schlüsse der im Rahmen der AutoUni – Schriftenreihe veröffentlichten Doktorarbeiten sind allein die der Doktorandinnen und Doktoranden.

AutoUni – Schriftenreihe
ISBN 978-3-658-21123-3   ISBN 978-3-658-21124-0   (eBook)
https://doi.org/10.1007/978-3-658-21124-0

Die Deutsche Nationalbibliothek verzeichnet diese Publikation in der Deutschen National-bibliografie; detaillierte bibliografische Daten sind im Internet über http://dnb.d-nb.de abrufbar.

Springer ist ein Imprint der eingetragenen Gesellschaft Springer Fachmedien Wiesbaden GmbH und ist Teil von Springer Nature
Die Anschrift der Gesellschaft ist: Abraham-Lincoln-Str. 46, 65189 Wiesbaden, Germany

»Ich bin davon überzeugt, meine Freunde, daß das Wasser dereinst als Brennstoff Verwendung findet, daß Wasserstoff und Sauerstoff, [...], zur unerschöpflichen und bezüglich ihrer Intensität ganz ungeahnten Quelle der Wärme und des Lichts werden. Der Tag wird nicht ausbleiben, wo die Kohlenkammern der Steamer und die Tender der Lokomotiven statt der Kohle diese beiden Gase vielleicht in komprimiertem Zustand mitführen werden [...].«

(Aus: Jules Vernes „Die geheimnisvolle Insel", Wien 1076, D. 370)

Geleitwort

Die Dissertation von Herrn Philipp Rosen mit dem Titel „Beitrag zur thermischen und geometrischen Optimierung von Wasserstoffdruckbehältern für die automobile Anwendung" ist in einem äußerst aktuellen Themenbereich, der alternativen Antriebstechnik für den Individualverkehr, angesiedelt. Damit trifft diese Arbeit den Puls der Zeit, in der die Automobilindustrie vor einem großen Wandel steht, mit der Frage welche Antriebstechnologien zukünftig zum Einsatz kommen werden.

Die Dissertation liefert einen Beitrag zum Thema der Wasserstoffinfrastruktur für die Fahrzeugbetankung, was sich nicht zuletzt auf den gesamten Energiesektor bezüglich regenerativer Energien und der Möglichkeit zur Speicherung selbiger auswirken kann, sollten Brennstoffzellenfahrzeuge in großer Stückzahl zum Einsatz kommen.

Philipp Rosen zeigt in seiner Dissertation Möglichkeiten zur Optimierung von Druckwasserstoffspeichern im automobilen Umfeld auf. Hierbei geht er insbesondere auf die Herausforderung ein, Tanksysteme ausreichender Größe in das Fahrzeugpackage zu integrieren, sowie auf die thermodynamischen Besonderheiten, die bei der Nutzung eines derartigen Speichersystems durch Betankung und den Fahrbetrieb entstehen.

Mit Hilfe des von Philipp Rosen entwickelten Modells zur Speicherdimensionierung in großen Parameterräumen wird eine effizientere Auslegung in der frühen Konzeptphase ermöglicht. Hierbei können je nach Entwicklungsfokus (z.B. Low Budget oder maximale Reichweite) optimierte Dimensionen berechnet oder mögliche Kompromisse zwischen den vorgegebenen Parametergrenzen aufgezeigt werden. Durch die Einbindung der Speicherdimensionierung kann das Gesamtfahrzeugpackage ganzheitlich bewertet werden und somit der, v.a. bei alternativen Antrieben wichtigen Entwicklungsgröße Reichweite, besser gerecht werden.

Mit den durchgeführten Materialuntersuchungen und den daran anknüpfenden CFD-Simulationen zeigt Philipp Rosen nicht nur die thermischen Besonderheiten der Wasserstoffbetankung auf, sondern weist auch einen möglichen Weg zur thermischen Optimierung von Druckwasserstoffspeichern. Die durch den gezielten Einsatz von wärmeleitfähigkeitssteigernden Füllstoffen erreichten Ergebnisse beschränken sich dabei nicht nur auf die thermische Verbesserung der Basismaterialien eines Druckspeichers, mit der eine Reduzierung der Materialbelastung und gesteigerte Reichweiten einhergehen. Darüber hinaus wird auch eine deutliche Reduktion der Permeation von Wasserstoff erreicht. Somit kann durch die Verwendung partikelgefüllter Polymere das Polymerportfolio um diejenigen erweitert werden, die bis dato aufgrund schlechter Permeationseigenschaften unberücksichtigt blieben.

Chemnitz

Prof. Dr.-Ing. Thomas von Unwerth
Leiter der Professur Alternative Fahrzeugantriebe
an der Fakultät Maschinenbau der
Technischen Universität Chemnitz

Vorwort

Die vorliegende Arbeit entstand während meiner Anstellung in der Konzernforschung der Volkswagen AG in enger Zusammenarbeit mit dem Institut für Automobilforschung der Technischen Universität Chemnitz.

Ich bedanke mich herzlich bei Herrn Prof. Dr. Thomas von Unwerth für die wissenschaftliche Betreuung der Arbeit sowie der Übernahme des Erstreferats. Weiterhin bedanke ich mich bei Herrn Prof. Dr.-Ing. habil. Prof. E. h. Prof. Lothar Kroll, für die Anfertigung des Zweitgutachtens.

Ich bedanke mich bei den Mitarbeitern und Studenten der Volkswagen AG sowie der TU Chemnitz, die mich auf dem Weg zur Erstellung der Dissertation begleitet haben.

Mein besonderer Dank gilt Herrn Dr. Michael Kahlich, der die Betreuung dieser Arbeit seitens der Volkswagen AG übernommen hat. Er stand mir jederzeit für Fragen und Diskussionen mit seiner Erfahrung zur Seite. Er vermittelte mir während der sehr bereichernden Zusammenarbeit eine große Wissensbasis zum Themenbereich der Wasserstoffspeicherung und ermöglichte so die Entstehung dieser Arbeit. Aber auch darüber hinaus entstand eine Freundschaft für die ich sehr dankbar bin.

Herrn Dr. Henning Volkmar danke ich für das entgegengebrachte Vertrauen und die Unterstützung, auf die ich beim Erstellen der Doktorarbeit jederzeit zählen konnte.

Meinem Kollegen Herrn Jörg Hain danke ich herzlich für die Beratung und Unterstützung bei werkstofflichen Fragen im Bereich Kunststoffe und für die Kontaktherstellung zum Technikum des Instituts für Recycling der Ostfalia Hochschule für angewandte Wissenschaften in Wolfsburg. Den dortigen Mitarbeitern Till Quabeck und Olaf Jung danke ich besonders für Ihre Geduld sowie für Rat und Tat bei der Materialaufbereitung, -verarbeitung und -prüfung.

Weiterhin danke ich meinen Kollegen Herrn Robert Ellmerich für die Unterstützung bei den Messungen zur thermischen Charakterisierung der Kunststoffproben sowie Herrn Sebastian Hagemann für die Unterstützung bei den FEREM-Aufnahmen der Kunststoffproben.

Mein Dank gilt außerdem Herrn Renner und Herrn Antonowitz von der Leichtbau-Zentrum Sachsen GmbH für die gute Zusammenarbeit und die Unterstützung bei den fasergerechten FEM-Simulationen sowie die lehrreichen fachlichen Gespräche.

Des Weiteren bedanke ich mich bei den Herrn Sturmbichler, Fraer und Henne der Ensinger GmbH für die unkomplizierte Zusammenarbeit.

Für motivierende, inspirierende und erfrischende Gespräche sowie Diskussionen sowohl fachlich als auch abseits von Promotion und Studium danke ich außerdem: Franciska, Kai, der Habichtgruppe, Tobias, Peter, Konstantin, Levent.

Besonders hervorheben möchte ich jedoch die bedingungslose Unterstützung, die ich während meiner gesamten Studien- und Promotionszeit durch meine Eltern und meinen Bruder erfahren durfte. Vielen Dank!

Philipp Rosen

Inhaltsverzeichnis

Abbildungsverzeichnis

Tabellenverzeichnis

Symbol- und Abkürzungsverzeichnis

Abkürzungen

Symbol	Beschreibung
AB	Amminboran
APRR	Average Pressure Ramp Rate (dt.: Durchschnittliche Druckrampe)
AWV	ausgeglichener Winkelverbund
BZ	Brennstoffzelle
CcH$_2$	Cryo Compressed Hydrogen (dt.: kryokomprimierter Wasserstoff)
CEP	Clean Energy Partnership (Europäisches Projekt)
CFD	Computational Fluid Dynamics (dt.: numerische Strömungsmechanik)
CFK	Carbonfaserverstärkter Kunststoff (Kohlenstofffaserverstärkter Kunststoff)
CGH$_2$	Compressed Gaseous Hydrogen (dt.: Druckwasserstoff)
CLT	Classical Lamination Theory (dt.: klassische Laminattheorie)
CNG	Compressed Natural Gas (dt.: Erdgas)
CNT	Carbon Nanotubes
COF	Covalent Organic Frameworks (dt.: kovalentorganische Rahmenstrukturen)
Com-Fill	Communication Filling (dt.: Betankung mit Kommunikation)
DDK	dynamische Differenzkalorimetrie (eng.: Differential Scanning Calorimetry)
DOE	U.S. Department of Energy
DSC	Differential Scanning Calorimetry (dt.: dynamische Differenzkalorimetrie, DDK)
dt.	deutsch
Eff$^{(res)}$	resultierende Gesamtanstrengung (Laminat)
el.	elektrisch
EOL	End of Life (dt.: Lebensdauerende)
EOS	Equation of State (Zustandsgleichung)
FB	Faserbruch
FEM	Finite Elemente Methode
FEREM	Feldemissions-Raster-Elektronenmikroskopie
fl.	flüssig
FKV	Faserkunststoffverbund
Fzg	Fahrzeug

G   Graphit (Füllstoff)

Gew.   Gewicht (Gew.-%, Gewichtsprozent)

GFK   Glasfaserverstärkter Kunststoff

HD   Hochdruck

HDPE   Hochdichtes Polyethylen (Polymer)

J-T   Joule-Thomson (-Koeffizient; -Effekt)

Ke   Keilelement

konst.   konstant

LH_2 Liquefied Hydrogen (dt.: Flüssigwasserstoff)

Li-Ion   Lithium-Ionen (Batterie)

LOHC   Liquid Organic Hydrogen Carrier (dt.: flüssige (organische) Wasserstoffträger)

LPG   Liquefied Petroleum Gas (dt.: Flüssiggas / Autogas)

LW   Lastwechsel

LZS   Leichtbau-Zentrum Sachsen GmbH

M   Mineral (Füllstoff)

MBWR   Modified Benedict-Webb-Rubin (Zustandsgleichung)

mod   modifiziert

MOF   Metal Organic Frameworks (dt.: Metallorganische Rahmenstrukturen)

ND   Niederdruck

NT   Niedertemperatur

NWP   Nominal Working Pressure (dt.: nominaler Arbeitsdruck)

OEM   Original Equipment Manufacturer (hier: Automobilhersteller)

PA   Polyamid (Polymer)

PEM-BZ   Polymerelektrolytmembran-Brennstoffzelle

RHC   Reactive Hydride Composite (dt.: Reaktive Hydrid-Komposite)

RT   Raumtemperatur

RTM   Resin Transfer Molding (dt.: Harz-Injektions-Verfahren)

SOC   State of Charge (dt.: Füllstand H_2-Tank / Ladezustand Batterie)

spez.   spezifisch

UD   unidirektional(e) (Schicht)

V   Version

WTE   Well-To-Engine (dt.: Energiequelle zu Motor; hier auch Brennstoffzelle)

WTT   Well-To-Tank (dt.: Energiequelle zu Tank)

ZFB   Zwischenfaserbruch

Zyl.   Zylinder

Griechische Symbole

Symbol	Beschreibung	Einheit
α	Wärmeübergangskoeffizient	$\dfrac{W}{m^2 \cdot K}$
	Thermischer Längenausdehnungskoeffizient	$\dfrac{1}{K}$
$\bar{\alpha}$	mittlerer thermischer Längenausdehnungskoeffizient	$\dfrac{1}{K}$
β	thermischer Volumenausdehnungskoeffizient	$\dfrac{1}{K}$
$\bar{\beta}$	mittlerer thermischer Volumenausdehnungskoeffizient	$\dfrac{1}{K}$
β_i	Faserwinkel	°
Δ	Änderung; Differenz	-
δ	Wandstärke, Fluidschichtdicke	m
ε_{FM}	Biegedehnung	%
ε_y	Streckdehnung	%
η	Wirkungsgrad	%
ϑ	Temperatur	°C
κ	Adiabatenexponent	-
λ	Wärmeleitfähigkeit	$\dfrac{W}{m \cdot K}$
μ_{rk}	Reibbeiwert (reibungsbehafteter Kontakt)	-
ν	Querkontraktionszahl	-
ρ	Dichte	$\dfrac{kg}{m^3}$
$\bar{\rho}_{Zyl}$	spezifische Zylindermasse	$\dfrac{kg}{l}$
σ	Spannung	MPa
σ_1	maximale Spannung in Faserrichtung des Laminates	MPa
σ_a	Axialspannung	MPa
σ_{FM}	Biegefestigkeit	MPa
σ_t	Tangentialspannung	MPa

σ_y	Streckspannung	MPa
τ	Tortuosität (Gewundenheit des Diffusionswegs)	-
φ	Volumenanteil	Vol.-%
ω	Faserwinkel des AWV	°

Lateinische Symbole

Symbol	Beschreibung	Einheit
A	Fläche	m^2
a	Temperaturleitfähigkeit	$\dfrac{m^2}{s}$
	Aspektverhältnis	-
a_{cN}	Charpy-Schlagzähigkeit von gekerbten Proben (N=A,B,C)	$\dfrac{kJ}{m^2}$
b	Breite	mm
	Kurvenparameter (nach Cuntze)	-
c	Konzentration	$\dfrac{m^3}{m^3}$
c	spezifische Wärmekapazität	$\dfrac{J}{kg \cdot K}$
D	Diffusionskoeffizient (eines Gases durch eine Membran)	$\dfrac{m^2}{s}$
	Durchmesser	mm
	Dormancy (Verlustfreie Zeit)	Wd
d	Proben-, Materialdicke	mm
	Diffusionsweg	mm
d`	verlängerter Diffusionsweg	mm
D_{10}	Partikelgrößenverteilung (10% der Partikel sind kleiner)	µm
D_{50}	Partikelgrößenverteilung (50% der Partikel sind kleiner)	µm
D_{90}	Partikelgrößenverteilung (90% der Partikel sind kleiner)	µm
$\bar{E}$	Energiebedarf bezogen auf den unteren Heizwert	%
E_f	Biegemodul (Elastizitätsmodul ermittelt im Biegeversuch)	MPa
Eff_{res}	resultierende Gesamtanstrengung (Laminat)	-
E_t	Zugmodul (Elastizitätsmodul ermittelt im Zugversuch)	MPa

F	Kraft	N
G	Schubmodul	MPa
h	Dicke	mm
h	spezifische Enthalpie	$\dfrac{kJ}{mol}$
J	Gasfluss (durch eine Membran)	$\dfrac{m^3}{m^2 \cdot h}$
k	Wärmedurchgangskoeffizient	$\dfrac{W}{m^2 \cdot K}$
L,l	Länge; Abstand	mm
	Partikellänge	µm
L/D	Länge zu Durchmesser (Verhältnis)	-
l_{fB}	freie Bosslänge	mm
m	Masse	kg
$\dot{m}$	Massenstrom	$\dfrac{g}{s}$
M	Molare Masse	$\dfrac{g}{mol}$
N	Anzahl	-
$\hat{n}_I; \hat{n}_{II}$	Hauptkräfte	N
p	Druck	MPa
P	Leistung	kW
$\bar{p}$	Partialdruck	bar
P	Permeabilität	$\dfrac{m \cdot m^3}{m^2 \cdot h \cdot bar}$
q	Gasdurchlässigkeit nach DIN 53380-2	$\dfrac{cm^3}{m^2 \cdot d \cdot bar}$
$\dot{Q}$	Wärmestrom	W
R	Wärmeleitwiderstand	$\dfrac{K}{W}$
	Festigkeitskennwert (Zug, Druck, Schub)	MPa
	Radius	mm
	allgemeine Gaskonstante	$\dfrac{J}{mol \cdot K}$
S	Löslichkeitskoeffizient	bar^{-1}
	Sicherheitsfaktor (FKV: Welligkeit, Schädigung)	-

$\bar{s}$	normierte Standardabweichung	-
s	Wandstärke	mm
T	absolute Temperatur	K
t	Zeit	s
U	innere Energie	J
u	Verformungsweg	mm
	spezifische innere Energie	$\frac{kJ}{kg}$
V	Volumen	l
v	spezifisches Volumen	$\frac{m^3}{kg}$
V_{innen}	Innenvolumen (Zylinder)	l
VST	Vicat-Softening Temperature (dt. -Erweichungstemperatur)	°C
W	Partikelbreite	µm
X	Position	m
Z	Zustand	-

Indizes

Symbol	Beschreibung
‖	parallel
⊥	senkrecht
III	Zylindertyp (Typ III)
IV	Zylindertyp (Typ IV)
0	Ausgangszustand (z.B. Länge, Temperatur)
0,5	Hälfte (der Zeit bis zum Maximalwert)
1	Anfangszustand
2	Endzustand
a	außen
A	Kerbform bei Schlagzähigkeitsprüfung nach Charpy
a, b,…	Zuordnungen (z.B. Material a; Material b)
B	Bandage
b	Biegung

Beladen	Beladung mit Wasserstoff
BN	Bornitrid
c	Prüfung nach Charpy (Kerbschlag Prüfung)
d	Druck (-belastung)
Ers	Ersatz (-kraft)
f	Fluid
F	Füllstoff
fB	freier Boss
grav.	gravimetrisch
G	Graphit
H2	Wasserstoff
Hu	unterer Heizwert
i	Zählvariable (1,2,3,...)
	innen
Innenvol.	Innenvolumen
k	kritisch
Kühl	Kühlung
m	Modi Interaktions-Koeffizient (nach Cuntze)
M	Mineral
max	maximal
min	minimal
MN	Minimum
MX	Maximum
Nenn	Nenn(-druck)
p	konstanter Druck (Wärmekapazität)
ref	Referenz (-temperatur, -druck etc.)
rk	reibungsbehafteter Kontakt
s	Schulterbereich (eines Zylinders)
S	Siede (-temperatur)
Sys	System
th	thermische Abhängigkeit (z.B. Dichte)
Umg.	Umgebung
v	konstantes Volumen (Wärmekapazität)
W	Wand

WTE	Well-To-Engine (Wirkungsgrad)
WTT	Well-To-Tank (Wirkungsgrad)
x,y,z	Koordinatenrichtung
z	Zug (-belastung)
Z	Zylinder

Chemische Formelzeichen

Symbol	Beschreibung
AlH_3	Aluminiumhydrid (Alan)
B_2H_6	Diboran
BN	Bornitrid
$C_{10}H_{18}$	Dekalin
$C_{10}H_8$	Naphtalin
$C_{14}H_{13}N$	N-Ethylkarbazol
$C_{14}H_{25}N$	Perhydro-N-Ethylkarbazol
C_6H_{12}	Cyclohexan
C_6H_6	Benzol
CH_4	Methan
CO	Kohlenstoffmonoxid
CO_2	Kohlenstoffdioxid
H_2	Wasserstoff (Molekül)
$LiAlH_4$	Lithiumaluminiumhydrid
$LiBH_4$	Lithiumborhydrid
MgH_2	Magnesiumhydrid
NH_3	Ammoniak
Si_2H_6	Disilan

1 Einleitung und Zielsetzung

Über das Ende der fossilen Brennstoffe wird durch die stetige Veröffentlichung neuer Hochrechnungen zur Reichweite der Primärenergieträger kontrovers diskutiert. In einem sind sich alle Beteiligten jedoch einig, die fossilen Energieträger sind endlich und deren Förderung wird in Zukunft immerzu unwirtschaftlicher [1]. Diese Tatsache ist unter anderem Grundlage für die Forschung zur Nutzung alternativer Energiequellen, Energieträger sowie Antriebssysteme. Ein weiterer Treiber ist die seit den 1990er Jahren verstärkte Diskussion der Konzentration von Kohlenstoffdioxid (CO_2) in der Atmosphäre. Diese Diskussion ist nicht neu: Bereits 1896 wies der schwedische Chemiker und Physiker Svante Arrhenius auf den Einfluss von CO_2 in der Atmosphäre auf den Treibhauseffekt hin [2]. Damals von den zeitgenössischen Wissenschaftlern belächelt, ist der anthropogene CO_2-Ausstoß und dessen Auswirkung in der heutigen Wissenschaft und Politik zumeist anerkannt. Auch der Automobilsektor hat mit etwa 14% (PKW Verkehr) einen nicht zu vernachlässigenden Anteil an den heutigen CO_2-Emissionen in Deutschland [3]. Um diesen Anteil zu reduzieren hat die deutsche Bundesregierung im Jahr 2009 den „Nationalen Entwicklungsplan Elektromobilität der Bundesregierung" vorgestellt. Dieser Plan beinhaltet die Zulassung von einer Million Elektrofahrzeugen bis zum Jahr 2020, sowie einen überwiegend ohne fossile Kraftstoffe angetriebenen Stadtverkehr bis 2050 [3]. Brennstoffzellenfahrzeuge mit regenerativ erzeugtem Wasserstoff als Energieträger sind eine Möglichkeit dieses Ziel zu erreichen. Auch wenn das Brennstoffzellenfahrzeug selbst nicht Gegenstand des Nationalen Entwicklungsplans ist, so wird es als zur Batterietechnologie komplementäre Technologie betrachtet, die es weiter zu verfolgen gilt [3]. Bestärkt wird diese Einschätzung durch die angekündigten bzw. ersten erfolgten (Klein-) Serienproduktionen von Brennstoffzellenfahrzeugen einiger Automobilhersteller (Hyundai und Toyota).

Um Brennstoffzellenfahrzeuge sowohl für den Hersteller als auch für den Kunden wirtschaftlich interessant zu gestalten, gilt es noch einige Hürden zu überwinden. Die Herstellungskosten eines derartigen Antriebsstranges liegen aktuell noch sehr hoch. Auch die Infrastruktur ist gegenwärtig aus Kundensicht mit den geplanten 50 öffentlichen Tankstellen in Deutschland und ca. 150 Tankstellen bis Ende 2015 in Europa nicht zufriedenstellend. Aktuell sind knapp 20 öffentliche Tankstellen in Deutschland in Betrieb. Eine der wesentlichen Herausforderungen, damit sich Brennstoffzellen-Fahrzeuge im Markt durchsetzen können, ist die Speicherung des Wasserstoffs im Fahrzeug.

Die wesentlichen *automotiven* Anforderungen, die an das Wasserstoffspeichersystem gestellt werden sind:

- gravimetrische Speicherdichte

- volumetrische Speicherdichte

- kundenfreundliche Betankungszeiten

- Systemdynamik in Bezug auf die Wasserstofffreisetzung

- Temperatureinsatzgrenzen und Sicherheit

- Reichweite

© Springer Fachmedien Wiesbaden GmbH, ein Teil von Springer Nature 2018
P. A. Rosen, *Beitrag zur Optimierung von Wasserstoffdruckbehältern*,
AutoUni – Schriftenreihe 113, https://doi.org/10.1007/978-3-658-21124-0_1

Die am häufigsten zitierte Bewertungsgrundlage bezüglich dieser Anforderungen sind die Ziele des amerikanischen *Department of Energy*, bekannt als DOE-Ziele [4] (siehe dazu Kap. 9.1). In diesem Dokument werden nicht nur die relevanten Ziele formuliert, sondern auch umfangreiche Vergleichskriterien definiert, die einen normierten Vergleich unterschiedlicher Speicherverfahren (siehe Kap. 3) auf Basis der netto im Fahrzeug zur Verfügung stehenden Wasserstoffmenge überhaupt erst erlauben.

Aktuell finden meist Druckgasspeicher Verwendung, die heute von weitestgehend allen Herstellern in Demonstrationsprojekten (vgl. CEP-Projekt) oder in ersten Kleinserien eingesetzt werden. Alternative Speicherarten wie z.B. Flüssigwasserstoff, Metallhydride etc. bieten teilweise volumetrische Vorteile, ziehen aber häufig ein aufwändiges Bereitstellungssystem oder gravimetrische Nachteile nach sich. Keines dieser Speichersysteme erfüllt allerdings bereits heute alle DOE-Ziele, so dass weiterhin Forschungsbedarf besteht. Für den Bereich der Druckgasspeicher soll diese Arbeit einen Beitrag leisten.

In der vorliegenden Arbeit werden insbesondere technologische Optimierungen von Druckgasspeicherzylindern betrachtet. Die Schwerpunkte liegen dabei auf den Aspekten

- Volumetrische Speicherdichte und Speichergeometrie
- Thermodynamisches Verhalten in Betrieb und bei Betankung.

Untersuchungen zum letztgenannten Punkt sollen als Basis für weitere Optimierungen wie etwa das Temperaturverhalten bei der Betankung sowie Gasentnahme dienen.

Die Zylinderform wird überwiegend verwendet, weil sie aus Sicht der mechanischen Festigkeit günstig ist und sich in bekannten Fertigungsverfahren umsetzen lässt. Einschränkungen ergeben sich allerdings in Bezug auf ein vorteilhaftes Fahrzeug*package*. Ein beispielsweise eckiger Bauraum kann nur unzureichend effizient ausgenutzt werden. Im ersten Teil der Arbeit sollen Untersuchungen zu alternativen Speicherformen Aufschluss darüber geben, ob eine klassische zylindrische Form der Speicher unumgänglich ist, oder mit welchen Einschränkungen ein Verbesserungspotenzial identifiziert werden kann. Mit Hilfe einer grundsätzlichen Bewertung denkbarer Tankgeometrien sollen vielversprechende Formen identifiziert werden. Diese werden in einer nachfolgenden detaillierten FEM-Auslegung final bewertet.

Darüber hinaus sollen konventionelle Druckzylinder hinsichtlich ihrer gravimetrischen Speicherdichte untersucht werden, unter besonderer Betrachtung des Längen- zu Durchmesser-Verhältnisses sowie des Innenvolumens. Hierzu soll ein gegenüber FEM-Berechnungen vereinfachtes Modell zur Konzeptauslegung zur Anwendung in einem großen Variantenraum erstellt werden.

Die Wasserstoffbetankung eines 700 bar Fahrzeugdruckspeichersystems ist verglichen mit der Betankung von konventionellen Flüssigkraftstoffen (Benzin, Diesel, CNG) ein thermodynamisch hoch anspruchsvoller Vorgang. Die hohen Drücke und Druckwechsel bewirken enorme mechanische sowie starke thermische Materialbelastungen. Im zweiten Teil der Arbeit soll diesbezüglich durch die Herstellung mit Füllstoffen modifizierter Linermaterialien und ausgewählten Materialuntersuchungen sowie anschließender Strömungssimulationen (CFD) das Potenzial von hoch wärmeleitfähigen Behältern untersucht werden. Dazu werden in Anlehnung an die aktuell EU-relevante Zulassungsvorschrift für *automotive* Wasserstoffdruckgasspeicher, die EG 79, Versuche zu mechanischen Materialeigenschaften wie unter anderem der Zugfestigkeit, Biegefestigkeit sowie der Kerbschlagfestigkeit durchgeführt. Darüber hinaus wird der Einfluss der Füllstoffe auf die Erweichungstemperatur der Polymere bewertet. Als weitere Vorgabe der EG 79 wird die maximal erlaubte Permeation des Wasserstoffs durch die

Behälterwand des Wasserstoffspeichers mittels Messungen der Gasdurchlässigkeit an verschiedenen Materialproben beurteilt. Des Weiteren werden Eigenschaften wie Wärmekapazität und Wärmeleitfähigkeit ermittelt, welche als Materialkennwerte in die CFD-Simulation einfließen. Die ermittelten Materialkennwerte werden in Verbindung mit den daraus generierten CFD-Simulationen unter den Aspekten der Sicherheit (z.B. geringere Ausreizung des erlaubten Betriebstemperaturfensters) und automobilspezifischer Anforderungen (z. B. Temperaturentwicklung beim Betanken) diskutiert. So kann zum Beispiel durch geringere Temperaturentwicklung ein gesteigerter garantierter Füllstand (SOC) bei der Betankung erreicht werden oder mit Hilfe alternativer Betankungsprotokolle, wie sie nach der SAE J2601 (Stand 2014) denkbar sind, können auch kürzere Befüllzeiten das Resultat sein.

Eine mögliche Umsetzung zur Wasserstoffspeicherung in einem Brennstoffzellenfahrzeug zeigt Abb. 1.1 am Beispiel des *Audi A7 Sportback h-tron quattro*.

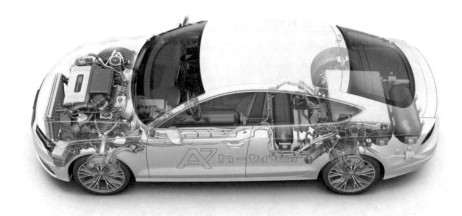

Abb. 1.1:   Brennstoffzellenfahrzeug *Audi A7 Sportback h-tron quattro*

2 Wasserstoff als Energieträger und seine Eigenschaften

2.1 Eigenschaften

Wasserstoff, seit dem 18. Jahrhundert als chemisches Element bekannt [5], besitzt die geringste atomare Masse aller bekannten chemischen Elemente und besitzt gleichzeitig die höchste gravimetrische Speicherdichte aller bekannten Energieträger [6]. Auch wenn Wasserstoff auf der Erde nahezu unbegrenzt vorkommt, so ist er in der Regel in Verbindungen wie z.B. Wasser gebunden. Im Allgemeinen kommt freier Wasserstoff nur molekular vor, wobei es das kleinste aller Moleküle bildet. Letztere Eigenschaft stellt insbesondere in Bezug auf die Thematik Leckage und Permeation hohe Anforderungen. Kleinste Lecks aber auch die meisten Werkstoffe werden (zeitabhängig), auch aufgrund des gegenüber anderen Gasen hohen Diffusionskoeffizienten, durchdrungen. Unter physikalischen Normalbedingungen ist Wasserstoff ein Gas und wird erst bei sehr tiefen Temperaturen flüssig. Er unterscheidet sich in vielen Eigenschaften von anderen Gasen, etwa durch eine hohe Flamm- und Schallgeschwindigkeit sowie Wärmekapazität als auch durch ein ausgeprägt nicht ideales Gasverhalten. Einige wichtige chemische und physikalische Eigenschaften sind in Tab. 2.1 zusammengefasst. [5], [7], [8]

Tab. 2.1:   Chemische und physikalische Eigenschaften von Wasserstoff

Eigenschaft	Wert	Einheit	Quelle
molare Masse	2,016	$g \cdot mol^{-1}$	[45]
Heizwert (unterer)	120	$kJ \cdot g^{-1}$	[45]
Dichte*	0,089885	$kg \cdot m^{-3}$	[117]
Siedetemperatur	20,3	K	[45]
Joule-Thomson Koeffizient*	-0,024735	K/bar	[117]
Inversionstemperatur	200	K	[45]
Zündtemperatur	560	°C	[104]
untere Zündgrenze (Gemisch mit Luft)	4	Vol.-%	[60]
obere Zündgrenze (Gemisch mit Luft)	75,6	Vol.-%	[60]
minimale Zündenergie	0,017	mJ	[60]
Diffusionskoeffizient in Luft	$6,1 \cdot 10^{-5}$	$m^2 \cdot s^{-1}$	[184]
* bei physikalischen Normalbedingungen: 1,01325 bar und 0°C			

Eine Eigenschaft auf die hier besonders verwiesen werden soll ist der Joule-Thomson-Koeffizient von Wasserstoff. Mit Hilfe dieses Koeffizienten kann die Temperaturänderung eines Gases bei der isenthalpen Entspannung (z.B. an einer Drossel) berechnet werden [9]. Ist der Wert positiv, so kühlt das Gas durch die Entspannung ab, ist er negativ, so erwärmt es sich. Die Temperatur bei der sich das Vorzeichen des Koeffizienten umkehrt ist die Inversionstemperatur (vgl. Tab. 2.1). Im Gegensatz zu anderen Gasen wie z.B. Methan hat Wasserstoff einen negativen Joule-Thomson-Koeffizienten [10], [7].

Der in Tab. 2.1 angegebene Wert für den Joule-Thomson-Koeffizient kann für überschlägige Berechnungen als Mittelwert für die typischen Speicherparameter heutiger automobiler

© Springer Fachmedien Wiesbaden GmbH, ein Teil von Springer Nature 2018
P. A. Rosen, *Beitrag zur Optimierung von Wasserstoffdruckbehältern*,
AutoUni – Schriftenreihe 113, https://doi.org/10.1007/978-3-658-21124-0_2

Druckgasspeicher angenommen werden. Damit ergibt sich beispielsweise bei der Entspannung an einer Drossel von 350 bar auf 20 bar eine durchschnittliche Erwärmung um circa 8 K.

Dieses Verhalten ist insbesondere für den Betankungsvorgang von Bedeutung, worauf in Kap. 4.1.2 näher eingegangen wird. Aber auch für die Entnahme des Gases im Fahrzeugbetrieb ist dies wichtig. An einem Druckregler, der zur Reduzierung des Tankdrucks auf den Brennstoffzellenvordruck dient, kann der Joule-Thomson-Effekt zu einer signifikanten Erwärmung des Gases führen.

In Abb. 2.1 ist die Dichte von Wasserstoff für das idealisierte und reale Gasverhalten bei 15 °C dargestellt. Bereits ab 100 bar ist eine deutliche Abweichung zu erkennen. Die Berechnung des realen Gasverhaltens gewinnt mit steigender globaler Wasserstoffwirtschaft an Bedeutung [11]. Insbesondere für Simulationen in denen das Stoffverhalten abgebildet wird ist die genaue Berechnung notwendig.

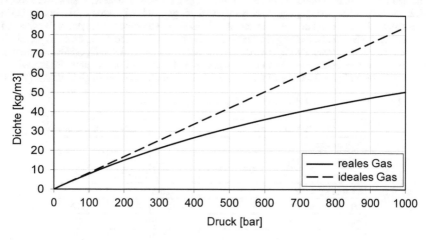

Abb. 2.1:   Vergleich zwischen idealem und realem Gasverhalten [12]

Von Leachman [13] sind neue Zustandsgleichungen vorgestellt worden, die den bisherigen Standard von Younglove [14] ablösen. Gegenüber der modifizierten Benedict-Webb-Rubin (MBWR) Gleichung mit 32 Koeffizienten [14], verfolgt die Berechnung nach Leachman einen anderen Ansatz. Die Berechnung wird auf eine fundamentale Eigenschaft, die freie Helmholtzenergie, zurückgeführt, auf Basis derer alle weiteren thermodynamischen Eigenschaften wie z.B. die Wärmekapazität, Enthalpie usw. berechnet werden können. Es konnte eine bessere Übereinstimmung zu Messdaten nachgewiesen werden sowie ein hoher Gültigkeitsbereich. Aufgrund der besseren Übereinstimmung gegenüber gemessenen Zustandsdaten von Wasserstoff hat Lemmon [12] den früheren Ansatz [15] überarbeitet. War die erste Variante nur für den Druckbereich bis maximal 450 bar validiert, so ist der Ansatz nach heutigem Kenntnisstand [12] auch für den Druckbereich bis 700 bar und darüber hinaus hinreichend genau gültig. Die Abweichung gegenüber der Berechnung nach Leachman [13], [11] wird für den entsprechenden Temperatur- und Druckbereich mit 0,01% angegeben. Der Hintergrund für die gegenüber [13] vereinfachte Berechnung nach [12] ist die Berechnung des Wasserstoffverbrauches und des Tanksystemfüllstandes in Fahrzeugen. Hier steht nur eine begrenzte Rechenkapazität zur Verfügung, der die reduzierte Virialgleichung nach [12] gerecht wird. Die Berechnung des Füllstandes im Tanksystem (SOC) durch das Fahrzeug ist nicht nur für den Fahrer von Bedeutung, sondern stellt auch einen wichtigen Sicherheitsaspekt dar, auf den im Kap. 4.1 noch näher eingegangen wird.

2.2 Sicherheit

Eine weitere Besonderheit des Wasserstoffs gegenüber anderen Kraftstoffen wie Diesel, Benzin oder Erdgas sind die weiten Zündgrenzen (vgl. Tab. 2.1). In diesem Bereich kann Wasserstoff mit Luft ein zündfähiges Gemisch bilden. Darüber hinaus kommt eine geringe Mindestzündenergie hinzu, die zum Zünden des Gemisches erforderlich ist [16]. Zu beachten ist hierbei, dass diese Mindestzündenergie nur für ein definiertes „optimales" Gemisch ausreicht, verändert sich die Zusammensetzung so steigt auch die erforderliche Zündenergie. Dieser Zusammenhang ist in Abb. 2.2 vereinfacht dargestellt.

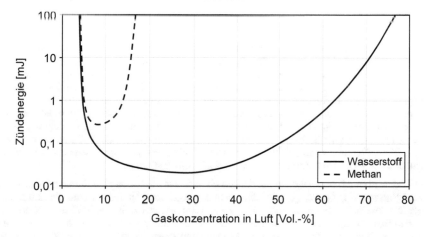

Abb. 2.2:   Vereinfachte Darstellung der Zündenergien unter Normalbedingungen von Wasserstoff und Methan in Luft, Abbildung nach [16], [17]

Insbesondere bei geringen Konzentrationen erreicht die erforderliche Zündenergie zu Erdgas vergleichbare Werte. Unabhängig davon liegen die Energien der meisten Zündquellen in der Regel oberhalb der Mindestzündenergie von Wasserstoff [17]. So liegen beispielsweise statische Entladungen von Menschen bei Energien von bis zu 20-30 mJ [18], [19]. Weiterhin kann aus Abb. 2.2 entnommen werden, dass auch die untere Zündgrenze von Wasserstoff vergleichbar zu der von Methan (4,4 Vol.-%, [16]), dem wesentlichen Bestandteil von Erdgas (CNG), liegt. Insbesondere bei geringen Konzentrationen, die bei kleinen Leckagen oder Diffusion zu erwarten wären, ist eine andere Gefahreneinschätzung des Wasserstoffs gegenüber dem Erdgas nicht zulässig. Eigenschaften wie etwa die vierzehnmal geringere Dichte gegenüber Luft und eine hohe Diffusionsgeschwindigkeit in Luft sind zudem vorteilhaft zu bewerten (vgl. Tab. 2.1). Austretendes Gas vermischt sich schnell mit der umgebenden Luft, die Konzentration wird also verdünnt. Außerdem steigt der Wasserstoff schnell auf und breitet sich nicht wie ein flüssiger Kraftstoff (Diesel, Benzin, LPG), beispielsweise an einem Unfallort, auf dem Boden aus. Darüber hinaus werden Niedertemperatur-Brennstoffzellensysteme auf Polymerelektrolytmembran-Technik (NT-PEM-BZ, kurz PEM-BZ), wie sie heute vorrangig in Fahrzeugen eingesetzt werden, bei Temperaturen von etwa 60-120 °C betrieben [16]. Dies reicht aufgrund der Zündtemperatur des Wasserstoffs (vgl. Tab. 2.1) nicht aus um diesen an Systembauteilen zu entzünden.

Ein Phänomen das häufig in Zusammenhang mit der Anwendung von Wasserstoff als Energieträger in Kraftfahrzeugen diskutiert wird ist die spontane Selbstentzündung im Falle eines Unfalls. Dazu zählen neben der eigentlichen Selbstentzündung ohne Zündquelle auch Aspekte wie etwa die Flammengröße, die Selbstauslöschung von Flammen und ähnliches. Dazu wurden zahlreiche Untersuchungen und Simulationen durchgeführt wie sie beispielsweise von [8], [20], [21], [22], [23], [24], [25] in der Literatur zu finden sind. Die darin dargestellten Ergebnisse wurden unter teilweise sehr aufwändigen Bedingungen und mit spezifischen Versuchsanordnungen erzielt, die nicht direkt auf einen Crashfall eines Fahrzeuges übertragbar sind. So sind die Ergebnisse von [20], [21], [22], [23] und [25] zur Selbstentzündung in mit Luft gefüllten Rohren entstanden. Die Voraussetzung für die Entzündung ist demnach zum einen die ausreichende Gemischbildung von Wasserstoff und Sauerstoff und zum anderen das Erreichen der Zündtemperatur durch die schlagartige Komprimierung des Luft-Gasgemisches. In einem Fahrzeug ist in einem entsprechenden Wasserstofftanksystem in keiner Rohrleitung, aus der Wasserstoff unter hohem Druck im Falle eines Unfalls (z.B. mit abgerissener bzw. durchtrennter Leitung) entweichen kann, Luft vorhanden. Es sei weiterhin darauf hingewiesen, dass die Möglichkeit zur Selbstentzündung mit der Rohrlänge steigt, da sich die Umgebungsluft besser mit dem ausströmenden Wasserstoff vermischen kann. Somit ist auch der umgebende (freie) Platz ein Einflussparameter und es wird geraten, diesen so klein wie möglich zu halten, um die Selbstentzündung und vor allem die anhaltende Reaktion zu unterbinden. Ist die Durchmischung nicht ausreichend wird die Flamme, selbst nach erfolgter Selbstentzündung, innerhalb kurzer Zeit außerhalb des Rohres erlöschen.

In [24] wird durch Simulationen der Aufbau einer Selbstentzündung bei direkter Freisetzung von Wasserstoff in Luft dargestellt. Bei einem Auslassdruck von 250 bar wird die Luft hinter der Druckwelle innerhalb der ersten 120 μs auf Temperaturen zwischen 3400-2200 K erhitzt. In den Bereichen, in denen eine ausreichende Durchmischung zwischen Luft und Wasserstoff erfolgt ist, findet eine Entzündung statt. Die Durchmischungsvorgänge sind stark vom Druck des Wasserstoffes abhängig. So zeigen sich bei 100 bar Verlöschungserscheinungen der gezündeten Flamme nach kurzer Zeit und bei 50 bar findet bereits keine Zündung mehr statt. In [23] wird ein ähnlicher Druckbereich für das Zünden einer plötzlichen Wasserstofffreisetzung in einem Rohr durch Experimente nachgewiesen. Es wird außerdem darauf verwiesen, dass es sehr schwierig ist, den Wasserstoff bei der spontanen Freisetzung zu entzünden.

In [8] wurden demgegenüber Leckagen an kleinen Brennern mit Öffnungen im Bereich von 8 μm und Verschraubungen untersucht. Ziel war es zu untersuchen, ob eine Kleinstleckage nach entzünden für lange Zeit unbemerkt weiterbrennen kann. Dadurch könnten Bauteile in Mitleidenschaft gezogen werden oder ein größerer Brand verursacht werden. Es wurde insbesondere die untere Grenze des Massenstroms bestimmt, bei der noch eine stabile Flamme möglich ist. Die Grenze liegt demnach für Wasserstoff an einer 6 mm Verschraubung mit 28 μg/s etwa eine Größenordnung unter der von Methan und Propan. Die Leckage reicht aber aus um deutlichen Blasenwurf bei Benetzung mit einer Seifenlösung zu erzeugen. Darüber hinaus ist der Grenzwert bis zu den betrachteten 131 bar unabhängig vom Druck unter dem der Wasserstoff steht. Das obere Ende eines Bereiches in dem stabile Flammen möglich sind, begrenzt die so genannte Blow-Off-Grenze. Diese liegt für Wasserstoff um den Faktor zehn höher als die von Methan und Propan. Der Bereich, in dem ein Massenstrom ausreicht um eine stabile Flamme zu bilden, ist also deutlich größer. Ein Durchmesser von 0,4 μm reicht bei einer unter 690 bar stehenden Leitung aus, um eine stabile Flamme zu bilden. Damit von diesen Beobachtungen jedoch eine Gefahr ausgeht, ist die vorherige Zündung erforderlich.

Aufgrund des fehlenden Kohlenstoffes besitzt eine Wasserstoffflamme eine sehr geringe Strahlungsenergie und eine kaum sichtbare Flamme [6], [26]. Sie kann demnach kaum wahrgenommen werden, was die Gefahr birgt, dass versehentlich ein Kontakt zustande kommt. Dies setzt jedoch bereits entzündeten und noch immer brennenden Wasserstoff voraus, was aus den dargestellten Gründen (hohe Flammgeschwindigkeit, schnelles Verdünnen und Verflüchtigen etc.) noch unwahrscheinlicher erscheint als bei herkömmlichen Kraftstoffen. Außerdem ist die Gefahr umliegende Gegenstände zu entzünden durch die geringe Strahlungswärme ebenso geringer, wie das Erleiden von Verbrennungen am Körper [6].

Zusammenfassend kann keine erhöhte Gefahr im Vergleich zu konventionellen Energieträgern im Verkehrssektor gefunden werden. Wasserstoff verflüchtigt oder verdünnt sich schnell in der Luft, eine Selbstentzündung ist im Fahrzeug selbst im Falle eines Unfalls nicht zu erwarten. Die Temperaturen eines Brennstoffzellenantriebsstranges liegen nicht im Bereich der Zündtemperatur von Wasserstoff. Nach den Untersuchungen von [27] geht von wasserstoffbetriebenen und mit Hochdruckbehältern ausgerüsteten Fahrzeugen kein größeres Gefahrenpotenzial aus, als von heutigen LPG- oder CNG-Fahrzeugen.

Dennoch geht häufig mit dem Thema Wasserstoff eine Diskussion über die Sicherheit einher. Ereignisse wie die zwei Unglücke der Hindenburg (1937) und der Challenger (1986) sind noch in den Köpfen der Menschen verankert, aber vor allem, wie Umfragen der vergangenen zwei Jahrzehnte gezeigt haben, das Thema Wasserstoffbombe. Bei beiden Unglücken war der Wasserstoff nach heutigen Erkenntnissen nicht der Auslöser der Katastrophe. Darüber hinaus ist die Art der Nutzung in einer Wasserstoffbombe (Fusion von Atomkernen) eine gänzlich andere gegenüber der Anwendung als Energieträger in Brennstoffzellen oder Verbrennungsmotoren (chemische Reaktionen) [6], [5].

Wasserstoff ist nicht explosionsfähig, selbstentzündlich, zerfallsfähig oder oxidierend, giftig, ätzend oder radioaktiv. Auch ist er nicht Wasser gefährdend, Frucht schädigend oder Krebs erregend [6].

Darüber hinaus bietet Wasserstoff, z.B. durch Wasser-, Wind- oder Solarkraftanlagen, die Möglichkeit zur regenerativen Erzeugung. Dies ist realisierbar ohne dabei in Konkurrenz mit der Lebensmittelproduktion (Okkupierung von Anbaufläche) zu stehen, wie es von Biokraftstoffen auf Pflanzenbasis bekannt ist. So wurde nach [28] in den Jahren 2007/2008 ca. 14% des Weltgetreideverbrauchs sowie etwa die Hälfte der brasilianischen Zuckerrohr- und der EU-Pflanzenölproduktion zur Erzeugung von Biokraftstoffen verwendet, Tendenz steigend.

Wasserstoff ist als nachhaltiger Energieträger mit hoher gravimetrischer Speicherdichte für die *automotive* Nutzung geeignet. Die Regularien und Normen für die Handhabung sind vorhanden und die Speicherung ist ebenso sicher wie die von Erdgas (CNG).

3 Wasserstoffspeichertechnologien

Der sichere Einschluss von Wasserstoff als Druckgas bei 200bar ist seit über 100 Jahren ohne Probleme gängige Praxis [6]. Im Jahr 1998 wurden bei Abrissarbeiten einer Chemiefabrik in Frankfurt, die in den 30er Jahren für die Wasserstoffversorgung der am örtlichen Flughafen startenden Zeppeline zuständig war, zwei Gasflaschen aus Stahl mit Wasserstoff gefunden. Nach dem Unglück der Hindenburg 1937 war kein Wasserstoff mehr nötig gewesen und die Flaschen gerieten in Vergessenheit. Die Flaschen waren nach 61 Jahren noch voll. Dies lag vor allem an der geringen Permeabilität vom Behältermaterial (Metall) in Kombination mit einer hohen Wandstärke. Für den stationären Einsatz ist die Speicherung in metallischen Druckgasflaschen noch heute Stand der Technik [6].

Damit ein Fahrzeug mit Wasserstoff als Energieträger betrieben werden kann, muss es unabhängig von der Antriebsart (Brennstoffzelle oder Verbrennungsmotor), mit einem System zur Speicherung oder Gewinnung von Wasserstoff ausgestattet sein. In der Vergangenheit wurde die Gewinnung von Wasserstoff im Fahrzeug, *On-Board*-Reformierung, verfolgt. Die Reformierung von flüssigen Energieträgern wie etwa Methanol, Benzin oder Diesel hat insbesondere Vorteile auf Seiten der vorhandenen Infrastruktur. Hier können gängige Distributionswege und Tankstellen genutzt werden. Die Daimler Chrysler AG etwa verfolgte in früheren Jahren die *On-Board* Methanol Reformierung [29], wohingegen Ford auf die Benzinreformierung [30] setzte. Die Anforderungen an die Reformierung sind bezüglich der dynamischen Bereitstellung von Wasserstoff und der erforderlichen Reinheit des Gases für die Brennstoffzelle hoch. Neben weiteren Herausforderungen, wie z.B. das Aufheizen des Reformers, Lastwechseldynamik und Sicherstellung der erforderlichen Wasserstoffreinheit bei Lastwechseln, ist vor allem der Wirkungsgrad (60% bis 80%, lastpunktabhängig [31]) einer *On-Board*-Reformierung der Grund, diese Möglichkeit der Wasserstoffbereitstellung nicht weiter zu verfolgen [32].

Die Speicherung im Fahrzeug kann in die drei Hauptkategorien

- Speicherung in Reinform (Kap. 3.3)
- chemisch gebundener Form (Kap. 3.1)
- Oberflächenadsorption (Kap. 3.2)

unterteilt werden. Diese Varianten sind in Tab. 3.1 schematisch mit ihren entsprechenden Unterkategorien bzw. Beispielen dargestellt.

Die Speicherung in Reinform, für die die heutigen konventionellen Speicher Verwendung finden, kommt ohne Hilfsmedium aus. Dazu zählen sowohl Druckgasspeicherung, in denen der Wasserstoff gasförmig mit bis zu 700 bar nominellem Arbeitsdruck gespeichert wird, als auch die flüssige Speicherung. Bei der flüssigen Speicherung von Wasserstoff ist eine Abkühlung auf etwa 20 K erforderlich [16], weshalb sie auch als kryogene Speicherung bezeichnet wird. Die kryokomprimierte Speicherung stellt eine Mischform aus den beiden zuvor genannten Methoden dar. Die Speicherung als Slush stellt eine Sonderform dar, die für die automobile Anwendung derzeit nicht verfolgt wird. Bei dieser Speicherform, die hauptsächlich für Raketenantriebe von Interesse ist, liegt der Wasserstoff sowohl in flüssiger als auch in fester Form vor [16].

© Springer Fachmedien Wiesbaden GmbH, ein Teil von Springer Nature 2018
P. A. Rosen, *Beitrag zur Optimierung von Wasserstoffdruckbehältern*,
AutoUni – Schriftenreihe 113, https://doi.org/10.1007/978-3-658-21124-0_3

Tab. 3.1:   Überblick der prinzipiellen Speichermethoden für Wasserstoff, Inhalt n. [16] und [33]

Methoden zur Wasserstoffspeicherung		
Reinform	**Chemisch gebunden**	**Oberflächenadsorption**
Gasförmig (CGH₂) ▪ Druckgasbehälter	*in Feststoffen* ▪ diverse Hydride ▪ z.B Metallhydride	*Feststoff* ▪ aktivierter Kohlenstoff ▪ Fullerene
Flüssig (LH₂) ▪ Flüssig-H₂-Behälter		▪ Carbon Nanotubes (CNT)
Kryokomprimiert (CcH₂) ▪ Tiefkaltfähiger Druckgasbehälter	*in Flüssigkeiten* ▪ diverse Hydride ▪ z.B. Kohlenwasserstoffe, Liquid Organic Hydrogen Carrier (LOHC)	▪ Metall organische Strukturen (MOF) ▪ Kovalent organische Strukturen (COF)
Flüssig und Fest (Slush) ▪ Tiefkaltfähiger Behälter	*als Gas* ▪ diverse Hydride	▪ Zeolithe

Bei der Speicherung in chemischen Verbindungen (Chemisorption) liegt der Wasserstoff in gebundener Form in Feststoffen oder Flüssigkeiten vor. Der Wasserstoff ist in diesem Fall nicht direkt nutzbar, oder verfügbar, sondern muss durch eine chemische Reaktion aus dem Medium freigesetzt werden.

Im Gegensatz dazu ist der Wasserstoff bei der Oberflächenadsorption an die Oberfläche eines Trägerstoffes angelagert (Physisorption). Hier liegt er als Molekül vor und wird durch elektrostatische Wechselwirkungen (Van der Waals-Kräfte) gebunden.

Darüber hinaus sind auch hybride Speicher Gegenstand von Untersuchungen, die mindestens zwei der in Tab. 3.1 dargestellten Methoden verbinden. Beispielsweise die Kombination aus Metallhydriden und Druckgastanks [34] und [35]. Alle Speicherarten, die den Wasserstoff nicht in Reinform als Flüssigkeit oder Gasspeichern, zählen aus automobiler Sicht zu den alternativen Speichermethoden.

Im Folgenden soll für die alternativen Speichermethoden auf die wesentlichen Funktionsprinzipien dieser Methoden sowie die speicherbedingten Auswirkungen der erforderlichen Systemperipherie im Sinne der DOE Definition ([4], s. Kap. 9.1) eingegangen werden. Darüber hinaus haben die genannten Materialien oder Systeme nur einen beispielhaften Charakter. Die konventionellen Speichermethoden, insbesondere die Druckgasspeicherung wird ausführlicher erläutert. In Kap. 3.4 ist in Abb. 3.9 eine Übersicht der Speicherdichten ausgewählter Wasserstoffspeichertechnologien auf Systembasis gegeben.

3.1 Speicherung in chemischen Verbindungen

Die Speicherung von Wasserstoff in chemischen Verbindungen kann gemäß Tab. 3.1 als Gas, in Feststoffen oder Flüssigkeiten erfolgen. Allgemein wird bei den chemischen Speichern in reversible und irreversible Materialien differenziert. Praktischer Hintergrund für diese Unterteilung ist die Wiederaufbereitung im Fahrzeug (*On-Board*) von reversiblen oder außerhalb des Fahrzeuges (*Off-Board*) von irreversiblen Materialien [36]. Erfolgt die Aufbereitung extern, so ist zur Betankung des Fahrzeuges sowie im Falle zentraler Aufbereitung bei den Distributionswegen ein vollständiger Austausch des dehydrierten Materials gegen das wasserstoffreiche Speichermedium zu berücksichtigen. Eine gute Übersicht zum Forschungsstand der reversiblen Speicherung in Metallhydriden ist in [37] enthalten.

Für die Speicherung in Gasen (nicht reiner Wasserstoff), wie beispielsweise Methan (CH_4), ist die Erdgasspeicherung in Fahrzeugen allgemein bekannt. Hier ist der Zweck jedoch nicht die Verwendung als Wasserstoffträger, sondern das Gas wird in einem Motor direkt genutzt. Verbindungen wie Ammoniak (NH_3), Silane (z.B. Si_2H_6) oder Borane (z.B. B_2H_6) werden aufgrund ihrer meist giftigen oder gesundheitsschädlichen Eigenschaften nicht für die mobile Anwendung konsequent weiter verfolgt. Dennoch sind Untersuchungen zu Ammoniak (z.B. in [38] und [39]) und Methan als Wasserstofflieferant bekannt [16]. Ammoniak wird dann in der Regel als flüssiges Gas vergleichbar zum heutigen LPG bei geringem Druck von ca. 9 bar gespeichert [39].

Zu den festen Hydriden zählen unter anderem auch ionische Verbindungen wie Boranate und Alanate, zum Beispiel Lithiumaluminiumhydrid ($LiAlH_4$) oder Natriumborhydrid ($NaBH_4$). Letztere Verbindungen zählen zu den komplexen Metallhydriden. Metallische Verbindungen besitzen bezüglich der Wasserstoffspeicherung die größte Bedeutung [16].

In metallischen Hydriden wird der Wasserstoff chemisch in das Metallgitter eingelagert. Dazu lagert sich der Wasserstoff zunächst an der Oberfläche des Metalls molekular an und dissoziiert anschließend. Der atomar vorliegende Wasserstoff kann dann in die Oberfläche des Metalls eindringen und in das Metallgitter eingelagert werden. Die Einlagerung des Wasserstoffes erfolgt in der Regel bei Drücken zwischen 1 bar < p < 60 bar. Die Beladung der Metallhydride verläuft in einem exothermen, die Wasserstofffreisetzung in einem endothermen Prozess [40], [16], [41].

Die benötigte Wärmezufuhr für die Wasserstofffreisetzung bietet sicherheitstechnisch gesehen Vorteile. Bei einem Unfall (ohne Fahrzeugbrand), in dem der Speicher beschädigt wird, fehlt das im Tank erforderliche Temperatur- bzw. Druckniveau und die Reaktion kommt zum Stillstand. Darüber hinaus binden die Metallhydride Verunreinigungen im Gas an sich, wodurch ein sehr sauberer Wasserstoff frei gesetzt wird. Insbesondere für die Verwendung in Brennstoffzellen ist dies vorteilhaft [16].

Das erforderliche, teilweise hohe Temperaturniveau (je Material bis zu $\vartheta = 250\,°C$ oder $\vartheta = 500\,°C$, [40], [41]) stellt gleichzeitig auch einen Nachteil dar. In einem mit PEM-Brennstoffzelle betriebenen Fahrzeug sind derartig hohe Temperaturen nicht durch Abwärmenutzung erreichbar (vgl. Kap. 2). Der Wirkungsgrad des Speichersystems wird hierdurch negativ beeinflusst. Die Speicherung der Wärme, die bei der Beladung eines solchen Speichers entsteht, wäre zur Wirkungsgradverbesserung denkbar, die Umsetzung in einem Fahrzeug aber fraglich. Wird aus den Angaben in [40] und [42] ein Mittelwert der Reaktionsenthalpien für die Hydrierung unterschiedlicher Metallhydride gebildet, so ergibt sich etwa eine mittlere Beladungsenthalpie von etwa $\Delta h = 35$ kJ/mol. Nach Gl. 3-1 ergibt sich für eine Betankungsdauer von t = 180 s eines Wasserstofftanks mit der Wasserstoffmasse m = 5,6 kg und der Molmasse $M_{H2} = 2$ g/mol eine abzuführende Wärmeleistung von ca. 544 kW, wenn die Regeneration des Hydrids im Fahrzeug erfolgen soll:

$$P_{Kühl} = \frac{\Delta h_{Beladen} \cdot m}{M \cdot t} \qquad\qquad Gl.\ 3\text{-}1$$

Um diese Wärmeleistung abführen zu können sind in der Regel Wärmetauscherstrukturen in Hydridspeichern für die Betankung (Kühlung) erforderlich. Zum Vergleich soll an dieser Stelle die Verlustleistung eines Verbrennungsmotors betrachtet werden, um die erforderliche

Kühlleistung besser einschätzen zu können. Angenommen, dass im Volllastpunkt etwa ein Drittel der im Kraftstoff gespeicherten Energie in einem Verbrennungsmotor als Nutzleistung zur Verfügung steht und ein Drittel jeweils über das Abgas und die Wasserkühlung abgeführt wird [43], dann folgt für ein 100 kW Aggregat eine Verlustwärme von ca. 100 kW, die über den Fahrzeugkühler abgeführt werden muss. Mehr als die fünffache Menge muss im oben betrachteten Fall im Stand abgeführt werden. Dies kann nur mit erheblichem Aufwand von einem Kühlsystem im Fahrzeug geleistet werden, sodass eine tankstellenseitige Kühlung erforderlich wird. Alternativ ist auch die tankstellenseitige Vorkühlung des Wasserstoffes denkbar, die einen Vorteil gegenüber der heutigen Betankungstechnik teilweise obsolet werden lässt (vgl. Kap. 3.3 und Kap. 4.1). Auch für die Entnahme (Beheizen) sind Wärmetauscherstrukturen im Hydridtank notwendig. Ein Hydrid mit einer Reaktionsenthalpie von $\Delta h = 20$ kJ/mol...30 kJ/mol benötigt bei einer Volllastfahrt eines Brennstoffzellenfahrzeuges mit einem Verbrauch von ca. $\dot{m} = 2$ g/s Wasserstoff eine Wärmezufuhr von $\dot{Q} = 20...30$ kW, die im Fahrzeug zu Verfügung gestellt werden muss [42]. Für diese thermischen Prozesse spielt auch die Wärmeleitfähigkeit des Hydrids eine wichtige Rolle [44] und beeinflusst die Größe des Wärmetauschers. Die hohe volumetrische Speicherdichte der reinen Hydride wird durch die Integration von Wärmetauscherstrukturen bei der Betrachtung auf Systembasis deutlich herab gesetzt. Die volumetrische Speicherdichte liegt dennoch – beispielsweise bei Aluminiumhydrid (Alan, AlH_3) – auch als System nach Einschätzung von Bläse [45] über der von heutigen Druckwasserstoffspeichern und über den DOE-Zielen für 2017.

Ein deutlicher Nachteil für die *automotive* Anwendung von Metallhydriden ist die geringe gravimetrische Speicherdichte. Daher sind heute erste Einsatzmöglichkeiten dieser Technologie diesbezüglich tolerante Anwendungen wie U-Boote [46], Pistenraupen [47] oder stationär zu finden. Aber auch Fahrzeuge mit geringen Leistungs- und Reichweitenanforderungen, wie etwa motorisierte Roller, werden mit Metallhydridspeichern ausgerüstet [48].

Eine Möglichkeit die erforderliche Wärmeenergie für die Desorption zu reduzieren bieten Reaktive-Hydrid-Komposite (RHC). Diese sind Gemische, welche aus mindestens zwei Hydriden zusammengesetzt sind, die bei der Desorption unter Wärmeentwicklung eine neue Verbindung eingehen. Diese exotherme Reaktion setzt die erforderliche Reaktionsenthalpie der Desorption insgesamt herunter. Ein Beispiel dafür ist das Lithium-RHC, eine Kombination aus Lithiumborhydrid ($LiBH_4$) und Magnesiumhydrid (MgH_2). Die Reaktion der Desorption findet jedoch bei Temperaturen von ca. 400 °C statt, wodurch die Nutzung der Abwärme einer PEM-Brennstoffzelle nicht ausreicht [45], [49].

Flüssige Speichermaterialien erfordern häufig den bereits zu Beginn von Kap. 3 erwähnten Reformierungsprozess, damit der Wasserstoff aus der Flüssigkeit freigesetzt wird. Die genannten Kohlenwasserstoffe (Diesel, Benzin, Methanol etc.) werden durch den Reformierungsprozess hauptsächlich in Wasserstoff und Kohlenstoffdioxid als Restgase (CO_2) zerlegt. Das Entstehen weiterer Abgasanteile wie Kohlenstoffmonoxid (CO), welches eine PEM-BZ schädigen kann [50], ist darüber hinaus nicht auszuschließen. Dies erfordert wie beispielsweise nach der Wasserdampfreformierung von Methanol eine weitere Gasreinigung [51].

Gegenüber den konventionellen Kohlenwasserstoffen, welche im Fahrzeug bzw. Reformer vollständig zersetzt werden, existieren flüssige Trägermaterialien, an die der Wasserstoff chemisch angebunden ist. Diese Trägermaterialien werden durch den Reformierungsprozess nicht zersetzt, sondern müssen anschließend in einem dehydrierten (wasserstoffarmen) Zustand in einem Tank gespeichert werden. Diese Trägersubstanz kann dann stationär (*Off-Board*) regeneriert werden. Aufgrund der organischen Zusammensetzung werden diese Wasserstoffträger allgemein als Liquid Organic Hydrogen Carrier (LOHC) bezeichnet. Der Vorteil dieser LOHC´s besteht in der Möglichkeit, die vorhandene Infrastruktur für flüssige Kohlenwasserstoffe weiter zu nutzen. Hierzu sind entsprechende Anpassungen erforderlich, wie beispielsweise die gleichzeitige Absaugung des dehydrierten Trägermaterials bei der Betankung (vgl. auch [52], [40]).

Beispiele für flüssige Wasserstoffträger sind das Benzol (C_6H_6) – Cyclohexan (C_6H_{12}) – System oder das Naphtalin ($C_{10}H_8$) – Dekalin ($C_{10}H_{18}$) – System [40], [45], [36]. Die erstgenannten Stoffe stellen dabei jeweils den unter automobilen Bedingungen erreichbaren dehydrierten und die zweite Verbindung den wasserstoffreichen Zustand dar. Der aus den Medien bekannteste Vertreter dieser Speicherform ist das N-Ethylkarbazol ($C_{14}H_{13}N$) – Perhydro-N-Ethylkarbazol ($C_{14}H_{25}N$) – System, oder kurz Karbazol [40], [45], [36], [53], [52], [54].

Die hohe theoretische gravimetrische Speicherdichte von etwa 5,8 Gew.-% wird bis zum *automotive* tauglichen System durch unterschiedliche Faktoren deutlich reduziert. In Abb. 3.1 sind die für Karbazol erforderlichen Teilschritte und Einschränkungen, die zur effektiven, nutzbaren Speicherdichte auf Systembasis führen, zusammengefasst dargestellt. So ist das vollständig dehydrierte N-Ethylkarbazol ($C_{14}H_{13}N$) unter ca. 69 °C ein Feststoff [40]. Um den Speicher nicht dauerhaft zu beheizen ist es sinnvoll, die Dehydrierung auf ca. 90% zu begrenzen, wodurch die Speicherdichte bereits auf 5,3 Gew.-% reduziert wird [40].

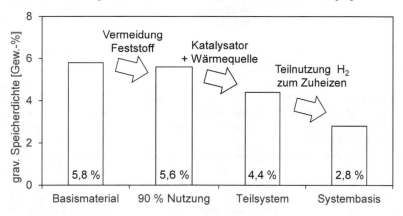

Abb. 3.1:   Entwicklung der gravimetrischen Speicherdichte vom Basismaterial zum System für Karbazol

Zur Dehydrierung muss weiterhin ein System mit Katalysator und Wärmequelle eingesetzt werden, um die Dehydrierungsenthalpie von ca. 51 kJ/mol bis 53 kJ/mol aufzubringen [55], [52]. Bei Berücksichtigung eines Gesamtsystems wie sie in [55], [56], [40] oder [54] detaillierter beschrieben sind, bleibt eine gravimetrische Speicherdichte von ca. 4,4 Gew.-% erhalten. In den dargestellten Systemen wird die notwendige Heizleistung durch einen Teil des freigesetzten Wasserstoffes erzeugt, da das Temperaturniveau (230 °C bis 270 °C) einer PEM-BZ auch in diesem Fall nicht ausreicht (vgl. Kap. 2). Somit verbleibt eine effektive Speicherdichte bezogen auf den nutzbaren Wasserstoff von gravimetrisch 2,8 Gew.-% und volumetrisch 23 g_{H2}/L_{Sys} [55], [56].

3.2 Speicherung durch Oberflächenadsorption

Bei der Speicherung von Wasserstoff an Oberflächen wird er durch Van-der-Waals-Kräfte in molekularer Form an der Oberfläche gebunden. Die entstehenden Bindungskräfte sind deutlich geringer als die kovalenten Bindungskräfte wie sie in der chemischen Speicherung auftreten. Daraus resultieren auch deutlich geringere Bindungsenthalpien. Das bietet zwar auf der einen Seite den Vorteil eines geringeren Energieaufwandes bei der Freisetzung (H_2-Entnahme) und Bindung (H_2-Befüllung) des Wasserstoffes, wodurch eine Wärmetauscherstruktur wie bei den Metallhydriden nicht zwingend erforderlich ist [57]. Andererseits sind die Bindungskräfte teilweise zu gering, so dass bei Umgebungstemperatur nur geringe Speicherdichten erreicht werden [58], [44], [59]. Grund dafür ist die etwa gleiche Größenordnung der Bindungsenergie und der Bewegungsenergie der Wasserstoffmoleküle bei diesen Temperaturen [58].

Da die physikalische Adsorption nur an der Oberfläche stattfindet, sollten entsprechende Materialien eine besonders große Fläche besitzen, um möglichst hohe Speicherdichten zu erreichen. Untersuchte Materialien auf Basis von Kohlenstoff weisen Oberflächen von bis zu 2560 m²/g bzw. 2296 m²/g bei MOF´s auf [57]. Dazu kommen Werkstoffe wie aktivierte Kohlenstoffe, Fulerene oder *Carbon Nanotubes* (CNT) in Frage. Aber auch Materialien, die nicht auf Kohlenstoff basieren, wie metallorganische und kovalente organische Rahmenstrukturen (MOF bzw. COF) sowie Zeolithe sind Gegenstand von Untersuchungen zur Wasserstoffspeicherung [40], [60], [61].

Das größte Potenzial bieten hoch poröse Materialien auf Kohlenstoffbasis und metallorganische Rahmenstrukturen [16], [45], [62].

Um die Adsorptionskapazität zu erhöhen ist es erforderlich, den Wasserstoff bei geringen Temperaturen von etwa T = 77 K ($\vartheta \approx$ -196 °C, technische Umsetzung durch Kühlung mit flüssigem Stickstoff) an die Oberfläche anzulagern. Infolgedessen ist für ein System ein vakuumisolierter Behälter erforderlich, um die geringe Temperatur über einen längeren Zeitraum zu gewährleisten [40].

Eine Übersicht diverser Untersuchungen zu *Carbon Nanotubes* ist [59] zu entnehmen. Darin wird deutlich, dass teilweise sehr hohe gravimetrische Speicherdichten in der Literatur zu finden sind. Über diese Quellen hinausgehende Bestätigungen durch Validierungsversuche existieren in den meisten Fällen jedoch nicht, was zu einer häufigen Reproduzierung der Angaben durch Zitierungen führt, ohne die Genauigkeit zu hinterfragen [59]. Auch in [16] wird auf die fehlenden Bestätigungen durch reproduzierbare Messungen hingewiesen, insbesondere auf Systembasis [44]. Die Nachmessungen fallen in der Regel deutlich geringer aus, wodurch höchstens 3 bis 5 Gew.-% nachgewiesen werden konnten [16], [58], [57]. Da die Materialien bislang nur in Laboren auf Materialbasis untersucht wurden, fällt ein Vergleich auf Systemebene schwer. In [63], [40] und [62] sind mögliche Systeme bzw. auf Systembasis zu beachtende Randbedingungen aufgezeigt.

Zwei näher untersuchte Materialien zur Wasserstoffspeicherung auf Basis der Physisorption sind das AX21 (aktivierter Kohlenstoff) und die metallorganische Rahmenstruktur MOF177 [63], [40]. Die Systemsimulation in [63] weist beispielsweise eine maximale gravimetrische Speicherkapazität von 4,5 Gew.-% bei 100 K Speichertemperatur und Drücken zwischen 275 und 400 bar für AX21 auf. Um einen signifikanten Vorteil gegenüber anderen Speicherarten zu erhalten ist noch Entwicklungsarbeit nötig. Für die erforderliche Flüssigstickstoffkühlung während der Betankung sind außerdem etwa 11 kWh/kg$_{H2}$ an elektrischer Energie erforderlich. Darüber hinaus wird gezeigt, dass dem AX21 ähnliche Materialien eine Steigerung in der spezifischen Oberfläche von 140% besitzen müssten, um als *automotive* tauglicher Speicher in Frage zu kommen [63].

Die hohe absolute Speicherkapazität von MOF177 (11,3 Gew.-%, [64]) reduziert sich auf etwa 7,5 Gew.-% bei Berücksichtigung der nutzbaren Wasserstoffmenge [64]. Mit dieser materialbasierten Speicherdichte stellt MOF177 den *Benchmark* für die Adsorptionsmaterialien dar [64]. Bei der theoretischen Systembetrachtung nach [40] reduziert sich die Speicherdichte weiter auf ca. 4,9 Gew.-% für einen Speicher mit 5,6 kg nutzbarem Wasserstoffinhalt. Bei dem dargestellten System ist außerdem eine energetisch ungünstige Kühlung für die kryogene Speichertemperatur erforderlich, wodurch der WTT-Wirkungsgrad auf unter 41% sinkt [40].

Bei allen Speicherarten, die ihre Speicherkapazität durch kryogene Temperaturen erreichen, sind meist auch Verluste während der Nichtbenutzung zu berücksichtigen. Entsprechende Verluste treten nicht direkt bei Abstellen des Fahrzeuges auf sondern erst nach einer gewissen Zeit. Diese Zeit bis zum Beginn der Verluste wird bezüglich der Wasserstoffspeicherung häufig durch die *Dormancy* (D) ausgedrückt und berechnet sich gemäß Gl. 3-2 aus dem Produkt der eintretenden Wärmestroms ($\dot{Q}$) und der Zeit (t).

$$D = \dot{Q} \cdot t \qquad \text{Gl. 3-2}$$

Die Einheit ist vergleichbar mit der einer Energieangabe in Watttagen (Wd). Dabei bedeutet die Angabe einer *Dormancy* von D = 5 Wd, dass ein Wärmeeintrag von einem Watt für fünf Tage, oder fünf Watt für einen Tag ohne Verluste ertragen werden kann. Nach dieser Zeit wird durch ein Überdruckventil Wasserstoff abgeblasen, um den Maximaldruck nicht zu überschreiten. Für das AX21 und das MOF177 ist die *Dormancy* etwa gleichwertig und beträgt etwa D = 110 Wd nach Ahluwalia [40]. Auch die dann auftretenden Verluste schätzt Ahluwalia [40] für beide Materialien etwa gleich ein. Sie liegen mit etwa 1 $g_{H2}/h/kg_{H2}$ deutlich über den DOE-Zielen von 0,05 $g_{H2}/h/kg_{H2}$.

Nennenswerte Umsetzungen in Pkws sind nicht allgemein bekannt bzw. werden nicht in Flottenversuchen der OEM′s eingesetzt. Ein Messefahrzeug, der F125!, dessen Funktionalität im Bereich der Wasserstoffspeicherung nicht öffentlich nachgewiesen wurde, ist auf der IAA 2011 durch die Daimler AG vorgestellt worden. In diesem Fahrzeug soll ein MOF-Speicher in die Fahrzeugstruktur integriert sein, mit einer nutzbaren Wasserstoffmenge von 7,5 kg [65].

Die dargestellten Herausforderungen bei der alternativen Wasserstoffspeicherung lassen derzeit keine bessere, kurzfristig verfügbare Möglichkeit als die Speicherung in Reinform erwarten. Dies entspricht auch der Einschätzung des deutschen Wasserstoffverbands [66].

3.3 Speicherung in Reinform

Die Speicherung von Wasserstoff in reiner Form benötigt keine chemische oder physikalische Bindung an Trägerstoffe wie bei alternativen Speichertechnologien (vgl. Kap. 3.1 und Kap. 3.2). Dabei kann der Wasserstoff gasförmig, flüssig und fest vorliegen, wobei die Speicherung als Feststoff keine praktische Relevanz hat. Eine Anwendung, in der die feste Form des Wasserstoffes vorkommt, ist die Speicherung als Slush, eine Mischung aus flüssiger und fester Form, die in der Raketenantriebstechnik angewendet wird [16]. Die weiteren drei Speicherarten in dieser Kategorie nach Tab. 3.1 sollen im Folgenden näher beschrieben werden.

3.3.1   Kryogene Speicherung (LH₂)

Durch die hohe Dichte von Wasserstoff in der Flüssigphase gegenüber der Gasphase, bietet dieser Aggregatzustand ein hohes Potenzial bezüglich der gravimetrischen und volumetrischen Systemspeicherdichte. In flüssigem Zustand beträgt die Dichte des reinen Wasserstoffes etwa 50 bis 71 kg/m³ zwischen 10 und 1 bar Speicherdruck sowie bei der entsprechenden Siedetemperatur zwischen -241,8 °C (31,4 K) und -250,2 °C (22,9 K) (Daten nach [7]). In Abb. 3.2 ist die Speicherdichte des flüssigen Wasserstoffes über den Druck zu sehen, bei der jeweiligen Siedetemperatur, die mit zunehmendem Druck steigt. Die Dichte sinkt bei Annäherung an den kritischen Punkt (T_k = 33,145 K, P_k = 12,964 bar, ρ_k = 31,263 kg/m³) deutlich ab und endet unterhalb der Speicherdichte von Druckwasserstoff bei 700 bar (ρ = 40,17 kg/m³). Als Nenntemperatur für die flüssige Wasserstoffspeicherung wird häufig - 253 °C angegeben.

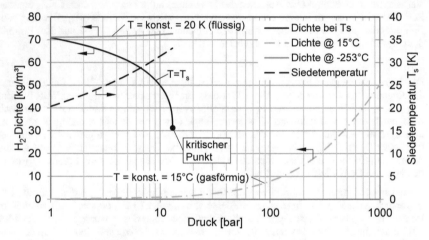

Abb. 3.2:   Speicherdichten für kryogene und komprimierte Speicherung in Abhängigkeit des Drucks (Daten nach [7])

Eine entsprechende Darstellung der Dichte bei konstanter Temperatur von -253 °C (20 K) ist ebenfalls in Abb. 3.2 enthalten. Ein Flüssigwasserstoffspeicher im Fahrzeug wird jedoch nicht aktiv gekühlt, um diese Temperatur zu halten. Die Temperatur wird durch die Verdampfung der Flüssigkeit gehalten, wodurch ein Dampfdruck im Speicher entsteht. Entsprechend Abb. 3.2 stellt sich je nach Druck eine entsprechende Temperatur der Flüssigkeit ein, welche letztlich die Dichte bestimmt. Daher ist realistisch ein Temperaturbereich von -253 °C bis -243 °C anzugeben [67]. Es wird deutlich, dass die Temperatur von -253 °C einen optimalen Fall darstellt, bei dem das Tanksystem die maximale Speicherkapazität erreicht. Um dies insbesondere nach längeren Standzeiten zu erreichen, muss das Tanksystem und die Peripherie (Leitungen, Ventile etc.) während des Tankvorganges heruntergekühlt werden, was in der Regel mit massiven Wasserstoffverlusten einhergeht [67]. Vor diesem Hintergrund gilt es auch Angaben bezüglich der *Dormancy* kritisch zu hinterfragen, welche mit der längerfristig zu gewährleistenden Dichte in einem Zielkonflikt steht. Ein geringer Abblasedruck resultiert nach Abb. 3.2 in einer geringen Fluidtemperatur respektive einer hohen Dichte. Allerdings wird die *Dormancy* dann gering sein. Eine hohe *Dormancy* führt bei identisch angenommenen

Isolationseigenschaften des Tanks zu entsprechend geringen Speicherdichten. Bei Großtanks für stationäre Anwendungen und bei Wasserstofftanklastwagen wird etwa nach 30 Tagen der Überdruck abgeblasen [16]. Dies liegt vor allem an dem geringen Verhältnis von Oberfläche zu Volumen in großen Speichern. Bei Pkw-Speichersystemen kann nach [40] bei einem Wärmeeintrag von 5 W und 8 bar Abblasedruck eine *Dormancy* von etwa 2 Wd angenommen werden. Ein voller Tank muss folglich nach etwa 9,6 h den Überdruck abbauen. Die ab diesem Zeitpunkt auftretenden Verluste betragen nach [40] ca. 20 g/h/kg, was 48% an einem Tag entspricht.

Der komplexe Aufbau eines Flüssigwasserstoffspeichers ist in Abb. 3.3 dargestellt. Der Aufbau besteht aus je einem Innen- sowie Außenbehälter, während der innen liegende Behälter über eine Lagerung an den Äußeren angebunden ist. Ebenfalls dargestellt sind ein elektrischer Zuheizer zur Gastemperierung und ein in der Flüssigkeit angebrachter Zuheizer. Letzterer wird bei hohen Entnahmemengen benötigt, um ausreichend Wasserstoff in die Gasphase übergehen zu lassen.

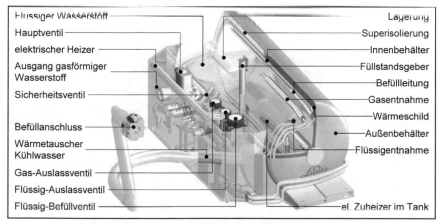

Abb. 3.3: Flüssigwasserstoffspeicher der Fa. Linde für 4,6 kg Wasserstoff, [68]

Der zur Isolierung erforderliche mehrschichtige Aufbau besteht aus einem Wärmeschild sowie einer mehrlagigen Super-Isolation (= Multilayer-Vacuum-Super-Isolation) mit etwa 40 Schichten aus Metallfolie [67], [69].

Trotz der guten gravimetrischen Systemspeicherdichte von 5,6 Gew.-% [40] hat sich diese Speichermethode für die Automobilbranche insbesondere aufgrund der hohen Verluste sowie der energetisch aufwendigen Verflüssigung nicht durchgesetzt. Zur Verflüssigung mit z.B. dem Linde-Verfahren wird etwa 30% der im Wasserstoff chemisch gebundenen Energie benötigt [67], [69].

Dies spiegelt sich auch in einem geringen WTT-Wirkungsgrad von $\eta_{WTT} < 41\%$ wider [40]. Zudem ist die volumetrische Speicherdichte unter Berücksichtigung der Abdampfverluste nach [40] mit ca. 23,5 g/L eher gering.

3.3.2 Kryokomprimierte Speicherung (CcH₂)

Durch die Speicherung von gasförmigem Wasserstoff bei tiefen Temperaturen und gleichzeitig hohem Druck können zum flüssigen Wasserstoff überlegene Dichten erreicht werden.
Die Dichte flüssigen Wasserstoffs bei 1 bar (vgl. Kap. 3.3.1) kann bei z.B. $p = 300$ bar und
$T = 40$ K übertroffen werden (s. Abb. 3.5). Es ist im Vergleich jedoch zu berücksichtigen,
dass die Dichte von flüssigem Wasserstoff bei 33 K und 300 bar mit ca. $\rho = 83$ kg/m³ darüber
liegt (Alle Daten nach [7]).

Ein Speichersystem für kryokomprimierten Wasserstoff der BMW AG ist in Abb. 3.4 zu sehen.

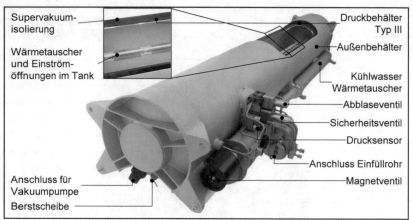

Abb. 3.4:   Speichersystem für kryokomprimierten Wasserstoff (CcH₂) der BMW AG für 7,1kg
Wasserstoff, [70]

Vergleichbar zu einem Flüssigwasserstoffspeicher ist ein CcH₂-Speicher aus zwei ineinander
liegenden Behältern aufgebaut, wobei der äußere ebenfalls als Vakuumbehälter dient. Der
innere Behälter muss im Vergleich zum LH₂-Speicher einem deutlich höheren Nenndruck von
bis zu 350 bar standhalten, weshalb er als Typ III-Zylinder (vgl. Abb. 3.6) ausgeführt ist.
Gleichzeitig muss dieser Innenbehälter ein Temperaturfenster von - 235 °C bis maximal
85 °C ertragen. Hat das Speichersystem Umgebungstemperatur, kann es als 350 bar Speichersystem genutzt werden oder direkt mit tiefkaltem Wasserstoff betankt werden, wodurch sich
in den entsprechenden Komponenten allerdings ein hoher Temperaturgradient einstellt. Dies
stellt besondere Anforderungen an die Dichttechnik der gasführenden Komponenten.

Die Speicherdichte, die mit einem derartigen System erreicht werden kann, ist stark von der
Nutzung abhängig. Zunächst reduziert sich die Dichte des Wasserstoffes von der theoretischen Dichte von 80 kg/m³ (bei 300 bar und 40 K) auf etwa 72 kg/m³ [71], [71], [7], durch
die zwangsläufige Erwärmung bei der Betankung. Die angegebene maximal erreichbare Speicherdichte berücksichtigt bereits vorgekühlte Leitungen an der Zapfstelle. Ohne das kalte Be-
füllequipment sind maximal etwa 68 kg/m³ erreichbar. Wird das Fahrzeug nicht bewegt und
dem Tanksystem somit kein Wasserstoff entnommen, erwärmt sich dieses durch den nicht zu
verhindernden äußeren Wärmeeintrag. Zum einen ist die Konsequenz, dass ein Teil nach
überschreiten der *Dormancy* ungenutzt abgeblasen werden muss, um einen Druckanstieg über

350 bar zu vermeiden. Andererseits wird mit einer folgenden Betankung nicht die gewünschte (maximale) Dichte bzw. Kapazität erreicht. Diese Zusammenhänge veranschaulicht Abb. 3.5 in Abhängigkeit des Fahrzeugnutzungsprofils.

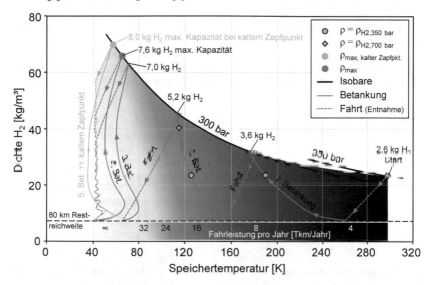

Abb. 3.5: Simulation erreichbarer H_2-Dichten in Abhängigkeit der Fahrzeugnutzung am Beispiel eines 8 kg CcH$_2$-Speichersystems, Simulationsergebnisse n. [71], [72]; Isobare n. [7]

Ist das Tanksystem auf Umgebungstemperatur von etwa 15 °C temperiert, so entspricht die Dichte des gespeicherten Wasserstoffes der in einem 350 bar Hochdruckspeicher (in Abb. 3.5 mit „Start" gekennzeichnet) und somit nur etwa einem Drittel der maximalen Kapazität. Um die angegebene maximale Kapazität erreichen zu können ist eine kontinuierliche Abfolge von Fahrt und Betankungsvorgängen erforderlich. Durch die Betankung mit tief kaltem Wasserstoff und der Abkühlung durch die Entnahme sinkt die Temperatur im Fahrzeugtank. Wie dargestellt sind im optimalen Fall vier Betankungen mit unmittelbar folgender Entleerung ausreichend, um auf die maximale Dichte von etwa 68 kg/m³ zu gelangen. Kampitsch zeigt in [71] eine gute Korrelation zwischen Simulations- und Versuchsergebnissen auf.

Der Farbverlauf stellt ein ungefähres Maß für die theoretisch erforderliche Jahresfahrleistung dar, die für den entsprechenden Bereich an Speicherkapazität erbracht werden muss. Erst ab Fahrleistungen von 20000 km wird sich eine höhere Kapazität gegenüber einem 700 bar Druckgasspeichersystem bemerkbar machen. Dies setzt die Annahme voraus, dass die Fahrleistung gleichmäßig über das Jahr verteilt ist. Längere Standzeiten (Tage, Wochen) wie in der Urlaubszeit, haben einen negativen Einfluss darauf. Die kryokomprimierte Speicherung bietet ein hohes Potenzial aufgrund der hohen Dichte von Wasserstoff bei geringen Temperaturen und gleichzeitig hohen Drücken. Es können Systemspeicherdichten von theoretisch 5,4 Gew.-% bis 5,7 Gew.-% erreicht werden [40], [72]. Zu beachten sind jedoch die in der Praxis auftretenden und geschilderten Gegebenheiten, wie Abdampfverluste, real erreichbare Wasserstoffdichten und die Art der Nutzung. Darüber hinaus muss die Infrastruktur für diese

Betankung aufgerüstet werden. Aufgrund der tiefen Temperaturen bietet sich dies nur bei einer Flüssigwasserstoffbevorratung seitens der Infrastruktur an. Ausgehend von flüssigem Wasserstoff kann die erforderliche Kompressionsarbeit auf ca. 1% der im Wasserstoff chemisch gebundenen Energie gesenkt werden [71]. Die erforderliche Energie zur Verflüssigung von ca. 30% ([67], siehe kryogene Speicherung) darf jedoch nicht vernachlässigt werden. Insgesamt liegt der WTT-Wirkungsgrad vergleichbar zur kryogenen Speicherung unter $\eta_{WTT} < 41\%$ [40]. Vor diesem Hintergrund bietet sich diese Technologie vorrangig für Fahrzeuge im Dauerbetrieb an. Vorteilhaft dafür sind Taxen oder Linienbusse, da sich zusätzlich eine geeignete Betankungsmöglichkeit auf dem eigenen Betriebsgelände realisieren lässt.

3.3.3   Komprimierte Speicherung (CGH₂)

Die Speicherung von Wasserstoff - als unter Druck stehendes Gas - erfolgt in der Regel mit einem Nenndruck von 200 bar $< p_{Nenn} <$ 1000 bar in zylindrischen Behältern. Während im stationären Bereich Flaschen mit einem Nenndruck von p = 200 bar...300 bar (Standard Gasflaschen auch in Bündeln) oder etwa 900 bar (Wasserstofftankstellen) zum Einsatz kommen, haben sich im mobilen Bereich Zylinder mit Nenndruck von p = 350 bar und p = 700 bar etabliert. [73], [16]. Nahezu alle Fahrzeughersteller setzen die Druckspeicherung heute in Demonstrationsprojekten (vgl. CEP-Projekt [74]) oder in ersten Kleinserien ein [75].

Begründet durch die hohen Drücke ist die Form der Speicher heute kugelförmig oder zylindrisch aufgrund der positiven Spannungsverteilung in derartigen Formen [16]. Für die Speicherung stehen vier unterschiedliche Zylindertypen zur Verfügung. Der prinzipielle Aufbau dieser Zylindertypen ist in Abb. 3.6 zu sehen. Ein vollständig aus Metall gefertigter Zylinder wird mit Typ I bezeichnet. Dieser Typ stellt im Bereich der automobilen CNG Speicherung aktuell den Standard dar. Anwendung findet dieser auch bei Gaslieferanten zur Wasserstoffverteilung in Einzelflaschen oder Bündeln mit bis zu 300 bar. Für den Typ II-Zylinder wird ein metallischer Behälter im zylindrischen Bereich mit faserverstärktem Kunststoff unidirektional in Umfangsrichtung verstärkt. Dadurch kann ein Gewichtsvorteil durch geringere metallische Wandstärken sowie höhere Nenndrücke erreicht werden. Dieser Typ wird derzeit bis zu Nenndrücken von ca. 1000 bar in stationären Applikationen wie etwa Wasserstofftankstellen als Pufferspeicher eingesetzt. Aufgrund der erhöhten Anforderungen an die gravimetrische Speicherdichte bei der mobilen Speicherung kommen hierfür heute nur die Typen III und IV zum Einsatz. Diese zeichnen sich durch eine vollständige äußere Schicht aus Faserkunststoffverbund (FKV) aus. In der Regel werden dazu heute carbonfaserverstärkte Kunststoffe (CFK) eingesetzt, die dann Kohlenstofffasern beispielsweise von einer Harzmatrix umgeben sind. Wie in Abb. 3.6 dargestellt unterscheiden sich die beiden letzten Typen durch den Innenbehälter (Inliner od. kurz Liner), welcher entweder aus Metall (Typ III) oder Kunststoff (Typ IV) besteht. Der Zylinderhals ist auch bei dem Typ IV Zylinder zur Aufnahme des Zylinderventils aus Metall und wird Boss genannt.

Durch die Vollverbundbauweise des Typ IV-Zylinders sind vor allem Gewichts- und Kostenvorteile (Kunststoff- gegenüber Metallliner) zu erwarten [76], [77]. Aus [78] ist aber auch ein Vorteil bei zyklischer Beanspruchung (Be- und Entfüllen) erkennbar. Demnach zeigen Typ IV Zylinder insgesamt eine bessere Zyklenfestigkeit bei tiefen Temperaturen und Raumtemperatur (RT). Hier werden 45000 Lastwechsel (LW) ohne Versagen ertragen. Steigt die Temperatur allerdings auf 85 °C, sinkt die ertragbare Zyklenzahl um ca. 24%. Hier konnte ebenfalls eine rapide Verringerung des Berstdrucks festgestellt werden. Die Untersuchten Typ III-Zylinder zeigen demgegenüber insgesamt geringere ertragbare Zyklenzahlen von etwa 11500 LW bei -40 °C, 23800 LW bei RT, 20300 LW bei 85 °C. Im Unterschied zu den

Typ IV-Zylindern steigen diese jedoch mit zunehmender Temperatur. Der Grund dafür ist ein Teil des Fertigungsprozesses, die sogenannte Autofrettage.

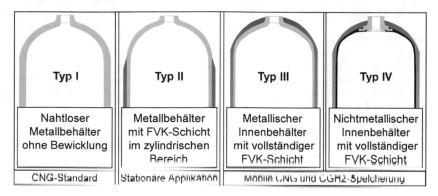

Typ I	Typ II	Typ III	Typ IV
Nahtloser Metallbehälter ohne Bewicklung	Metallbehälter mit FVK-Schicht im zylindrischen Bereich	Metallischer Innenbehälter mit vollständiger FVK-Schicht	Nichtmetallischer Innenbehälter mit vollständiger FVK-Schicht
CNG-Standard	Stationäre Applikation	Mobile CNG und CGH2-Speicherung	

Abb. 3.6: Klassifizierung der Zylindertypen für Druckgasbehälter

Hierbei wird der fertige Zylinder deutlich über den Nenndruck hinaus mit Innendruck beaufschlagt, so dass der metallische Liner im plastischen Bereich verformt wird und Druckeigenspannungen bei geringeren Drücken resultieren. Diese unterstützen den Liner, die auftretenden Belastungen durch eine geringere Wechselbeanspruchung zu ertragen. Detaillierte Ausführungen dazu sind in [79], [78] sowie [80] zu finden. Durch die unterschiedlichen Wärmeausdehnungskoeffizienten von Aluminium und der CFK-Schicht reduzieren sich diese Spannungen mit abnehmender Temperatur, wodurch ein früheres Versagen eintritt [78]. Aufgrund der genannten Vorteile gilt der Typ IV-Zylinder für den Serieneinsatz als vorteilhaft.

Ein System zur Druckwasserstoffspeicherung bei 700 bar, wie es heute in ähnlicher Bauweise in BZ-Fahrzeugen eingesetzt wird, ist exemplarisch in Abb. 3.7 dargestellt. Die beiden Typ III oder Typ IV Zylinder mit ihren Innenbehältern und der FKV-Außenschicht werden über je ein Los- und ein Festlager über die Zylinderhälse an das Fahrzeug angebunden. Die Loslagerung ist zum Ausgleich der axialen Ausdehnung aufgrund des Innendruckes erforderlich. Alternativ ist auch eine Befestigung im zylindrischen Bereich über Spannbänder üblich. Auf der Seite der Festlagerung ist jeder Zylinder mit einem Tankventil versehen. In diesem sind diverse weitere Bauteile bzw. Funktionen integriert wie die Temperatur- und Druckmessung, die elektrische Ansteuerung sowie eine thermische Sicherung. Letztere wird bei hohen Temperaturen (ca. 110 °C), wie sie bei einem Fahrzeugbrand auftreten können, ausgelöst, um ein Bersten des Zylinders durch gezieltes Abblasen (Entlastungsleitung HD) zu verhindern.

Zur Bereitstellung des für die Brennstoffzelle erforderlichen geringen Druckniveaus ist ein Druckregler verbaut. Dieser verfügt neben einem weiteren Drucksensor über eine Überdrucksicherung um die nachfolgenden Komponenten im Niederdruckbereich (ND) zu schützen.

Derartige Tanksysteme gelten als technisch dicht. Auch bei langen Phasen ohne Nutzung tritt kein Wasserstoff aus dem Tanksystem aus, wie es bei den Tanksystemen mit tiefkaltem Wasserstoff der Fall ist. Einzig die Permeation durch die gasführenden Bauteile führt zu aus Kundensicht marginalen Verlusten. Bei metallischen Bauteilen, sowie auch beim Typ III-Zylinder aufgrund seines Metallliners, gilt die Permeation grundsätzlich als vernachlässigbar [82]. Es kann jedoch bei falscher Materialauswahl zu Versprödungen kommen [6]. Die Liner der Zylinder dienen hauptsächlich als Permeationssperre, was insbesondere bei Typ IV-Zylindern von großer Bedeutung ist. Heute eingesetzte Materialien sind hochdichtes Polyethylen (HDPE) und Polyamid (PA) [40], [83], [77].

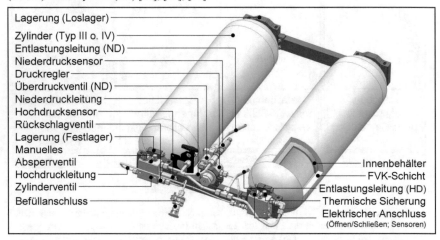

Abb. 3.7:   Automotives Zweitanksystem zur Druckwasserstoffspeicherung bei 700 bar [81]

Beide Werkstoffe sind für Wasserstoff permeabel, weshalb auf die geltenden Grenzwerte zu achten ist. Empfehlungen werden dazu im Abschlussbericht des Projektes HySafe gegeben [82]. In Tab. 3.2 sind die Permeationsgrenzwerte verschiedener Regularien und Empfehlungen zusammengefasst. So wird z.B. eine von der Messtemperatur abhängige erlaubte Permeationsrate (bei 20 °C) für einen neuen Zylinder, oder bei mindestens 55 °C für ein Tanksystem nach simulierter Gebrauchsdauer (EOL) vorgeschlagen [82]. In der SAE J2579 wird der Grenzwert ebenfalls auf eine erhöhte Temperatur und nach simulierter Gebrauchsdauer für Tanksysteme < 330 Liter Innenvolumen bezogen [84]. Die ISO/TS 15869 gibt zwei Werte an die beide einzuhalten sind. Zum einen wird die Permeation für 700 bar Typ IV-Zylinder vorgeschrieben, in einem zweiten Wert wird die Permeation in Kombination mit Leckagen für das gesamte Tanksystem reglementiert [85].

Die Zulassung heutiger Tanksysteme für wasserstoffbetriebene Fahrzeuge erfolgt in Europa aktuell nach der Zulassungsvorschrift der Europäischen Gemeinschaft, der EG 79/2009 mit der dazugehörenden Durchführungsverordnung EG 406/2010 [86], [87]. Eine detailliertere Ausführung der für die Zulassung erforderlichen Prüfungen wird in Kap. 4.1 gegeben. Die in der EG 79/2009 maximal erlaubte Permeationsrate entspricht etwa 12,8 mg/(Tag·$L_{Innenvolumen}$). Ein 6 kg Speichersystem für 700 bar (≈ 150 $L_{Innenvolumen}$) wäre dementsprechend bei konstant angenommener Permeation nach über 4 Jahren noch zu 50% gefüllt.

Eine Neuregelung im Sinne einer global gültigen Regelung ist derzeit in Form einer UN-Regelung basierend auf der Global Technical Regulation No. 13 (UNECE-GTR No.13) in Arbeit [88]. Diese soll die bisherigen, teilweise länderspezifischen Standards wie die SAE J2579, die ISO/TS 15869 [85], EG 79/2009 etc. ablösen. Auch hier ist eine erhöhte Prüftemperatur vorgesehen [88].

Tab. 3.2: Zusammenfassung unterschiedlicher Permeationsgrenzwerte

Grenzwert	Einheit	Temperatur; Druck	Tankzustand	Quelle
46	Nml/(h*Liter)	≥ 55°C; 1,15xNWP	Simulierter EOL	SAE J2579-2013
6	Nml/(h*Liter)	15±2 °C; NWP	Neu	EG79/EG406-2009/10
2,8	Nml/(h*Liter)	Ambient; ≥NWP	Neu	ISO/TS15869:2009 Permeation: Test B16
75	Nml/(min*Zyl.)	85°C oder beliebig, nicht näher spezifiziert; ≥NWP	Simulierter EOL / neu, nicht eindeutig spezifiziert	ISO/TS15869:2009 Leckage + Permeation: Test E5
46	Nml/(h*Liter)	≥ 55°C; 1,15xNWP	Simulierter EOL	GTR-Draft No.13:2014
8	Nml/(h*Liter)	bei 20°C; NWP	Neu	HySafe Proposal
90	Nml/(min*Fzg)	bei 55°C; NWP	Simulierter EOL	HySafe Alternative

Die gravimetrische Speicherdichte der Druckgasspeichertechnologie ist von der verwendeten Zylindertechnologie abhängig [40], [16] Auf Systembasis für einen Aufbau aus einem oder zwei Zylindern sind die gravimetrischen Speicherdichten für Typ III- und Typ IV-Zylinder in Tab. 3.3 zusammengefasst. Typ IV-Zylinder erreichen demnach deutlich bessere System-speicherdichten.

Tab. 3.3: Systemspeicherdichten in Abhängigkeit von Zylindertyp und Nenndruck; Daten nach [40]

Zylindertyp	Nenndruck [bar]	Speicherdichte [Gew.-%]
Typ III	350	4,0...4,2
	700	3,5...3,6
TypIV	350	5,0...5,5
	700	4,8...5,2

Aufgrund des nicht idealen Gasverhaltens, lässt sich bei gleichem Innenvolumen durch eine Steigerung des Druckes um 100% (von 350 bar auf 700 bar) nur eine Kapazitätssteigerung um etwa 67,8% erreichen (Berechnung nach [12]). Dieser Nachteil, den die 700 bar Technologie neben einem höheren Speichergewicht, aufgrund steigender Wandstärken mit sich bringt, wird durch einen Vorteil bei der volumetrischen Speicherdichte kompensiert. Diese kann von etwa 17,5 kg/m³ auf 26,3 kg/m³ (je 1-Tank; Typ IV) um ca. 50% gesteigert werden [40], [77].

3.3.4 Potenzielle Geometrievarianten für Druckwasserstoffspeicher

Heutige Druckwasserstoffspeicher besitzen in der Regel eine zylindrische Form. Diese Speicherform schränkt die bauraumoptimale Unterbringung in Fahrzeugen gegenüber den heute üblichen frei formbaren Flüssigkraftstofftanks deutlich ein. Vor diesem Hintergrund sind in der Literatur Vorschläge bezüglich neuer Formen beziehungsweise alternative konstruktive Lösungsansätze zu finden, die diesen Umstand adressieren. Im Folgenden sollen einige dieser Ansätze vorgestellt werden um den Stand der Technik darzulegen. Beispielhafte Darstellungen sind dazu in Abb. 3.8 zu sehen. Eine Bewertung potenziell vielversprechender Vorschläge erfolgt in Kap. 5.2.

Eine Möglichkeit, sich dem zur Verfügung stehenden Bauraum anzunähern ist das in [89] dargestellte Konzept. Dieses beruht im Wesentlichen auf der mäanderförmigen oder aufgewickelten Anordnung einer einzigen Rohrleitung (vgl. Darstellung (1) in Abb. 3.8). In [90] wird eine konstruktiv neue Lösung mit wenigstens einem zylindrischen Behälter dargestellt, bei der in einem inneren Behälter Gas gespeichert wird. In dem Zwischenraum zu einem zweiten äußeren Behälter wird ebenfalls Gas gespeichert. Beabsichtigt ist hier eine Unterstützung der inneren Struktur durch den Druck im äußeren umgebenden Speicherraum ((2) in Abb. 3.8). Ebenfalls grundsätzlich zylindrisch ist die Konstruktion aus [91]. Diese zeichnet sich durch die unkonventionelle Form der Schulterbereiche aus. Der zylindrische Körper ist beidseitig durch ebene Deckel verschlossen. Um die axialen Kräfte aufzunehmen sind die Deckel über axial ausgerichtete Verstärkungsstrukturen verbunden ((3) in Abb. 3.8). Eine ähnliche geometrische Form haben Zylinder nach dem Darmstädter Bauweisenkonzept nach [92]. Hier werden die axialen Kräfte durch eine nahezu in axialer Richtung angeordnete Faserschicht aufgenommen, die sich nicht wie in [91] im Zylinder befindet, sondern eine der äußeren Lagen bildet. Die beiden Deckel sind mit dieser Lage verbunden und selbst nicht eben, sondern nach innen gewölbt ((4) in Abb. 3.8).

In [93] wird ein rechteckiger Bauraum durch im Umfang gestauchte Zylinder angenähert, die sich an den Berührstellen gegenseitig stützen ((5) in Abb. 3.8). Das Tankmodul kann durch die Anzahl des mittleren Segmentes in Volumen und Breite variiert werden. Eine prototypische Umsetzung durch die Firma Thiokol wurde in [94] für die Anwendung bei 350 bar ohne mittleres Element untersucht. Dabei wurden zwei einzeln hergestellte Tanks mit einer Umfangswicklung verbunden. Die Ergebnisse in [94] weisen die Machbarkeit für den angesetzten Druck unter Berücksichtigung des Sicherheitsfaktors nach, eine Umsetzung für 700 bar Nenndruck ist zum aktuellen Zeitpunkt nicht bekannt. Der in [95] geschützte Aufbau versucht ebenfalls einem rechteckigen Bauraum bestmöglich gerecht zu werden. Der Grundkörper, welcher vergleichbar zu dem in [93] ist, wird von einer verstärkenden Struktur umgeben ((6) in Abb. 3.8). Dabei werden die Hauptbelastungen durch diese Struktur getragen. Die Ober- und Unterseite ist mit Bolzen durch den Innenbehälter miteinander verschraubt.

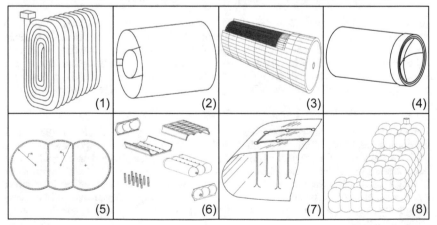

Abb. 3.8:   Auswahl alternativer Tankgeometrien für Druckgase aus der Literatur, (1): [89]; (2): [90]; (3): [91]; (4): n. [92]; (5): [93]; (6): [95]; (7): [96]; (8): [97]

Ein wesentliches Element sind auch in [96] die Querverstrebungen in einer im Wesentlichen ovalen Querschnittsform des Tanks ((7) in Abb. 3.8). Je nach vorgeschlagener Konstruktion können die Verstrebungen durch Faserwerkstoffe (wie in (7) in Abb. 3.8 angedeutet) dargestellt werden, oder auch durch klassische Elemente des Maschinenbaus, z.B. Schrauben.

Die Konstruktion nach [97] basiert auf miteinander verbundenen kugelförmigen Elementen ((8) in Abb. 3.8). Durch diese Bauweise soll eine besonders flexible Anpassung an den Bauraum gewährleistet werden.

Die vorangegangene Aufzählung erhebt keinen Anspruch auf Vollständigkeit der in der Literatur befindlichen Vorschläge zur Formgebung von Druckwasserstoffspeichern. Dennoch geben sie einen guten Überblick über die unterschiedlichen Ansätze. Eine weitere Form ist die Ausführung in Torus-Bauweise wie sie in [98] für die FKV-Herstellung optimiert wird. Diese Form ist heute vor allem bei LPG-Tanks für Flüssiggas bekannt, da sie sich als Nachrüstlösung gut in die Ersatzradmulde von Fahrzeugen integrieren lässt.

3.4 Energetische und monetäre Betrachtung

In Abb. 3.9 sind die gravimetrischen und volumetrischen Speicherdichten einiger Wasserstoffspeichertechnologien und deren WTE-Effizienz, sowie die entsprechenden DOE-Ziele gezeigt. Die Darstellung erfolgt auf Systembasis, was häufig bei Vergleichen in der Literatur unbeachtet bleibt. So werden teilweise die aus praktischen Anwendungen sehr gut bekannten Druckspeicheroptionen mit Speicherdichten anderer Speicherarten auf Materialbasis verglichen, da ausgereifte Systeme nicht vorhanden sind. Zulassungsrichtlinien, wie bei der Speicherung von flüssigem und gasförmigem Wasserstoff bereits ausreichend bekannt und berücksichtigt, spielen für alternative Speichermaterialien und deren Bereitstellungssysteme aufgrund des Forschungs- und Entwicklungsstandes bislang nur eine periphere Rolle, wodurch die theoretisch resultierenden Speicherdichten in der Regel überschätzt sind. Im Vergleich dazu ist in den realen Druckspeichersystemen eine zur Zulassung geforderte Sicherheit (vgl. Kap. 4.1) bei der Zylinderauslegung berücksichtigt, die sich negativ auf die Speicherdichte auswirkt. Die hier dargestellten Bereiche der jeweiligen Systeme nach [40] beziehen sich auf eine nutzbare Wasserstoffmenge von 5,6 kg. Ohne Berücksichtigung der zuvor beschriebenen technischen Herausforderungen oder Nachteile zeigen das Adsorptionsmaterial MOF-177 sowie Amminboran (AB) als Vertreter der alternativen Speichermöglichkeiten ein hohes Potenzial. Demgegenüber steht insbesondere bei AB ein geringer WTE-Wirkungsgrad zwischen $12 < \eta_{WTE} < 36\%$ der zu berücksichtigen ist. Alan als Vertreter der Metallhydride weist die typische hohe volumetrische Speicherdichte auf, aber eine gravimetrische Speicherdichte von im Mittel 3,7 Gew.-% und ein Wirkungsgrad von etwa 40% deuten auf die Herausforderungen hin. Auch bei der Flüssigwasserstoffspeicherung (LH_2) wird der Vorteil einer erhöhten gravimetrischen Speicherdichte durch die energieintensive Verflüssigung (vgl. Kap. 3.3.1) relativiert.

Die kryokomprimierte Speicherung liegt über den DOE-Targets für 2017 und kann einen gegenüber der Flüssigspeicherung deutlich verbesserten WTE-Wirkungsgrad aufweisen. Diese Werte der Speicherdichten werden jedoch nur im Idealfall des in Kap. 3.3 aufgezeigten Nutzungsverhaltens erreicht. Die Herausforderung der nicht verlustfreien Speicherung bei tiefen Temperaturen und unzureichender Fahrzeugnutzung bleiben ein Hindernis.

Die komprimierte Speicherung bei 700 bar in Typ IV-Zylindern, wie sie derzeit bei den meisten OEM´s eingesetzt wird, bietet neben einem vertretbaren Kompromiss aus volumetrischer und gravimetrischer Speicherdichte den höchsten WTE-Wirkungsgrad. Besonders der sehr geringe energetische Aufwand für den *On-Board* Betrieb (H_2-Freisetzung) eines solchen Systems (Druck-/Temperatursensoren; Schalten von Ventilen) tragen dazu bei. Auch die energetischen Anteile auf infrastruktureller Seite sind zu berücksichtigen.

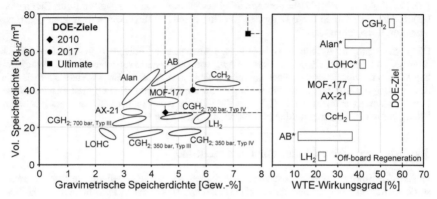

Abb. 3.9:   Gravimetrische und volumetrische Speicherdichte (links) bzw. WTE-Effizienz (rechts) ausgewählter Wasserstoffspeicher auf Systembasis nach [40]

So ist für die Verflüssigung von Wasserstoff etwa 30% der darin gespeicherten chemischen Energie nötig, für die Verdichtung auf p = 350 bar etwa 12% und bei einer Verdichtung auf p = 700 bar etwa 15% [67]. Wie in Kap. 3.3 beschrieben muss bei der kryokomprimierten Speicherung neben der benötigten Energie zur Komprimierung (1%, s. Kap. 3.3) auch die Energie zur Verflüssigung berücksichtigt werden. In [16] ist das prinzipielle Verfahren zur Verflüssigung erläutert. Die Abb. 3.10 veranschaulicht die Prozessschritte. Im Wesentlichen sind aus energetischer Sicht drei Stufen der Kühlung zu berücksichtigen, denen in der Regel eine Kompression vorhergeht. Zunächst eine Abkühlung auf etwa T = 80 K durch günstig verfügbaren flüssigen Stickstoff. Die dazu benötigte Energie zur Kühlung liegt bei etwa Ē = 2,2%$_{Hu}$ des unteren Heizwertes (Hu) von Wasserstoff. Nach weiterer Komprimierung und erneuter Kühlung auf T = 80 K erfolgt die weitere Abkühlung auf etwa 30 K in Expansionsturbinen.

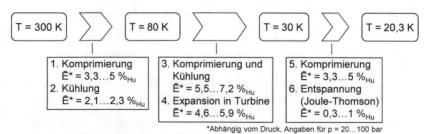

Abb. 3.10:   Prozessschritte zur Wasserstoffverflüssigung mit druckabhängigem Energieaufwand; Daten nach [16]

Dieser Prozessschritt ist gegenüber den anderen sehr energieintensiv (vgl. Schritt 3. und 4. in Abb. 3.10). Durch das unterschreiten der Inversionstemperatur (vgl. Kap. 2) kann der letzte Teilschritt über den Joule-Thomson-Effekt auf $T = 20,3$ K erreicht werden. Dieser letzte Teilschritt, bei dem die Verflüssigung letztendlich eintritt, ist mit einem verhältnismäßig geringen Betrag der im Wasserstoff enthaltenen Energie zu erreichen. [16]

Die Komprimierung zur reinen Druckspeicherung muss auf einen Druck oberhalb des Nenndrucks von $p = 700$ bar erfolgen, damit eine Betankung aufgrund eines Druckgefälles aus Zwischenspeichern erfolgen kann. In der Regel liegt der Speicherdruck in den Tankstellen bei etwa $p = 900$ bar...1000 bar. Die Verdichtung von gasförmigem Wasserstoff erfolgt heute in Kolbenkompressoren, oder in Verdichtern mit ionischen Flüssigkeiten. In beiden Verdichterarten wird eine isotherme Verdichtung durch eine Kühlung angenähert. Für den ideal isothermen Fall ist nach [16] etwa $\dot{E} = 8\%_{Hu}$ des unteren Heizwertes an Energie erforderlich für eine Kompression auf 1000 bar. Ein Wirkungsgrad von etwa $\eta = 50\%$...65% führt zu dem heute aus der Praxis bekannten Energieaufwand von $\dot{E} = 12\%$...15% des unteren Heizwertes von Wasserstoff für die Verdichtung. Hinzu kommt der Aufwand einer Kühlung des Wasserstoffes auf etwa $\vartheta = -40\,°C$ während der Betankung (näheres zum Betankungsvorgang in Kap. 4.1.2).

Ein wichtiger Punkt neben der Erfüllung von technischen Zielen ist die wirtschaftliche Betrachtung der Wasserstoffspeichertechnologien. Dazu sind in [40], [76], [77], [99], [100], [101] bzw. [102] detaillierte Analysen zu finden. An dieser Stelle soll kurz auf die aus technischer Sicht und dem derzeitigen Stand der Technik entsprechende Technologie, dem 700 bar Druckwasserstoffspeicher, eingegangen werden. Berechnet werden die Kosten in der angegeben Literatur auf Basis eines Tanksystems welches $m_{H2} = 5,6$ kg nutzbaren Wasserstoff zur Verfügung stellen kann. Diskutiert werden sollen hier nur die Ergebnisse für die Berechnung hoher Stückzahlen von $n = 500.000$ Stück pro Jahr (weitere Annahmen zu den Berechnungen sind in Kap. 9.2, Tab. 9.2 bzw. in [76], [101] und [102] zu finden). Diese Studien zeigen, dass die spezifischen Kosten zwischen den untersuchten 700 bar Varianten (Ein- oder Zwei-Zylinder-System; Typ III oder Typ IV) zwischen etwa 19 \$/kWh und 21 \$/kWh liegen, also etwa um 10% schwanken [101]. Die Schwankung wird nach [101] hauptsächlich durch den Kostenunterschied zwischen dem Typ III-Liner aus Aluminium und dem Typ IV Liner aus z.B. HDPE hervorgerufen (vgl. Abb. 3.11). Demgegenüber wird in [99] auch ein Unterschied zwischen einer Ein-Zylinder-Lösung mit 15 \$/kWh und einer Zwei-Zylinder-Lösung mit 17 \$/kWh ausgewiesen. Wesentlicher Kostentreiber sind allerdings in beiden Untersuchungen die Materialkosten der Zylinder selbst, wohingegen die Kosten für die Produktion (Fertigung und Endmontage, ohne Material) sowie die Peripheriebauteile (Ventile, Leitungen, Druckregler etc.) nahezu variantenunabhängige Kosten verursachen (Ausnahme Ein-/Zwei-Zylinder-System in [99]). Eine entsprechende Kostenstruktur ist in Abb. 3.11 dargestellt.

Im Detail fällt auf, dass bei den Materialkosten des Zylinders die Kohlefaser den höchsten Kostenanteil hat. Bezogen auf die Zylinder selbst, beträgt der Kostenanteil etwa zwischen 80% und 97% (je nach Variante) [101]. Dadurch begründet werden heute Ansätze zur Reduzierung der Fasermenge durch optimierte Fertigungsprozesse, eine Erhöhung der Matrixfestigkeit oder alternative Fasern untersucht, wie beispielsweise in [103], [104], [105], [106]. Eine Kostensenkung durch fallende Preise der Kohlefaser bei hohen Stückzahlen (z.B. ≥ 500.000 Systeme/Jahr) ist nicht zu erwarten. Der Grund dafür ist, dass die verwendeten Fasern heute bereits in großen Mengen für die Luftfahrt- und andere Industrien produziert werden und der Produktionsprozess weitestgehend ausgereift ist [101].

Der dargestellte Stand der Technik zeigt die Vor- und Nachteile der unterschiedlichen Speichertechnologien für Wasserstoff im Fahrzeug auf. Insgesamt erscheint die Druckwasserstoffspeicherung als die derzeit geeignetste für den *automotive* Einsatz, weshalb Sie auch in
der vorliegenden Arbeit zur weiteren Optimierung im Fokus liegt.

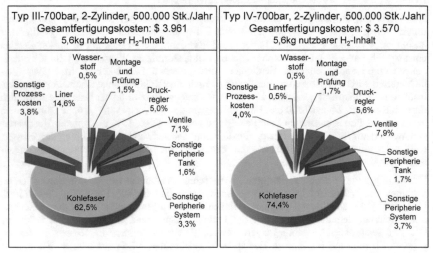

Abb. 3.11:   Kostenstruktur eines 700 bar-Wasserstoffdrucktanksystems mit jeweils 2 Typ III- (links)
und Typ IV-Zylindern (rechts); angenommene Stückzahl 500.000 Stk./Jahr; Daten nach
[101]

4 Grundlagen

Hintergrund zur Darstellung einiger Normen und Vorschriften sowie physikalischer Eigenschaften ist die im Rahmen dieser Arbeit avisierte Optimierung der Druckgasspeichertechnologie. Aufgrund des dargestellten Verhaltens von Wasserstoff (vgl. Kap. 2) und der kurzen Betankungsdauer, unterliegt das Tanksystem einer enormen Temperaturbelastung. Um die entstehende Wärme besser aus dem Tanksystem abführen zu können, soll die Wärmeleitfähigkeit des Zylinders verbessert werden. Dazu werden die thermischen Materialeigenschaften (z.B. Wärmekapazität, Temperaturleitfähigkeit) untersucht. Um den Einfluss auf die mechanischen Eigenschaften durch die Modifizierung des Materials einzuschätzen, werden außerdem mechanische Materialversuche durchgeführt. Als Grundlage für die Auswahl der Versuche dienen die entsprechenden Normen und Vorschriften (vgl. Kap. 4.1), die es bei der Zulassung und für die Betankung von heutigen CGH₂-Speichersystemen zu beachten gilt. In Kap. 4.2 wird speziell auf die Wärmeübertragung sowie die Permeation eingegangen. Zusätzlich werden die in dieser Arbeit verwendeten mechanischen Kennwerte sowie die verwendeten Prüfungen und Messmethoden der jeweiligen Größen vorgestellt. Abschließend wird in Kap. 4.3 auf die Grundlagen zur fasergerechten Konstruktion von FKV-Bauteilen eingegangen. Diese sind die Basis für die Berechnungen und Simulationen zur Untersuchung der Geometrieoptimierung von CGH₂-Speichern. Dabei wird sowohl auf optimale Länge/Durchmesser-Verhältnisse konventioneller Zylinder eingegangen als auch andere Speicherformen bewertet.

4.1 Normen und Vorschriften

Hinweise auf die Belastung von Druckwasserstoffspeichern sind in der europäischen Zulassungsverordnung EG 79 sowie der Betankungsvorschrift nach dem Standard SAE J2601 enthalten. Wesentliche Grundlage zur Zulassung von Wasserstoffspeichersystemen für Fahrzeuge in Europa bildet die Zulassungsverordnung EG 79/2009 [86] mit der Verordnung EG 406/2010 [87]. Im weiteren Verlauf der vorliegenden Arbeit werden diese auch allgemein als Zulassungsverordnung EG 79 zusammenfassend bezeichnet. Die Regelung der Betankung orientiert sich in Europa an der SAE J2601, welche im Jahr 2014 in einer neuen Version erschienen ist [107]. Diese ersetzt den alten Stand von 2010 [108]. Aus diesen beiden Werken soll auf die wesentlichen Aspekte eingegangen werden.

4.1.1 Zulassungsverordnung EG 79

Die Zulassungsverordnung EG 79 ist für alle gasführenden Komponenten in einem Wasserstoffdruckgasspeichersystem für Personenkraftwagen heranzuziehen, um in Europa eine Zertifizierung durchführen zu können. Die dort aufgeführten Tests betreffen entweder die Komponente selbst oder das verwendete Material. An dieser Stelle soll vor allem auf die Bauteilbzw. Materialprüfungen für die Komponente Zylinder eingegangen werden, die in Tab. 4.1 zusammengefasst sind. Nicht alle dargestellten Prüfungen sind für jedes verwendete Material und jeden Behältertyp durchzuführen. Darüber hinaus sind nicht für alle Materialprüfungen explizite Grenzwerte oder Mindestanforderungen gefordert. Zum einen schränkt dies den Konstrukteur möglichst wenig ein, zum anderen sind dadurch auch keine Anhaltspunkte für

© Springer Fachmedien Wiesbaden GmbH, ein Teil von Springer Nature 2018
P. A. Rosen, *Beitrag zur Optimierung von Wasserstoffdruckbehältern*,
AutoUni – Schriftenreihe 113, https://doi.org/10.1007/978-3-658-21124-0_4

die Materialauswahl verfügbar. In der Regel haben die Grenzwerte „innerhalb der vom Hersteller festgelegten Grenzen" [87] zu liegen.

Tab. 4.1:   Auszug der Prüfungen n. EG 79/2009 für Zylinder und dessen Materialien

Werkstoffprüfungen	Behälterprüfungen
Zugprüfung	Berstprüfung
Scherfestigkeit der Harzwerkstoffe	Druckzyklusprüfung bei Raum- und Extremtemperatur
Biegeprüfung	Prüfung des Leck-vor-Bruch-Verhaltens
Makrostrukturprüfung	Feuersicherheitsprüfung
Korrosionsprüfung	Prüfung auf Durchschlagfestigkeit
Prüfung der Rissbildung bei Dauerbelastung	Prüfung auf Beständigkeit gegen Chemikalien
Erweichungstemperaturprüfung	Risstoleranzprüfung am Verbundwerkstoff
Verglasungstemperaturprüfung	Prüfung mit beschleunigtem Spannungsbruch
Kerbschlagbiegeversuch nach Charpy	Fallprüfung
Prüfung des Überzugs	Dichtheitsprüfung und Permeationsprüfung
Prüfung auf Wasserstoffverträglichkeit	Prüfung Verdrehfestigkeit für Anschlussstutzen
	Wasserstoff-Zyklusprüfung

Dies gilt zum Beispiel für die klassischen Prüfungen wie Zug- und Biegeversuch. Eine Ausnahme bildet der Grenzwert der Erweichungstemperatur, welcher mit $\vartheta_{VST} \geq 100\,°C$ angegeben wird und direkt zur Einschätzung der Materialeignung verwendet werden kann. Die weiteren bereits erwähnten Dokumente, wie die SAE J2579 und die ISO TS 15869, stimmen in diesen Punkten mit der EG 79 überein. Auch dort sind keine weiteren Kennwerte vorgegeben. Eine zusätzliche Kenngröße für Materialien, welche für Materialprüfungen herangezogen werden kann, ist die Permeationsgrenze aus den Behälterprüfungen. Hierzu wird die in Kap. 3.3 bereits erwähnte Grenze von $< 6\,Nml/(h \cdot L_{Innenvolumen})$ angegeben. Wird beispielsweise ein Typ IV-Zylinder mit einem Innenvolumen von 40 Litern betrachtet, so kann ein Grenzwert in einer für Materialprüfungen geläufigen Einheit von etwa $11{,}8\,cm^3/(m^2 \cdot d \cdot bar)$ angegeben werden (Annahme: Linerfläche ca. $0{,}7\,m^2$).

Außerdem lassen sich maximal erlaubte Temperaturen und Drücke für den Zylinder bzw. die Materialien ableiten. Die nach EG 79 erlaubte Betriebstemperatur von Materialien in Gasführenden Bauteilen muss zwischen $\vartheta = -40\,°C...+85\,°C$ liegen. Der maximale Arbeitsdruck steigt dadurch von nominal $p_{Nenn} = 700\,bar$ bei $\vartheta = 15\,°C$ auf $p_{max} = 875\,bar$. Das Berstdruckverhältnis nach EG 79 eines Typ IV-Zylinders beträgt bei der Verwendung von Kohlenstofffasern 2,25 bezogen auf den nominalen Arbeitsdruck. Das entspricht einem Mindestberstdruck von $p_{Berst} = 1575\,bar$. Wird eine Aramidfaser oder Glasfaser verwendet, so steigt das Berstdruckverhältnis auf 3,0 bzw. 3,5.

4.1.2 Betankungsvorgang (SAE J2601)

Die im Jahr 2014 erschienene Version des Standards SAE J2601 ersetzt den noch mit dem Status einer technischen Regelung veröffentlichten alten Stand aus dem Jahr 2010 [108], [107]. Letztere ist in der Regel an den in den vergangenen Jahren erstellten Tankstellen implementiert und wird, sofern eine Umstellung technisch nicht möglich ist, vorerst im Einsatz bleiben. Die grundlegenden Abläufe einer Betankung sind in beiden Versionen vergleichbar und werden hier kurz vorgestellt. Darüber hinaus wird auf die Besonderheiten der neueren

Version eingegangen. Durch die nachgestellte Jahreszahl wird im Folgenden auf die neue (SAE J2601-2014) oder alte (SAE J2601-2010) Version verwiesen bzw. im allgemeinen Fall ohne Jahreszahl (SAE J2601) genannt.

Der prinzipielle Druckverlauf einer Wasserstoff Betankung nach SAE J2601 ist in Abb. 4.1, links dargestellt. Ausgehend vom initialen Tankdruck p_0 im Fahrzeugtank bei Aufsetzen der Zapfkupplung wird ein Druckstoß durch die Tankstelle durchgeführt. Dabei strömt kurzzeitig von einem hohen Druckniveau (z.B. 900 bar) eine geringe Menge Wasserstoff in das Fahrzeug, wodurch alle Rückschlagventile geöffnet werden. Es stellt sich ein einheitlicher Druck zwischen Fahrzeugsystem und Tankstelle ein. Dies ist der ermittelte Startdruck p_{Start}. Mit p_{Start} und der Außentemperatur $T_{Umg.}$ wird über die in der Tankstellensteuerung hinterlegten Tabellen aus der SAE J2601 (allg. SAE-Tabellen genannt, Abb. 4.1, rechts) eine Druckrampe (APRR) und ein Zieldruck p_{Ziel} ermittelt. Die Zieldrücke und APRRs sind die Ergebnisse von Simulationen, mit dem Ziel eine möglichst große Allgemeingültigkeit bezüglich der Randbedingungen, wie Größe und Art des Fahrzeugtanks, bei gleichzeitiger Einhaltung der Grenztemperaturen und -drücke sowie akzeptable Betankungszeiten zu gewährleisten.

Bei einer Umgebungstemperatur von z.B. $T_{Umg.} = 0\,^{\circ}C$ und einem Startdruck $p_{Start} = 5\,MPa$ lassen sich die Werte der dargestellten Tabelle entnehmen. Bei Zwischenwerten wird linear interpoliert, wobei ein Mindeststartdruck von 2 MPa nach der SAE J2601-2010 bzw. 0,5 MPa nach der SAE J2601-2014 Voraussetzung ist. Außerdem muss die Außentemperaturgrenze von -40 °C $\leq T_{Umg.} \leq$ 50 °C erfüllt sein. Die Ruhephase zwischen Druckstoß und dem eigentlichen Betankungsvorgang beinhaltet einen Leckagetest des Leitungssystems, der etwa 20 s dauert.

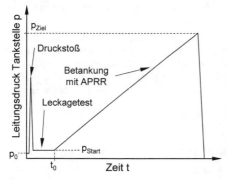

A-70 1-7kg (SAE J2601-2010)	APRR [MPa/min]	Zieldruck p_{Ziel} [MPa]		
		Startdruck p_{Start} [MPa]		
		2	5	...
> 50	no fueling	no fueling	no fueling	...
50	11,4	73,5	73,2	...
45	15,7	73,9	73,6	...
40	19,8	74,2	73,9	...
35	23,7	74,5	74,1	...
30	27,4	74,1	73,8	...
25	28,2	73,6	73,3	...
20	28,2	73,2	72,8	...
10	28,2	72,0	71,5	...
0	28,2	70,9	70,3	...
-10	28,2	69,8	69,2	...
-20	28,2	68,9	67,9	...
...	...	...	...	...

(Umgebungstemperatur, $T_{Umg.}$ [°C])

Abb. 4.1: Schematische Darstellung des Druckverlaufes einer Betankung (links); Beispielhafte Betankungstabelle (rechts, Auszug); nach [108]

Die Betankung selbst (ab t_0) findet durch ein druckgeregeltes Überströmen aus Hochdruckspeichern statt und dauert für den in der SAE J2601 angegebenen Auslegungsfall ca. 3 min. Heutige Tankstellen sind meist mit drei Zwischenspeicherbänken ausgestattet, wodurch eine kaskadierte Betankung erfolgen kann. Die Bänke werden entsprechend nacheinander geöffnet. Immer wenn nahezu ein Druckausgleich mit dem Fahrzeugdruckspeichersystem erreicht ist findet ein Wechsel statt. Die erste Bank wird geschlossen und die zweite geöffnet. Dieser Bankenwechsel ist in einem realen Betankungsverlauf im Druckprofil zu erkennen.

Bei der Betankung treten verschiedene Effekte auf, welche für eine Erwärmung des Gases und somit des Fahrzeugspeichers führen. Zum einen tritt bei der Überströmung von einem hohen Druckniveau (Zwischenspeicherbänke) auf ein geringes Druckniveau (Fahrzeugtanksystem) durch die Drosselung am Druckregler der Joule-Thomson-Effekt auf (vgl. Kap. 2). Zum anderen wird der Wasserstoff im Fahrzeugspeicher kontinuierlich komprimiert, mit resultierender Kompressionswärme. Um die in der EG 79 angegebenen maximalen Materialtemperatur von 85 °C (vgl. Kap. 4.1.1) nicht zu überschreiten ist eine Vorkühlung des Wasserstoffs erforderlich. Die Erwärmung durch den J-T-Effekt wird durch die in der Tankstelle dem Druckregler nachgeschalteten Kühler direkt kompensiert. Der Kompressionswärme wird durch eine Gaskonditionierung Rechnung getragen. Die Höhe der erforderlichen Vorkühltemperatur ist dabei hauptsächlich abhängig von der Druckrampe, welche direkt für die Betankungsdauer ausschlaggebend ist. Eine hohe Druckrampe, bzw. geringe Betankungszeit geht mit tiefen Vorkühltemperaturen einher. Heute üblich, um die bereits erwähnte kundenfreundliche Betankungszeit von drei Minuten zu erreichen, ist eine Vorkühltemperatur von - 40 °C (Toleranzfenster: -40 …-33 °C) erforderlich. Die dazu entsprechenden Rampen (APRR) nach der SAE J2601-2010 sind in Abb. 4.1, rechts für 1 kg bis 7 kg Tanksysteme dargestellt. Darüber hinaus gibt es weitere Nennvorkühltemperaturen wie z.B. -30 °C (nur SAE J2601-2014) oder -20 °C. In der vorliegenden Arbeit wird, wenn nicht anders angegeben, stets von einer Vorkühlung auf ϑ = -40 °C ausgegangen. In beiden Dokumenten gibt es die Möglichkeit, dass vom Fahrzeug Daten über eine Schnittstelle an die Tankstelle übermittelt werden. Eine Betankung mit Datenübertragung wird als Betankung mit Kommunikation (kurz: Com-Fill) bezeichnet. Durch die Verwendung der Kommunikation kann ein höherer SOC ($\approx$ 100%) erreicht werden, da erhöhte Zieldrücke zugelassen werden. Aus Sicht der Sicherheit kann dies realisiert werden, da das Fahrzeug über einen „Abort"-Befehl via Kommunikation die Möglichkeit hat, die Betankung zu beenden.

Neben der geringfügigen Anpassung der Druckrampen selbst, sind in der SAE J2601-2014 weitere Änderungen gegenüber der alten Version zu finden. Auf einige wesentliche Neuheiten soll im Folgenden kurz eingegangen werden. Die Tab. 4.2 gibt dazu einen Überblick. In der älteren Version lagen nur Zieldrucktabellen für den Non-Com-Fill vor und die Zieldrücke für den Com-Fill wurden daraus berechnet. Nun werden für beide Fälle Tabellen vorgegeben.

Tab. 4.2: Zusammenfassung der wesentlich Änderungen zwischen der SAE J2601-2014 und der SAE J2601-2010

Parameter	SAE J2601-2010	SAE J2601-2014
Typ der Zieldrucktabellen	Non-Com	Non-Com und Com
Toleranz Druckrampe (APRR)	± 10%	+7 MPa / -2,5 MPa
Toleranz Vorkühltemperatur (für ϑ_{Nenn}=40°C)	-40…-33°C in 15 sek	-40…-30°C in 30 sek
Mindeststartdruck P_{Start}	2 MPa	0,5 MPa
Grenzen der Tankkapazität	1…7 kg / 7…10 kg	2…4 kg / 4…7 kg / 7…10 kg

Die erlaubte Abweichung von der Druckrampe hat sich von einer prozentualen Angabe auf einen konstanten Korridor geändert. Darüber hinaus ist der Mindestdruck deutlich reduziert worden. Daraus resultiert eine weitere Änderung. So ist bei Startdrücken unter p_{Start} = 5 MPa je nach Außentemperaturen eine Befüllung mit zwei Rampen erforderlich. Die erste Rampe ist die auch für den restlichen Druckbereich gültige APRR. Bei Erreichen des Zieldruckes wird mit einer deutlich geringeren Druckrampe ein sogenannter „Top-Off" durchgeführt. Dazu werden die entsprechende Top-Off-APRR und der dazugehörige Top-Off-Zieldruck verwendet. Dieser Top-Off ist nur im Falle eines Com-Fills möglich. Zudem wird in der neuen Version im Falle einer Fehlfunktion der Tankstelle von einem maximalen Druck im Tanksystem von p_{Max} = 1050 bar ausgegangen. Auch wenn dieser Wert nicht unter normalen Betriebsbedingungen erreicht wird, so spielt er dennoch für die Auslegung von Zylindern eine besondere Rolle.

Gegenüber der älteren Version ist nun auch der Wechsel zu der nächst geringeren Vorkühlkategorie während des Betankungsprozesses möglich, wenn die Temperaturgrenzen der Vorkühlung nicht eingehalten werden können. Dies führt nach der alten Version zum Abbruch der Betankung.

Die SAE J2601-2010 weist Tabellen für die zwei Tankgrößenkategorien auf (vgl. Tab. 4.2), wobei die erste Kategorie in der Regel für alle Pkw ausreicht und an den Tankstellen hinterlegt ist. In der SAE J2601-2014 sind demgegenüber drei Kategorien vorgesehen. Die typischen Fahrzeugtankgrößen liegen hier im Bereich der ersten beiden Kategorien, was eine Tankgrößenerkennung durch die Tankstelle erforderlich macht.

In der SAE J2601-2014 wird außerdem auf alternative Befüllprotokolle verwiesen, wie beispielsweise die Monde-Methode oder die MC-Methode. Beide Protokolle sind sich in ihrem Grundsatz ähnlich, wobei die MC-Methode näher beschrieben wird. Der wesentliche Unterschied zu den Tabellen der SAE J2601 selbst ist die dynamische Anpassung etwa der Druckrampe auf Basis der gemessenen Echtzeitdaten der Tankstelle, wie zum Beispiel der aktuellen abgegebenen Wasserstofftemperatur. Diese Methoden können als dynamische Algorithmen in der Tankstelle hinterlegt werden. Durch die dynamische Reaktion auf sich verändernde Bedingungen können die Grenzen ausgeweitet werden. So ist das Vorkühlfenster von -40 °C bis -15 °C angeben. Darüber hinaus wird in einem mathematischen Modell eine Art thermische Masse, ausgedrückt durch „MC", berücksichtigt, welche in die Berechnung des Zieldruckes mit einfließt. Denkbar für zukünftige Protokolle wäre hier auch die Fahrzeugindividuelle Übermittlung von derartigen Kennwerten.

4.2 Physikalisch technische Grundlagen

In den nachfolgenden Kapiteln werden die Grundlagen zu durchgeführten thermischen und mechanischen Materialuntersuchungen dargestellt und die angewendeten Prüfverfahren oder Messmethoden erläutert.

4.2.1 Wärmeübertragung

Besteht zwischen zwei Körpern eine Temperaturdifferenz ΔT so findet nach dem 2. Hauptsatz der Thermodynamik ein Energieausgleich in Form von Wärme von der höheren zur niedrigeren thermodynamischen Temperatur statt. Die Art und Weise dieses Energietransportes beschreibt die Lehre der Wärmeübertragung. [109]

Grundsätzlich wird die Wärmeübertragung in drei Arten unterteilt, die Wärmeleitung, die konvektive Wärmeübertragung und die Wärmestrahlung. Die Wärmestrahlung ist nach [109], [111] und [110] auf elektromagnetische Strahlung zurückzuführen. Sobald ein Körper eine Temperatur oberhalb des absoluten Nullpunktes $T > 0$ K besitzt, emittiert und absorbiert er Energie durch Wärmestrahlung. Die Oberflächeneigenschaften wie Farbe, Struktur (poliert, rau), ist bei der Wärmestrahlung von großer Bedeutung. Aufgrund des verhältnismäßig geringen betrachteten Temperaturniveaus ($\vartheta_{Max} = 85\,°C$) in dieser Arbeit, kann die Wärme-übertragung durch Strahlung nach [111] vernachlässigt werden.

Die Wärmeleitung tritt in Festkörpern und ruhenden Fluiden (Gas, Flüssigkeit) auf. Bei der stationären, zeitunabhängigen Wärmeleitung und einer Temperaturdifferenz ΔT, kann der Wärmestrom $\dot{Q}$ durch eine Wand der Stärke δ allgemein nach Gl. 4-1 berechnet werden [112].

$$\dot{Q} = \frac{\lambda \cdot A}{\delta} \Delta T \qquad\qquad \text{Gl. 4-1}$$

Dabei sind die durchströmte Fläche A, sowie der Materialkennwert der Wärmeleitfähigkeit λ zu berücksichtigen. Der für die ebene Wand (A = konst.) lineare Zusammenhang ist in Abb. 4.2, links dargestellt. Der Kehrwert des in Gl. 4-1 dargestellten Quotienten bildet den Wärmeleitwiderstand R_i des betrachteten Problems. Über die Wärmeleitwiderstände kann ein mehrschichtiger Aufbau (Reihenschaltung) vergleichbar zu elektrischen Widerständen durch Addition abgebildet werden [109].

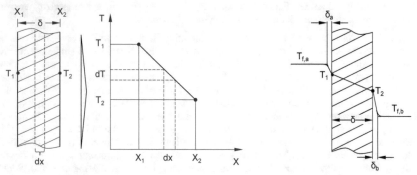

Abb. 4.2:   Stationäre Wärmeleitung durch eine ebene Wand (links); Wärmeleitung in wandnahen ruhenden Fluidschichten und ebener Wand (rechts)

Dies kommt auch bei der Wärmeleitung in wandnahen Fluidschichten zum Tragen, unter der Annahme, dass kein Massentransport (dünne ruhende Fluidschicht) stattfindet. Der Wärme-übergang von der Fluidschicht auf die Wand wird gemäß Gl. 4-2 durch den Wärmeübergangs-koeffizienten α in Abhängigkeit der Fluidschichtdicke δ_F und der Wärmeleitfähigkeit des Fluides λ_f beschrieben.

$$\alpha = \frac{\lambda_f}{\delta_f} \qquad\qquad \text{Gl. 4-2}$$

Der Wärmeübergangskoeffizient α multipliziert mit der durchströmten Fläche A bildet als Kehrwert entsprechend zu dem Quotienten aus Gl. 4-1 einen Wärmeübergangswiderstand. Für die in Abb. 4.2, rechts dargestellten Einzelschichten an einer ebenen Wand ergibt sich somit allgemein ein Wärmedurchgangskoeffizient k nach Gl. 4-3.

$$k = \frac{1}{\dfrac{A_{ref}}{\alpha_1 \cdot A_1} + \dfrac{\delta \cdot A_{ref}}{\lambda_W \cdot A_W} + \dfrac{A_{ref}}{\alpha_2 \cdot A_2}} \qquad\qquad \text{Gl. 4-3}$$

Im betrachteten Fall (ebene Wand) ist die Referenzfläche gleich aller weiteren durchströmten Flächen $A_{ref} = A_1 = A_W = A_2$. Wird eine Rohrwandung betrachtet, so gilt diese Vereinfachung nicht. Nach [109] wird in diesem Fall die Außenfläche des Rohres als Referenzfläche verwendet.

Die nicht stationäre Wärmeleitung berücksichtigt das von der Zeit abhängige Temperaturverhalten. Der Temperaturverlauf ist dann nicht mehr, wie in Abb. 4.2 dargestellt, linear über der Querschnittsfläche eines Körpers, da der Wärmestrom nicht mehr konstant ist. Der aus einer infinitesimalen Scheibe der Dicke dx austretende Wärmestrom ist kleiner als der eintretende. Die Differenz wird nach [112] als innere Energie im Material gespeichert, wodurch sich dessen Temperatur erhöht. Um dieser Temperaturerhöhung Rechnung zu tragen wird in Gl. 4-4 die Temperaturleitfähigkeit a eingeführt welche die Wärmekapazität c_p berücksichtigt.

$$\frac{\partial T}{\partial t} = a \cdot \frac{\partial^2 T}{\partial x^2} \qquad \text{mit} \qquad a = \frac{\lambda}{c_p \cdot \rho} \qquad\qquad \text{Gl. 4-4}$$

Die dargestellte Gleichung bezieht sich auf eine Dimension (x), kann aber auf den dreidimensionalen Raum ausgedehnt werden. Die Wärmeströmungen der drei Raumrichtungen werden dazu gemäß Gl. 4-5 addiert. [112]

$$\frac{\partial T}{\partial t} = a \cdot \left(\frac{\partial^2 T}{\partial x^2} + \frac{\partial^2 T}{\partial y^2} + \frac{\partial^2 T}{\partial z^2} \right) \qquad \text{mit} \qquad a = \frac{\lambda}{c_p \cdot \rho} \qquad\qquad \text{Gl. 4-5}$$

Die konvektive Wärmeübertragung beschreibt gegenüber der Wärmeleitung in ruhenden Fluiden und Festkörpern, die Wärmeübertragung in strömenden Fluiden durch Massentransport. Wird ein Körper von einem Fluid überströmt, so bildet sich eine dünne Fluidschicht auf der Körperoberfläche. In dieser Schicht findet, unter der Voraussetzung einer Temperaturdifferenz zwischen Fluid und Körper, ein Wärmeaustausch statt. Die Fluidmoleküle speichern die aufgenommene Wärme als innere Energie und werden durch den Fluidstrom weitertransportiert. Die Fluidschicht wird durch den Massentransport kontinuierlich ausgetauscht. Dieser Vorgang wird mit Konvektion bezeichnet. Es wird zwischen der erzwungenen und der freien Konvektion differenziert. Bei der freien Konvektion entsteht die Strömung durch Dichteunterschiede innerhalb des Fluides, welche durch Temperatur-, Druck- oder Konzentrationsdifferenzen hervorgerufen werden können [109]. Die Strömung der erzwungenen Konvektion geht auf eine äußere Kraft, beispielsweise einen Lüfter oder eine Pumpe zurück. Die Bestimmung des Wärmeübergangskoeffizienten stellt die größte Herausforderung bei der Berechnung derartiger Probleme dar. Die Temperaturverteilung im Fluid ist in nicht trivialer Weise von dessen Geschwindigkeitsprofil abhängig. Die Wärmeübergangszahl kann häufig nur experimentell bestimmt werden. Um den Versuchsaufwand gering zu halten, werden Modellvorstellungen und physikalische Ähnlichkeitsprinzipien eingesetzt. Daraus resultieren für die jeweilige Strömung charakteristische, dimensionslose Kennzahlen [109]. Da die Konvektion im Wesentlichen von den Fluideigenschaften abhängt, wird Sie im Rahmen dieser Arbeit nicht explizit zum Vergleich der unterschiedlichen Materialien herangezogen. Sie wird dennoch in den durchgeführten CFD-Simulationen als erzwungene (Innenseite des Zylinders) sowie als freie Konvektion (Außenseite des Zylinders) berücksichtigt.

Wie Gl. 4-4 zeigt, spielt die Wärmeleitfähigkeit der Materialien eine wichtige Rolle für die Wärmeübertragung. In der Literatur sind Tabellen mit Wärmeleitfähigkeiten unterschiedlicher Materialien zu finden, wie zum Beispiel in [112], [109], [111], [110]. Eine Auswahl einiger Stoffe und deren Wärmeleitfähigkeit ist in Tab. 4.3 dargestellt.

Metalle bieten im Allgemeinen die besten isotropen Wärmeleiteigenschaften. Materialien wie einige Kohlenstofffasern, Kohlenstoffnanoröhrchen, Diamant oder Keramiken weisen jedoch ebenfalls vergleichbar hohe oder gar höhere (teilweise anisotrope) Wärmeleiteigenschaften auf [113], [111], [114]. Kunststoffe hingegen besitzen je nach Material und Temperaturbereich deutlich geringere Wärmeleitfähigkeiten.

Tab. 4.3:   Wärmeleitfähigkeiten ausgewählter Materialien

Material (bei ϑ = 20°C)	Wärmeleitfähigkeit [$W \cdot m^{-1} \cdot K^{-1}$]	Quelle
Kupfer	360	[160]
Aluminium (99,5 %)	221	[160]
Stahl, 18% Cr, 8% Ni	21	[160]
Kunststoffe	0,15...0,62	[175]
Schmieröle	0,12...0,18	[160]
Wasser (bei 1bar)	0,598	[117]
Luft (bei 1bar)	0,0256	[160]

Die insgesamt schlechtesten Wärmeleiteigenschaften weisen in der Regel Gase auf. Diese Tatsache wird häufig in Isolierstoffen genutzt, bei denen die guten thermischen Isolationseigenschaften durch eine poröse Struktur mit Gaseinlagerung (z.B. Luft) erreicht werden.

4.2.2   Bestimmung der Wärmeleitfähigkeit

Um die Verbesserung der Wärmeleitfähigkeit eines Typ IV-Zylinders, als ein Ziel der vorliegenden Arbeit erreichen zu können, ist es notwendig die Wärmeleitfähigkeit der Materialien zu ermitteln. Es gibt in den dargestellten Zulassungsvorschriften keine geforderten Werte oder vorgeschriebenen Tests die einzuhalten wären, allerdings liegen den Betankungsprotokollen nach der SAE-J2601 Annahmen dazu zugrunde. Die Wärmeleitfähigkeit des Zylinders hat somit direkten Einfluss auf die Endtemperatur des Speichers nach der Betankung. Zur Bestimmung der Wärmeleitfähigkeit fester Materialien werden heute prinzipiell drei unterschiedliche Methoden angewendet, die Heizdraht-, Platten- sowie die Flashmethode. Letztere bietet gegenüber den anderen genannten Methoden wesentliche Vorteile. Die Messung erfolgt berührungslos und kann auf einen sehr weiten Messbereich von unter 0,1 $W \cdot m^{-1} \cdot K^{-1}$ bis hin zu $\lambda = 2000$ $W \cdot m^{-1} \cdot K^{-1}$ angewendet werden. Darüber hinaus dauert die Messung selbst nur wenige Sekunden. [115]

Die Flashmethode wird auch für die in dieser Arbeit durchgeführten Messungen mit dem Gerät LFA 1000 der Firma Netzsch verwendet und soll kurz vorgestellt werden. Dazu zeigt Abb. 4.3 das grundlegende Messprinzip der Flashmethode.

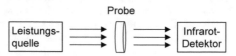

Abb. 4.3:   Messprinzip der Flashmethode

Ausgehend von einer Leistungsquelle, welche als Laser oder Xenonblitzlampe ausgeführt sein kann, wird ein Energieimpuls auf die Probe gesendet. Der auf der anderen Seite der Probe angebrachte Infrarot-Detektor registriert die durch die Probe durchgetretene Energie in Form eines Temperaturanstiegs. Bei der Probenherstellung ist auf zueinander parallele Probenoberflächen zu achten.Um die äußeren Einflüsse möglichst gering zu halten wird die Messung bei Unterdruck und unter Helium Atmosphäre durchgeführt. Zusätzlich wird der Detektor mit Flüssigstickstoff ($\vartheta \approx$ -196 °C) gekühlt.

Da die Wärmeleitfähigkeit nicht direkt gemessen werden kann, sind die Messgrößen die Zeit und die Temperatur bzw. die elektrische Spannung. Mit Hilfe der Gl. 4-6 [115] kann dann die Temperaturleitfähigkeit a berechnet werden.

$$a = 0{,}1337 \cdot \frac{d^2}{t_{0,5}} \qquad \qquad \text{Gl. 4-6}$$

Bei bekannter Probendicke d und der Zeit $t_{0,5}$ bei der die Hälfte des maximalen Temperaturanstiegs erreicht ist, kann die Temperaturleitfähigkeit berechnet werden. Diese kann in Gl. 4-4 eingesetzt mit Hilfe der Wärmekapazität und der Dichte zur Berechnung der Wärmeleitfähigkeit herangezogen werden.

Zur Bestimmung der nach Gl. 4-4 benötigten Wärmekapazität werden DSC-Messungen (engl. Differential Scanning Calorimetry) durchgeführt. Der Messaufbau ist in Abb. 4.4 dargestellt.

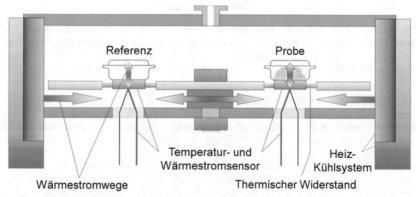

Abb. 4.4:   Messaufbau zur dynamischen Differenzkalorimetrie (DDK, engl. Differential Scanning Calorimetry, DSC), Bild der Fa. Netzsch Gerätebau GmbH [116]

In dem verwendeten Gerät DSC 204 F1 Phoenix der Firma Netzsch wird dazu eine Probe in einen Tiegel platziert. Ein gleicher, aber leerer Tiegel, wird zeitgleich mit dem Probentiegel in das Gerät eingesetzt (vgl. Abb. 4.4). Die Messzelle mit den darin enthaltenen Tiegeln wird dann beheizt. Dabei wird der Wärmestrom gemessen, der in beide Tiegel fließt um die gleiche Temperatur zu erreichen. Die Differenz der Wärmeströme gibt dann in Verbindung mit dem gemessenen Gewicht der Probe Aufschluss über die Wärmekapazität.

Da eine aufwändige Dilatometer-Messung (Messung der temperaturabhängigen Ausdehnung) zur Dichtebestimmung im Rahmen dieser Arbeit nicht möglich ist, wird diese nach EN ISO 1183 im Auftriebsverfahren bei Raumtemperatur bestimmt. Die dazu verwendete Analysewaage ist die Kern 770 der Firma Kern mit einer Ablesegenauigkeit von 0,1 mg. Die dazu verwendeten Proben werden aus dem mittleren schmalen parallelen Bereich (vgl. l_3 in Abb. 9.1, Kap. 9.3) eines Vielzweckprobekörpers des Typs 1A nach DIN EN ISO 3167 entnommen, dabei werden fünf Proben verwendet, die zur Mittelwertbildung dienen.

4.2.3   Grundlagen zur Gaspermeation

Als Permeation wird das Durchdringen fester Körper von Gasen bezeichnet. In den meisten Anwendungsfällen wie auch in dieser Arbeit ist besonders der stationäre Zustand der Durchlässigkeit von Interesse. Die Gaspermeation kann Grundsätzlich in vier Hauptschritte unterteilt werden, die in Abb. 4.5. schematisch dargestellt sind.

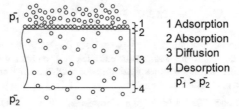

Abb. 4.5:   Prinzipdarstellung der Teilschritte der Permeation

Das Gas lagert sich zunächst an der Oberfläche mit dem höheren Partialdruck $\bar{p}_1$ an (1 Adsorption). Die Absorption (2) beschreibt den Vorgang des Eindringens in die Materialoberfläche mit der sich daran anschließenden Diffusion (3) durch die Materie. Auf der Seite mit geringem Partialdruck $\bar{p}_2$ desorbiert (4) das Gas wieder von der Oberfläche. [117], [118], [119]

Zur Beschreibung des stationären Zustandes der Permeation dient ein Modell, welches auf Thomas Graham (1805-1869) zurückgeht [120], [117]. Er entwickelte das Lösungs-Diffusions-Modell zur Beschreibung der stationären Gaspermeation. Er kombinierte dazu das Henrysche Gesetz (Gl. 4-7) zur Beschreibung der Löslichkeit und das 1. Ficksche Gesetz (Gl. 4-8) zur Beschreibung der Diffusion. Die Konzentration c des Gases an der Oberfläche steht über den Löslichkeitskoeffizienten S mit der Partialdruckdifferenz in Zusammenhang (Gl. 4-7). Der Gasfluss J durch die Membran wird durch den Diffusionskoeffizienten D des Gases in der Membran und den Differenzialquotienten der Konzentration nach dem Ort beschrieben (Gl. 4-8). [117], [118], [119]

$$c = S \cdot \Delta\bar{p} \qquad\qquad\qquad Gl.\ 4\text{-}7$$

$$J = -D \cdot \frac{dc}{dx} \qquad\qquad\qquad Gl.\ 4\text{-}8$$

Wird Gl. 4-7 in Gl. 4-8 eingesetzt, so ergibt sich das Produkt aus dem Diffusionskoeffizienten D und dem Löslichkeitskoeffizienten S, welches als Permeabilität P bezeichnet wird. Damit ergibt sich für den Gasfluss J durch eine Membran der Zusammenhang nach Gl. 4-9.

$$J = \frac{P \cdot \Delta\bar{p}}{d} \qquad\qquad\qquad Gl.\ 4\text{-}9$$

Der Gasfluss eines Gases durch eine Membran kann für den betrachteten stationären Fall bei bekannter Partialdruckdifferenz $\Delta\bar{p}$ und Materialdicke d mit Hilfe der Permeabilität P berechnet werden.

4.2.4 Messmethode der Gaspermeation

Die für eine Zulassung einzuhaltende Permeation eines Zylinders (vgl. Kap. 3.3.3) ermöglicht es, diese als weiteres Beurteilungskriterium der unterschiedlichen Materialien zu nutzen. Der Einfluss der in dieser Arbeit zur Verbesserung der Wärmeleitfähigkeit eingesetzten Füllstoffe auf die Permeationseigenschaften kann bei Erfassung der Gasdurchlässigkeit bewertet werden. Zur Messung der Gasdurchlässigkeit von Kunststoffen kann das manometrische Verfahren nach DIN 53380-2 eingesetzt werden, welches auch in dieser Arbeit verwendet wird. Dabei wird der nach Gl. 4-9 dargestellte Zusammenhang genutzt, um einen Wert für die Permeabilität P bezogen auf die Probendicke d entsprechend Gl. 4-10 zu erhalten.

$$q = \frac{P}{d} \qquad\qquad \text{Gl. 4-10}$$

Dieser Quotient wird nach DIN 53380-2 als Gasdurchlässigkeit q bezeichnet. Der dazu erforderliche Messaufbau ist in Abb. 4.6 schematisch dargestellt. In die Messzelle (schraffiert) wird der Probekörper (schwarz) eingelegt. Die Ober- und Unterseite der Zelle wird über die Halteschrauben gegeneinander verspannt und über einen O-Ring nach außen hin abgedichtet.

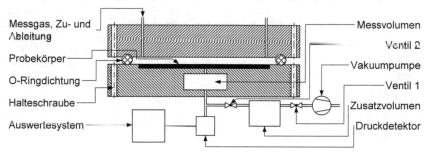

Abb. 4.6:   Schematischer Messaufbau zur Messung der Gasdurchlässigkeit nach DIN 53380-2, [121]

Zur Messung wird das Messvolumen und gegebenenfalls das Zusatzvolumen (bei hoher Durchlässigkeit) über eine Vakuumpumpe evakuiert. Mit Hilfe des volumenkonstanten Druckdetektors und des Auswertesystems wird der Druckanstieg in Abhängigkeit von der Zeit registriert. Diese Messung wird durchgeführt bis der Druckanstieg über der Zeit linear ist und somit ein stationärer Zustand erreicht ist. Die entsprechende Berechnung bei bekanntem Innenvolumen des Messgerätes ist in [121] enthalten.

4.2.5 Mechanische Prüfungen und verwendete Kennwerte

In diesem Kapitel sollen kurz die in der vorliegenden Arbeit verwendeten mechanischen Kenngrößen sowie die entsprechenden Prüfungen zur Ermittlung selbiger dargestellt werden. Es sei darauf hingewiesen, dass alle hier erläuterten Kennwerte an einer Charge des jeweiligen Materials durchgeführt werden. Weiterhin wird die entsprechend des untersuchten Polymers nach Norm geforderte klimatische Vorkonditionierung durchgeführt. Wie bereits erwähnt sind in den einschlägigen Zulassungsnormen für Druckwasserstoffspeicher nahezu keine einzuhaltenden, expliziten Grenzwerte für die mechanischen Eigenschaften der verwendeten Materialien gegeben. Die erhaltenen Materialkennwerte werden deshalb mit den Daten der reinen Referenzproben verglichen und diskutiert. Dennoch orientieren sich die durchgeführten Prüfungen an den in der Zulassungsvorschrift vorgesehenen Material-prüfungen (vgl. Kap. 4.1.1). Die Zug- und Biegeprüfungen lassen einen guten Rückschluss auf Beeinflussung der mechanischen Festigkeit durch die Füllstoffe zu. Der Liner wird im normalen Betrieb auf Zug beansprucht (die Druckbelastung ist eher als unkritisch einzuschätzen). Eine Biegebelastung tritt für den durchaus zu berücksichtigenden Grenzfall auf, dass bei einer schnellen Tankentleerung, hinter den Liner permeierter Wasserstoff den Liner nach innen ausbeult (das so genannte *Buckling*). Darüber hinaus bietet die Kerbschlagprüfung eine gute Aussage über die schlagartige Belastung des Materials. Dies tritt prinzipiell durch den anfänglichen Druckstoß bei jeder Betankung nach SAE-J2601 auf. Für die Erweichungstemperatur liegt ein zulässiger mindestwert von $\vartheta_{VST} \geq 100\ °C$ nach [87] vor, der als direkter Vergleichswert herangezogen werden kann.

Zugprüfung

Zur Ermittlung der Zugeigenschaften von Kunststoffen wird ein Zugversuch nach DIN EN ISO 527-1 ausgeführt. In dieser Prüfung wird ein Probekörper in zwei Spannvorrichtungen eingespannt und auf Zug belastet. Gleichzeitig werden Kraft und Weg gemessen. Die Prüfung wird mit der nach Norm vorgeschriebenen Mindestanzahl von 5 Probekörpern durchgeführt [122]. Der Probekörper selbst ist ein flacher Vielzweckprobekörper des Typs 1A nach DIN EN ISO 3167 mit Abmessungen gemäß Kap. 9.3, Abb. 9.1 [123]. Die wesentlichen ermittelten Kennwerte sind:

- Zugfestigkeit σ_m
- Dehnung der Zugfestigkeit ε_m
- Streckspannung σ_y
- Streckdehnung ε_y
- Bruchspannung σ_b
- Bruchdehnung ε_b
- Elastizitätsmodul bzw. Zugmodul E_t

Letzterer gibt den Zusammenhang zwischen der Spannung und der Dehnung im elastischen Bereich an. Er beschreibt die Steigung der Spannungs-/ Dehnungskurve im elastischen Dehnungsbereich und wird zwischen $0{,}05\% \leq \varepsilon \leq 0{,}25\%$ erfasst. Die Bruchdehnung beschreibt die unmittelbar vor dem Bruch der Probe erfasste Dehnung und die Bruchspannung den entsprechenden Spannungswert. Die Streckdehnung ist nach DIN EN ISO 527-1 definiert als diejenige Dehnung im Zugversuch, bei der erstmals keine Zunahme der Spannung bei zunehmender Dehnung auftritt [122]. Die Streckspannung bezeichnet die Spannung an diesem Punkt. Die Zugfestigkeit beschreibt die Spannung des ersten Spannungsmaximums während des Zugversuchs. Diese kann entweder mit der Streck- oder der Bruchspannung übereinstimmen. Die Prüfungen werden auf einer Zwick/Roell BZ1 mit optischer Erfassung der Längenänderung (System VideoXtens) durchgeführt. Die Prüfgeschwindigkeit beträgt 1 mm/min während der Messung des Elastizitätsmoduls und anschließend 50 mm/min.

Biegeprüfung

Ein Verfahren um die Biegeeigenschaften von Kunststoffen zu ermitteln wird in der DIN EN ISO 178 beschrieben, welches für die entsprechenden Materialprüfungen in dieser Arbeit herangezogen wird. Der Probekörper wird aus einem Vielzweckprobekörper des Typs 1A nach DIN EN ISO 3167 entnommen. Dazu wird der mittlere schmale parallele Teil (vgl. l3 in Abb. 9.1, Kap. 9.3) verwendet, wodurch die Probe dem bevorzugten Probekörper nach DIN EN ISO 178 entspricht [124]. Die Prüfung erfolgt in einem Drei-Punkt-Biegeversuch. Dazu wird der Probekörper auf zwei Auflagern nahe den Enden positioniert und mittig von oben mit einer definierten Druckfinne mit einer Kraft belastet. Während der Messung werden die Kraft und der Weg der Druckfinne gemessen. Mit Hilfe dieser Messgrößen und den Geometriedaten des Probekörpers lassen sich die entsprechenden Kennwerte ermitteln. Die verwendeten Kennwerte sind:

- Biegefestigkeit σ_{fM}
- Biegedehnung ε_{fM}
- Biegemodul E_f.

Die Biegefestigkeit ist definiert als die maximale Biegespannung, welche während der Prüfung von dem Probekörper ertragen wird [124]. Der Biegemodul wird im Dehnungsbereich von $0,0005 < \varepsilon < 0,0025$ bestimmt. Die Prüfungen werden auf einer Zwick/Roell Z2.5 durchgeführt.

Kerbschlagprüfung nach Charpy

Um eine Aussage zur Zähigkeit beziehungsweise zum Verhalten eines Materials bei schlagartiger Belastung treffen zu können, wird eine Kerbschlagprüfung nach Charpy gemäß DIN EN ISO 179-1 durchgeführt. Zur Prüfung wird der Probekörper nahe seinen Enden als waagerechter Balken auf zwei Widerlagern positioniert. Ein Hammer an einem Pendel beansprucht den Probekörper schlagartig in der Mitte. Es wurde das in der Norm als bevorzugt gekennzeichnete Verfahren mit der Bezeichnung DIN EN ISO 179-1/1eA angewendet [125]. Dies entspricht einem Probekörper des Typs 1 (Kennziffer: 1), der aus dem mittleren schmalen parallelen Teil (vgl. l3 in Abb. 9.1, Kap. 9.3) eines Vielzweckprobekörpers nach DIN EN ISO 3167 des Typs 1A entnommen wird. Es wird die der Norm entsprechende Probenanzahl von zehn verwendet. Das Schlagpendel trifft in diesem Verfahren auf die schmale Seite (Kennbuchstabe: e) auf. Diese wird mittig zusätzlich mit einer definierten Kerbe des Typs A (Kennbuchstabe: A) versehen. Die in die Probe eingebrachte Kerbe befindet sich dabei auf der dem Pendel abgewandten Seite. Die Energie, die das Pendel gegenüber seiner definierten potenziellen Energie zum Startzeitpunkt durch diesen Vorgang verliert, wird dabei ermittelt. Abzüglich der im Pendel selbst entstandenen Reibungsverluste, steht diese für die beim Bruch des Probekörpers aufgenommene Energie. Sie wird als Charpy-Schlagzähigkeit a_{cA} (A für den Typ der Kerbform) bezeichnet [125]. Die Berechnung dieser Kenngröße in Abhängigkeit der Geometriedaten des Probekörpers sowie weitere Details zur Prüfung sind in der beschriebenen Norm DIN EN ISO 179-1 zu finden.

Prüfung der Vicat-Erweichungstemperatur

Die Vicat-Erweichungstemperatur gibt Aufschluss über das Verhalten von thermoplastischen (schmelzbaren) Kunststoffen bei der Erwärmung. In der nach DIN EN ISO 306 durchgeführten Prüfung wird der Probekörper mit einer Eindringspitze (Vicat-Nadel) und einer definierten Kraft belastet, während die Probe gleichmäßig erwärmt wird. Die ermittelte Größe ist die Vicat-Erweichungstemperatur VST, welche als die Temperatur definiert ist, bei der die Eindringspitze 1 mm in den Probekörper eindringt. Die Prüfung wird auf einem Vicat/HDT-Tester Compact 3 der Firma Coesfeld durchgeführt. In diesem Gerät werden die Proben mit Hilfe eines Flüssigkeitsbades (Öl) gleichmäßig erwärmt. Gemäß dem angewendeten Verfahren A50 beträgt die durch Gewichtsstücke aufgebrachte und auf die Eindringspitze wirkende Kraft 10 N **(Kennbuchstabe: A) und die** Heizrate 50 K/h [126]. Die Vicat-Nadel hat eine planare kreisrunde Fläche mit einer Querschnittsfläche von 1 mm². Das verwendete Prüfgerät kann gleichzeitig drei Proben messen, sodass ein Probekörper je Material zusätzlich verwendet wird, gegenüber der Forderung nach DIN EN ISO 306. Die Probekörper werden aus dem mittleren schmalen parallelen Teil (vgl. l3 in Abb. 9.1, Kap. 9.3) eines Vielzweckprobekörpers des Typs 1A nach DIN EN ISO 3167 entnommen. So können die Mindestanforderungen an die Probekörpergeometrie (Länge: ≤ 10 mm, Breite: ≤ 10 mm; Dicke h: 3 mm ≤ h ≤ 6 mm) gewährleistet werden.

4.3 Grundlagen zur Auslegung von FKV-Bauteilen

Wie bereits erwähnt, ist die Form heutiger Druckwasserstoffspeicher aufgrund der guten Spannungsverteilung in der Regel zylindrisch. Überschlägige Berechnungen zur Auslegung erforderlicher Wandstärken von durch Innendruck belasteten zylindrischen, metallischen Bauteilen können über die allgemein bekannte Gl. 4-11, auch „Kesselformel" erfolgen. Nach [127] werden für verschiedene Außen-/ Innendurchmesser-Verhältnisse unterschiedliche Konstanten verwendet, um die Gleichung entsprechend anzupassen. Die Berechnung leitet sich aus der Schalentheorie ab, bei der von einer gleichmäßigen Spannungsverteilung über den Querschnitt ausgegangen wird [128], [129]. Dies kann bei dünnen Wandstärken mit isotropem Wandaufbau näherungsweise angenommen und mit Hilfe von beispielsweise naturanalogen Optimierungsverfahren berechnet werden [130].

$$\sigma_t = \frac{p_i \cdot D_i}{2 \cdot s} \qquad \left(\sigma_a = \frac{p_i \cdot D_i}{4 \cdot s} \right) \qquad\qquad \text{Gl. 4-11}$$

In Gl. 4-11 bezeichnet σ_t die Tangentialspannungen (tangential zum Umfang), p_i den Innendruck, D_i den Innendurchmesser und s die Wandstärke. Die sich für dünnwandige Bauteile entsprechend ergebenden Spannungen in axialer Richtung σ_a sind dem Betrag nach um den Faktor zwei geringer, weshalb zur Auslegung dünnwandiger Bauteile aus isotropen Werkstoffeigenschaften (z.B. Metalle) die Spannungen in Umfangsrichtung herangezogen werden. Aufgrund dieses theoretisch relativ einfachen Spannungszustandes sind zylindrische Formen für den Anwendungsfall ideal. Als dünnwandig werden Verhältnisse von Wandstärken zu Radius von s/R < 0,1 angenommen [131], [128]. Für die Auslegung heutiger Druckwasserstoffspeicher mit einem nicht isotropen Schichtaufbau (der FKV-Schicht) eines Typ III- oder Typ IV-Zylinders kann diese Theorie jedoch nicht angewendet werden. Zum einen handelt es sich nicht um dünne Wandstärken, wodurch die Annahme gleichmäßiger Spannungsverteilung über der Wandstäke unzulässig ist. Zum anderen muss durch die anisotropen Materialeigenschaften durch die Fasern eine Berücksichtigung der Hauptkraft in axialer Richtung erfolgen. Darüber hinaus kann der inhomogene Schichtaufbau auch für ein nicht mehr konstantes Verhältnis zwischen tangentialen und axialen Spannungen in den unterschiedlichen Faserlagen sorgen [132].

Eine Kombination der in Gl. 4-11 aufgezeigten axialen und radialen Spannungen kann nach [131] näherungsweise zur Berechnung der Wandstärke im zylindrischen Bereich eines Faserverbundzylinders mit geringer Wandstärke gemäß Gl. 4-12 genutzt werden. Die Berechnung führt nach [131] zu einer Auslegung mit minimaler Wandstärke und minimalem Gewicht, aber nicht notwendigerweise zu realistischen Auslegungen.

$$s_{min} = \frac{3 \cdot p_i \cdot D_i}{4 \cdot \sigma_1}$$ Gl. 4-12

Zylinder mit minimaler Wandstärke s_{min} können nach Gl. 4-12 in Abhängigkeit des Auslegungsdruckes p_i, des Innendurchmessers D_i und der maximalen (ertragbaren) Spannung des Laminates in Faserrichtung ausgelegt werden. Auch wenn in diesem Fall die Spannungen in beide Hauptspannungsrichtungen berücksichtigt werden, so bleiben Vereinfachungen wie ein konstanter Spannungsverlauf über den Querschnitt bestehen. Insbesondere bei dickwandigen Laminaten führt unter anderem dieser Umstand zu dünnen Wandstärken, die bei realen Zylindern nicht ausreichen, um den Auslegungsdruck zu ertragen. Ein weiterer Grund für die zu gering ausgelegte Wandstärke ist das unberücksichtigte Versagen des Matrixmaterials und die Vernachlässigung von Scherkräften. [131]

Um den mehrachsigen Spannungszustand mit unterschiedlichen Faserschichten besser abbilden zu können, wird häufig die klassische Laminattheorie (CLT) verwendet [129]. Dadurch können unterschiedliche Faserrichtungen in den Schichten berücksichtigt werden, um eine optimierte Auslegung und damit Wandstärken zu erhalten. Auch die Annahme der Dünnwandigkeit wird hier nicht getroffen. Genaue Herleitungen und Anwendungen dazu sind beispielsweise in [128], [129], [131] sowie [132] zu finden. Berechnungen nach dieser Theorie erfordern insbesondere für ganze Bauteile das numerische Lösen mit Hilfe von Computern.

Im Gegensatz zu isotropen Materialien wie etwa Metallen, kann bei FKV die Bauteildimensionierung nicht über einen einfachen Vergleich zwischen Vergleichsspannung und Festigkeitskennwerten aus einem einachsigen Zugversuch erfolgen. Aufgrund der anisotropen Materialeigenschaften der Laminate kann nicht vereinfacht von der äußeren Belastung auf den inneren Spannungszustand geschlossen werden [133]. Zur Auslegung von FKV-Bauteilen werden daher Versagenskriterien herangezogen. Es existieren viele unterschiedliche Fehlermodi, welche zur Berechnung herangezogen werden können. In [134] und [135] wird ein etabliertes Versagensmodekonzept vorgestellt, welches fünf Versagenskriterien berücksichtigt. Diese lassen sich in zwei Faserbruchmodi (FB) und drei Zwischenfaserbruchmodi (ZFB) unterteilen. Die fünf Versagenskriterien sind in Abb. 4.7 veranschaulicht.

Die FB-Modi erfassen den Faserbruch aufgrund von Zug- und Druckbelastung. Die ZFB-Modi berücksichtigen das Versagen der Matrix zwischen den Fasern aufgrund von Scherberlastung in Faserrichtung und in transversaler Ebene, sowie unter Zug. Zwischenfaserbruch zeigt üblicherweise den Beginn des Versagens an, wohingegen Faserbruch mit dem finalen Versagen einhergeht. Was nicht heißt, das eine Delamination nicht auch ein finales Versagen wie ein Faserbruch verursachen kann. Nach Cuntze und Freund [135] ergeben sich entsprechend fünf Versagenskriterien die zur computergestützten Bauteilberechnung herangezogen werden können.

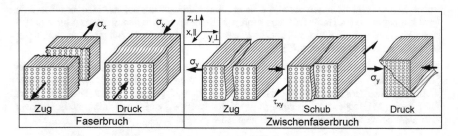

Abb. 4.7:   Versagenskriterien nach Cuntze, nach [135]

Die Zusammenhänge aus den jeweils auftretenden Spannungen und Dehnungen für die fünf Belastungsfälle (vgl. Abb. 4.7) sind in den folgenden Gleichungen (Gl. 4-13 bis Gl. 4-17) dargestellt, in denen jeweils einzelne sogenannte „Anstrengungen" E_{ff} (englisch *effort*) bestimmt werden:

$$Eff_{\parallel}^z = \frac{\varepsilon_{xx} \cdot E_x}{R_{\parallel}^z} \qquad\qquad \text{FB, Zug} \qquad \text{Gl. 4-13}$$

$$Eff_{\parallel}^d = \frac{\varepsilon_{xx} \cdot E_x}{R_{\parallel}^d} \qquad\qquad \text{FB, Druck} \qquad \text{Gl. 4-14}$$

$$Eff_{\perp}^z = \frac{\frac{1}{2}\left(\sigma_y + \sigma_z + \sqrt{(\sigma_y - \sigma_z)^2 + 4 \cdot \tau_{yz}^2}\right)}{R_{\perp}^z} \qquad\qquad \text{ZFB, Zug} \qquad \text{Gl. 4-15}$$

$$Eff_{\perp\parallel} = \frac{\sqrt{\tau_{xy}^2 + \tau_{xz}^2}}{R_{\perp\parallel} - b_{\perp\parallel}(\sigma_y + \sigma_z)} \qquad\qquad \text{ZFB., Schub} \qquad \text{Gl. 4-16}$$

$$Eff_{\perp}^d = \frac{(b_{\perp}^t - 1)(\sigma_y + \sigma_z) + b_{\perp}^t \sqrt{(\sigma_y - \sigma_z)^2 + 4 \cdot \tau_{yz}^2}}{\left|R_{\perp}^d\right|} \qquad\qquad \text{ZFB., Druck} \qquad \text{Gl. 4-17}$$

Die Kriterien können einzeln ausgewertet werden, wobei ein Wert von $Eff_i = 1$ dem Versagensfall nach dem jeweiligen Versagenskriterium entspricht. Eine Verknüpfung der fünf Versagenskriterien wird durch die resultierende Gesamtanstrengung (Eff_{res}) gemäß Gl. 4-18 hergestellt. Über den Modi Interaktions-Koeffizient m wird die Interaktion der einzelnen Belastungen zueinander berücksichtigt (Empfehlung nach Cuntze $2{,}5 \leq m \leq 4$)

$$(Eff_{res})^m = \left(Eff_{\parallel}^z\right)^m + \left(Eff_{\parallel}^d\right)^m + \left(Eff_{\perp}^z\right)^m + \left(Eff_{\perp\parallel}\right)^m + \left(Eff_{\perp}^d\right)^m \qquad \text{Gl. 4-18}$$

Auch hier entspricht der Versagensfall dem Wert eins. Diese Versagenskriterien können als Auslegungsgröße herangezogen werden, um mit Hilfe computergestützter Berechnungen die Laminatstärke und Faserorientierung beispielsweise von Druckzylindern iterativ zu optimieren. [135]

Ein häufig verwendeter Laminataufbau ist der so genannte ausgeglichene Winkelverbund (AWV), bei dem Kräfte durch zwei Faserrichtungen unter - dem Betrag nach - gleichem Winkel ($\beta_1 = -\beta_2$) aufgenommen werden können. Dieser gemeinsame Winkel der beiden Schichten wird mit $\omega = \beta_1 = -\beta_2$ bezeichnet. Der AWV erfordert das präzise Einhalten der Winkel durch Ablegen von uni-direktionalen-Bändern (UD). Dies ist händisch kaum realisierbar, weshalb er für automatisierte Ablegeverfahren, wie das Wickeln oder Flechten, in Frage kommt. Die Hauptkraftrichtungen liegen im Fall des Innendruckbehälters in den 0°/90°-Faserrichtungen, also in Richtung der Zylinderachse und in Umfangsrichtung. Die dem Betrag nach auftretenden Kräfte in diesen Richtungen werden Hauptkräfte ($\hat{n}_I$ und $\hat{n}_{II}$) genannt. Insbesondere für den durch Innendruck belasteten Zylinder bietet sich der AWV an, er wird jedoch häufig in der Sonderform mit dritter Winkellage in Richtung der größeren Hauptkraft (hier in Umfangsrichtung; $\beta_3 = 90°$) angewendet. [129]

In Abb. 4.8 ist der Zusammenhang des Hauptkräfteverhältnisses $\hat{n}_{II}/\hat{n}_I$ und des AWV-Winkels ω für ein AWV mit dritter Faserrichtung β_3 dargestellt. Die Grenzkurve stellt den Fall des dem Hauptkräfteverhältnis entsprechenden idealen AWV dar, bei dem auf die dritte Faserrichtung verzichtet werden kann. Im vorliegenden Fall des auf Innendruck belasteten Zylinders entspricht dies dem Hauptkräfteverhältnis von $\hat{n}_{II}/\hat{n}_I = 2$ und einem Winkel von etwa $\omega = 54,74°$.

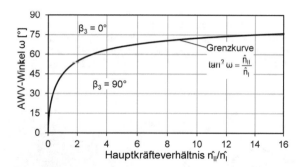

Abb. 4.8: Zusammenhang zwischen AWV-Winkel und Hauptkräfteverhältnis für ein Laminat mit drei Faserrichtungen (AWV und 0° oder 90°); Grenzkurve mit Entfall der dritten Richtung; nach [129]

Kann bei der Fertigung eines dünnwandigen Zylinders dieser Faserwinkel eingehalten werden, so ist keine Umfangslage ($\beta_3 = 90°$) erforderlich. Prozessbedingt kann dies bei der Fertigung durch Wickeln jedoch nicht konstant eingehalten werden, da zur vollständigen Faserablegung im Schulterbereich des Zylinders von diesem Winkel abgewichen werden muss (vgl. [136], [133], [137]). Daher weisen heutige Druckzylinder in der Regel Umfangslagen ($\beta_3 = 90°$) auf, sowie eine nicht konstante Schichtdicke der CFK-Schicht im Schulterbereich. Ein Verfahren zum Faserablegen, welches Potenzial bietet einen näherungsweise konstanten Winkel von $\omega = 54,74°$ einzuhalten, ist das aus der Textiltechnik bekannte Faserflechten [129]. Die prinzipielle Funktionsweise des Radialflechtprozesses ist in Abb. 4.9, links dargestellt. Ein Kern, der die Grundform des Bauteils darstellt, wird mittig durch das Flechtrad geführt. Im vorliegenden Fall bildet der Liner den Kern, auf dem die Fasern abgelegt werden. Die Fasern sind dazu auf Spulen im Flechtrad untergebracht und bewegen sich im Flechtrad um den Kern. Dabei laufen die Spulen auf bestimmten mäanderförmigen Kreisbahnen, was zu regelmäßigem Verkreuzen und Verschlingen der Stränge (*Rovings*) führt.

Die Anzahl und Anordnung der Spulen bestimmt die Bedeckung und das Flechtmuster mit dem die Fasern abgelegt werden. Die Fasern werden vor dem Ablegen auf dem Kern im so genannten Flechtauge umgelenkt. Der Durchmesser des Flechtauges hat Einfluss auf die Ablagequalität und ebenso wie die Bewegungsgeschwindigkeit des Kerns auf den Flechtwinkel. Basierend auf dem Durchmesser des Kerns und dem gewünschten Faserwinkel wird die Anzahl der Spulen bestimmt, um eine vollständige Bedeckung zu erreichen. Im Gegensatz zu anderen Verfahren werden mehrere *Rovings* gleichzeitig abgelegt, wodurch hohe Faserablageraten resultieren. Werden sehr viele *Rovings* auf einem kleinen Durchmesser abgelegt, so erhöht sich unter Umständen die Ondulation der Fasern, wodurch eine zusätzliche Faserbelastung resultieren kann. Unter Ondulation wird die Welligkeit eines Fasergeflechts verstanden (z.B. durch kreuzen von Fasersträngen). Hierdurch liegen die Fasern nicht mehr ideal gestreckt vor und diese werden auf Biegung beansprucht, was mit steigender Ondulation zu stärkerer Reduzierung der mechanischen Eigenschaften führt [129]. Prinzipiell erzeugt das Faserflechten gegenüber dem Wickelverfahren jedoch keine höhere Ondulation und eine verringerte Bauteilfestigkeit bei innendruckbelasteten Behältern aufgrund von Ondulation im Flechtverfahren kann ausgeschlossen werden [138].

In Abb. 4.9, rechts ist ein Ausführungsbeispiel einer Radialflechtmaschine dargestellt, bei dem der Kern durch einen Roboterarm durch das Flechtauge geführt wird. Hierdurch kann ein präzises Ablegen der Fasern erreicht werden. Da der Flechtprozess in der Regel trocken - ohne harzgetränkte Fasern – stattfindet, muss das fertige Bauteil anschließend mit einer Harzmatrix versehen werden. Dies kann beispielsweise im Harz-Injektions-Verfahren (RTM) geschehen.

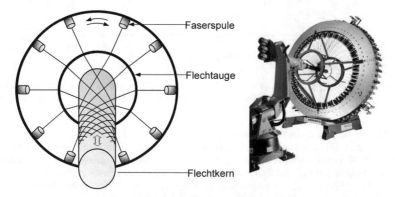

Abb. 4.9:   Funktionsweise (links) und Ausführungsbeispiel (rechts; Radialflechter Typ RF 1/144-100, mit freundlicher Genehmigung der August Herzog Maschinenfabrik GmbH & Co. KG, [139]) einer Radialflechtmaschine

5   Geometrieoptimierung von CGH₂-Speichern

Die volumetrische Speicherdichte von Wasserstoffspeichertechnologien ist für die automobile Anwendung von großer Bedeutung, da der verfügbare Bauraum stark begrenzt ist. Die Speicherdichte heutiger und alternativer Speichertechnologien ist bereits in Kap. 3 ausführlich beschrieben. Auch wenn der Druckwasserstoffspeicher heute insgesamt den *Benchmark* für die Wasserstoffspeicherung im Fahrzeug darstellt, so sind die *Package*anforderungen nur schwer zufriedenstellend mit dem Tanksystemdesign zu vereinen. Die heute üblichen Flüssigkraftstofftanks, welche nahezu freiformbar im Pkw untergebracht werden können, richten sich in der Regel nach dem zur Verfügung stehenden Bauraum. Dieses Vorgehen lässt sich mit den zylindrischen Druckspeichern nur begrenzt realisieren. In der Regel führt das Einbringen eines Drucktankspeichersystems in eine bestehende Fahrzeugstruktur zu erheblichen Kompromissen auf Seiten der Speicherauslegung. Ein Fahrzeugaufbau auf Basis eines hinsichtlich Material- sowie Bauraumausnutzung optimierten Tanksystems findet angesichts der geringen Stückzahl von Erprobungsträgern heute kaum statt, da die Automobilhersteller die Fahrzeuge meist mit unterschiedlichen Antriebsvarianten anbieten und der wasserstoffbetriebene BZ-Antrieb derzeit noch ein Nischendasein führt.

Eine Ausnahme bildet der Toyota Mirai, der zunächst als reines Brennstoffzellenfahrzeug gebaut wird und nicht auf einem bereits in Serie befindlichen Modell basiert. Die Wasserstoffspeicher sind je einer vor und hinter der Hinterachse quer zur Fahrtrichtung angebracht. Die Speicherzylinder besitzen ein Innenvolumen von 60 Liter (vorne) bzw. 62,4 Liter (hinten) bei einer gravimetrischen Speicherdichte der Zylinder (und ohne Berücksichtigung sonstiger Systembauteile wie Ventile, Leitungen oder einem nicht nutzbaren Anteil Wasserstoff) von 5,7 Gew.-% [140].

Die folgenden Kapitel sollen zum einen zeigen, welches Potenzial zur Erhöhung der Speicherdichte eine stärkere Beachtung der Speicherauslegung in der frühen Konzeptphase bieten kann. Außerdem sollen alternative Geometrien für Druckwasserstoffspeicher untersucht werden, welche den heute in konventionellen Fahrzeugstrukturen zur Verfügung stehenden Bauraum besser adressieren.

5.1   Konventionelle Drucktankgeometrien

Wie in Kap. 4.3 erläutert ist die Berechnung von faserverstärkten Bauteilen nicht trivial und erfordert eine computergestützte numerische Berechnung. Dazu zählen auch die im Pkw zur Wasserstoffspeicherung verwendeten Zylindertypen III und IV. Diese aufwändigen Berechnungen sind insbesondere zur detaillierten Auslegung von Zylindern erforderlich, bei denen auch die für die Fertigung entscheidenden optimalen Winkel, Anordnung und Anzahl der Faserlagen ermittelt werden. Um den prinzipiellen Zusammenhang von Zylinderlänge und – durchmesser über einen relativ weiten Bereich zu beurteilen ist der Aufwand mit einem derartigen Detaillierungsgrad unverhältnismäßig hoch. Daher wird im Folgenden ein vereinfachtes Zylindermodell basierend auf Gl. 4-12 erstellt, welches anschließend an realen Zylindern validiert wird (Kap. 5.1.3). Die Applikationsmöglichkeiten des Modells werden in Kap. 5.1.4 behandelt.

© Springer Fachmedien Wiesbaden GmbH, ein Teil von Springer Nature 2018
P. A. Rosen, *Beitrag zur Optimierung von Wasserstoffdruckbehältern*,
AutoUni – Schriftenreihe 113, https://doi.org/10.1007/978-3-658-21124-0_5

5.1.1 Modellbeschreibung

Das verwendete Modell berücksichtigt zur Berechnung des verfügbaren Innenvolumens sowie des Gewichtes die Liner- und CFK-Schicht sowie die Bosse. Aus dem Zylinder herausragende Bosse (mit freier Bosslänge l_{fB}) werden zur Befestigung der Behälter im Fahrzeug verwendet (Montageart „*Neckmounted*"). Eine Übersicht des verwendeten 1D-Modells ist in Abb. 5.1 dargestellt, das im Folgenden näher beschrieben wird.

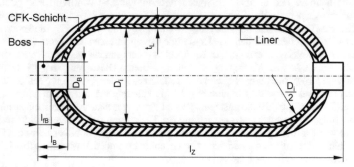

Abb. 5.1:   Modellskizze zur Berechnung konventioneller Drucktankgeometrien

Eine weitere Montagemöglichkeit ist die Befestigung mit Spannbändern am zylindrischen Bereich des Tanks (Montageart „*Bellymounted*"). Bei letztgenannter Befestigungsart kann die freie Bosslänge im Modell auf null gesetzt werden.

- Das Modell beinhaltet die folgenden Vereinfachungen.

- Für die Berechnung wird von konstanten Wandstärken über den gesamten Bereich ausgegangen. Dies erscheint hier zulässig, da der überproportional hohe CFK-Massenanteil im Bereich der Bosse durch einen entsprechend geringen CFK-Massenanteil im Schulterbereich ausgeglichen wird. Diese ungleichmäßige Schichtdicke ist beim konventionellen Wickeln herstellungsbedingt, wie in Kap. 4.3 beschrieben, nicht zu vermeiden.

- Konstruktive Unterschiede im Bossbereich der Typ III- und Typ IV-Zylinder werden nicht berücksichtigt.

- Die Auslegung der Wandstärken für Typ III- und Typ IV-Zylinder erfolgt unter Annahme analoger Randbedingungen. Zur Erklärung: Zwar kann der Liner eines Typ III Zylinders entgegen dem eines Typ IV Zylinders nennenswerte Kräfte, die durch den Innendruck entstehen, aufnehmen [141], wodurch eine geringere CFK-Wandstärke zu erwarten wäre. Allerdings wird bei Typ III Zylindern, wie in Kap. 3.3 bereits erwähnt, ein Autofrettageprozess eingesetzt, um die Zyklenfestigkeit der metallischen Liner zu verbessern. Der Autofrettagedruck, bei dem der metallische Werkstoff bis in den plastischen Bereich belastet wird, liegt jedoch oberhalb des geforderten Berstdrucks von 700 bar x 2,25 = 1575 bar, was prinzipiell wiederum eine dickere CFK-Schicht erfordern würde. Zudem ist für Typ III-Zylinder trotz Autofrettageprozess eine geringere Zyklenstabilität gegenüber Typ IV-Zylinder bekannt, die nur durch eine Erhöhung der Wandstärke (Versteifung durch erhöhten Faseraufwand) kompensiert werden kann. Somit ist der Vorteil, der sich durch den mittragenden Liner ergibt, in der Realität nicht ausreichend belegt. Daher wird für die Berechnung in dem verwendeten Modell kein Unterschied in der Berechnung der CFK-Wandstärke beider Zylindertypen berücksichtigt.

- Die Zylinderenden (Schulterbereiche) werden als ideale Halbkugeln betrachtet (vgl. Abb. 5.1).

Um den Zielkonflikt zwischen maximalem Innenvolumen und minimalem Zylindergewicht in Abhängigkeit von den Zylinderdimensionen (Länge und Außendurchmesser) darzustellen, wird die Zylindermasse auf das nutzbare Innenvolumen V_{innen} bezogen. Dieses Verhältnis wird im Folgenden als spezifische Zylindermasse $\overline{\rho}_{Zyl}$ beschrieben und nach Gl. 5-1 in Abhängigkeit der Massenanteile des CFKs (m_{CFK}), des Liners (m_{Liner}) und der Bossenden (m_{Boss}) berechnet.

$$\overline{\rho}_{Zyl} = \frac{m_{Zyl}}{V_{innen}} = \frac{m_{CFK} + m_{Liner} + m_{Boss}}{V_{innen}} \qquad \text{Gl. 5-1}$$

Die detaillierten Zusammenhänge auf Basis der Modellskizze in Abb. 5.1 sind in Kap. 9.4 durch die Berechnungsgleichungen Gl. 9-1 bis Gl. 9-5 näher erläutert.

Die mit dem beschriebenen Modell berechneten Ergebnisse – Innenvolumen, Gewicht und Wandstärke – werden an Daten realer Zylinder, sofern verfügbar, validiert (vgl. Kap.5.1.3, Tab. 5.1).

5.1.2 Beschreibung der Parameter und Größen

Bei der Berechnung der Wandstärke auf Basis des Innendurchmessers D_i (vgl. Abb. 5.1) nach Gl. 4-12 ergeben sich wie in Kap. 4.3 beschrieben Zylinder mit nicht realistischer minimaler Wandstärke. Dies kommt insbesondere dann zum Tragen, wenn mit Materialkennwerten aus Datenblättern gerechnet wird, die in Prüfungen mit spezifischen Belastungen ermittelt werden, welche nicht dem späteren Anwendungsfall entsprechen. Die dafür verwendeten Proben werden zudem nicht unter den gleichen Bedingungen des Endproduktes hergestellt.

Die für die Berechnungen verwendete maximal ertragbare Spannung σ_1 wird deshalb durch einen kombinierten Sicherheitsbeiwert $\hat{S}$ (vgl. Gl. 9-5) reduziert. Dadurch können neben dem nach EG 79 vorgeschriebenen Sicherheitsfaktor S_{EG79} auch Faktoren für Fertigungseinflüsse wie Faserschädigung (S_1) und Faserwelligkeit (S_2), sogenannte Ondulation, berücksichtigt werden (siehe Tab. 9.3). Je nach Erforderlichkeit können hier auch weitere Faktoren einfließen. Die ertragbare Spannung bezieht sich auf ein Laminat mit ca. 60% Faservolumenanteil. Die Tab. 9.3 in Kap. 9.4 fasst die in dem Zylindermodell berücksichtigten Parameter sowie einige Kennwerte zusammen. Es gilt zu beachten, dass die Bildung des kombinierten Sicherheitsbeiwertes $\hat{S}$, sowie die angenommene maximal ertragbare Spannung σ_1 zwei entscheidende Parameter für das Modell sind. Es liegen in der Literatur für beide Parameter keine einheitlichen Daten vor, zumal sie auch stark vom Herstellungsverfahren und den Prozessparametern abhängig sein können. So wird in [142] beispielsweise die maximal ertragbare Spannung des Laminates auf 70% herabgesetzt (dies entspräche exemplarisch einem S_1 von 0,7), ausgehend von einem Datenblattwert von $\sigma_1 = 2550$ MPa einer Toray T700S Faser mit 60% Faservolumenanteil. Nachfolgende Untersuchungen in [143] gehen dagegen von einer Reduktion der Faserfestigkeit auf 63% aus und differenzieren weiterhin für die Berechnungen bei 350 bar Nenndruck auf 82,5%. Die anschließenden Untersuchungen in [76] und [77] gehen demgegenüber von 82,5% (350 bar) sowie 80% (700 bar) aus und führen darüber hinaus noch eine Reduktion um 10% der Faserfestigkeit ein, zur Berücksichtigung der variierenden

Faserqualität. Die in Kap. 9.4, Tab. 9.3 gewählten Parameter ergeben sich als Kombination von

(i) Mittelwerten der oben zitierten Literaturangaben,

(ii) empirisch ermittelten Erfahrungswerten von Herstellern (vgl. Tab. 9.4),

(iii) einer plausiblen iterativen Anpassung dieser Werte zur Berechnung der Wandstärke eines verfügbaren realen Referenzzylinders (#5, Tab. 5.1), dessen exakte CFK-Wandstärke aus Vermessungen eines aufgeschnittenen Zylinders ermittelt wurde.

Dabei stand neben der Gewichtsabschätzung die Erreichung einer guten Übereinstimmung des Innenvolumens im Vordergrund, da dieses Aufschluss über die spätere Reichweite eines Fahrzeuges ermöglicht. Letzteres ist eines der zentralen Auslegungskriterien für Fahrzeuge.

Die Zylinderlänge l_Z bezieht sich auf den gesamten Zylinder mit herausstehenden freien Bossenden l_{fB} (vgl. Abb. 5.1), welche für eine *Bellymount*-Anbindung gleich null gesetzt werden. Der Boss selbst wird vereinfacht als Zylinder mit Durchmesser D_B und Länge l_B betrachtet (vgl. Abb. 5.1). Eine Berücksichtigung der Wandstärke des Liners findet durch den Parameter t_L statt.

5.1.3   Validierung der Modellberechnungen

Die in Tab. 5.1 dargestellten Daten zeigen die gute Übereinstimmung zwischen realen Zylindern und den Berechnungsergebnissen des vorgestellten Modells. Zu beachten ist hier, dass die Verfügbarkeit und Genauigkeit der Daten unterschiedlich ist. So sind die exakten freien Bosslängen, die Stärke des Inliners und auch die Dichte des verwendeten Linermaterials nicht immer vollständig bekannt, wodurch sich entsprechende Abweichungen ergeben. Sind keine Materialdaten bekannt, so wird bei der Berechnung von Typ IV Zylindern von dem Linermaterial PA (Polyamid) ausgegangen.

Tab. 5.1:   Vergleich zwischen realen Zylinderdaten (für 700 bar) und Berechnungsergebnissen

		Daten realer Zylinder				Modelldaten			Abweichungen	
#	Zylinder-Typ*	Länge	Ø	Innen Vol.	Masse	Hersteller	Wand-stärke	Innen Vol.	Masse	Innen Vol.	Masse
[-]	[-]	[mm]	[mm]	[l]	[kg]	[-]	[mm]	[l]	[kg]	[%]	[%]
1	IV**, N	920	328	40	37	ILJIN Comp.	24,8	40,1	34,8	-0,3	5,9
2	IV**, B	900	540	104	85	ILJIN Comp.	40,9	102,4	88,1	1,5	-3,6
3	IV***, N	905	324	36	32,5	Magna Steyr	24,5	37,3	32,3	-3,6	0,6
4	IV***, N	905	235	19	18,3	Magna Steyr	17,6	19,7	18,1	-3,7	1,1
5	III, N	920	326	40	40,6	Dynetek	24,7	39,8	40	0,5	1,5
6	III, N	804	327	34	35,6	Dynetek	24,7	33,5	34,8	1,5	2,2
7	III, N	905	226	19	23	Dynetek	17,1	19,3	22	-1,6	4,3
8	III, N	1305	226	29,2	32,7	Dynetek	17,1	29,5	31,7	-1,0	3,1

* N: Neckmounted; B: Bellymounted | ** Linermaterial PA | *** Linermaterial HDPE

Die detailliertesten Daten liegen zu Zylinder # 5 vor. Dadurch bedingt tritt sowohl bei der Masse als auch beim Innenvolumen die geringste Abweichung für diesen Zylinder auf. Entsprechend wurden diese Daten (Linerstärke, freie Länge der Bossenden etc.) auch für die Berechnungen der anderen Zylinder angenommen, sofern dort nicht explizit bekannt. Die neben Zylinderdurchmesser und -länge verwendeten Daten sind Tab. 9.3 zu entnehmen. Die reale Wandstärke ist ebenfalls nur für Zylinder # 5 bekannt. Hier ergibt sich eine Abweichung zur Berechnung von -1,2%. Es ist anzunehmen, dass insbesondere die Abweichungen bei den Zylindern # 1 (5,9%) und # 2 (-3,6%) der Firma Iljin Composites auf einer unvollständigen Datenlage beruhen. So sind unter anderem die Linerstärke und das genaue Linermaterial nicht bekannt. Es kann insgesamt kein systematischer Fehler für die unterschiedlichen Zylindertypen III und IV festgestellt werden. Die Streuung der Abweichungen für das Innenvolumen sowie der Masse liegt für beide Zylinderarten etwa im gleichen Bereich und das Modell über- bzw. unterschätzt die genannten Größen der Zylinder in gleicher Weise. Dies bestätigt die Zulässigkeit der in Kap. 5.1.1 getroffenen Annahme gleicher Wandstärken für beide Zylindertypen. Vor diesen Hintergründen und der Berücksichtigung einer produktionsbedingten Schwankung der Zylinderdimensionen (Δ-Volumen = ±3%; Δ-Masse = ±10%), sind die Abweichungen insgesamt als gering und vertretbar einzuschätzen.

Anhand des vorgestellten Modells kann ein großer Parameterraum zur Untersuchung prinzipieller Zusammenhänge zwischen Tankdurchmesser, -Länge und dem Innenvolumen bzw. Speichergewicht abgedeckt werden. Dabei ist zu beachten, dass dieses Modell für den Grenzfall eines kugelförmigen Speichers (Länge/Durchmesser-Verhältnis = 1) ungeeignet ist. Dies beruht auf der Tatsache, dass die Spannungsverteilung zwischen tangentialer und axialer Spannung in der Wand einer durch Innendruck belasteten Kugel das Verhältnis von eins annimmt gegenüber dem im Modell berücksichtigten Fall (Verhältnis zwei) wie in Gl. 4-11 dargestellt [131]. Für einen Drucktank in Kugelform bietet sich der Einsatz isotroper Materialien an, da diese die Spannungen direkt in beide Richtungen aufnehmen können. Wie Vasiliev [131] herleitet, ist durch den Einsatz anisotroper Werkstoffe (Fasern) das Potenzial zur Gewichtseinsparung bei zylindrischen Innendruckspeichern etwa um den Faktor 1,33 höher als bei kugelförmigen Speichern. Dies ist neben der besseren Unterbringung im Fahrzeug (*Package*) ein weiterer Grund, warum heute zylindrische Speicher zur Druckgasspeicherung im Fahrzeug eingesetzt werden.

Für den im Vordergrund stehenden Anwendungszweck, der mobilen Wasserstoffspeicherung im Pkw- und Nutzfahrzeugsektor, deckt das Modell die relevanten Dimensionen (L = 500...3000 mm; D = 200...600 mm) ab. Somit ist das Modell zum Entwurf geeigneter (Auslegung auf Mindestreichweite) oder optimaler Zylindergrößen (Auslegung auf Gewicht-/Kostenminimum) in der Praxis verwendbar.

5.1.4 Modellapplikationen

Im Folgenden sollen die Anwendungen des Modells dargestellt und die Möglichkeiten zur Nutzung in der Fahrzeugkonzeptphase verdeutlicht werden.

In Abb. 5.2 ist der Zusammenhang zwischen den Zylinderabmessungen und der spezifischen Zylindermasse dargestellt. Um den Zusammenhang zweidimensional darstellen zu können, sind die Hauptabmessungen – Zylinderlänge und Außendurchmesser – ins Verhältnis gesetzt. Über dieses Verhältnis ist die spezifische Zylindermasse aufgetragen. Dabei ist die Zylindermasse auf das Innenvolumen bezogen. Das Innenvolumen steht in direktem Zusammenhang mit der gespeicherten Wasserstoffmenge welche die Reichweite des Fahrzeuges bestimmt. Die Zylindermasse lässt neben der gravimetrischen Bewertung auch Rückschlüsse auf die Zylinderkosten zu (vgl. Abb. 3.11, Kap. 3.4). Durch den Bezug des Zylindergewichtes auf das Innenvolumen können verschiedene Zylindergrößen vor dem Hintergrund der Bauraumausnutzung, Gewicht, Reichweite und Kosten bewertet werden, wodurch die spezifische Zylindermasse (Zylindermasse pro Innenvolumen) das Kriterium für die Bewertung der Effizienz eines Wasserstoffdruckgasspeichers darstellt.

5.1.4.1   Zylinderbewertung in großen Parameterräumen

Die Kurvenschar in Abb. 5.2 stellt Zylinder mit jeweils konstanter Zylinderlänge für die verschiedenen Länge/Durchmesser-Verhältnisse (L/D-Verhältnis) dar. Die Kurven weisen ein ausgeprägtes Minimum auf, welches zwar auf einen L/D-Verhältnisbereich, aber nicht auf ein definiertes Verhältnis eingegrenzt werden kann. Die eingezeichnete Optimakurve verdeutlicht, dass sich das optimale L/D-Verhältnis mit steigender Zylinderlänge zu größeren Werten hin verschiebt.

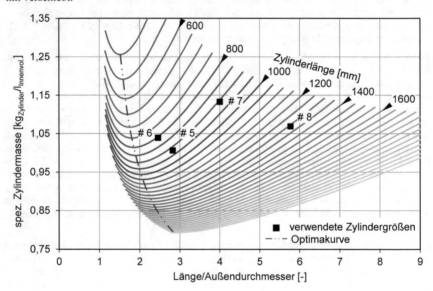

Abb. 5.2:   Berechnung: Einfluss der Zylinderabmessungen auf die spezifische Zylindermasse für Typ III Zylinder; Beispielhaft eingetragene reale Zylinder aus Tab. 5.1

In dem heute für Pkw gebräuchlichen Längenbereich kann das zu bevorzugende L/D-Verhältnis für Typ III Zylinder nach Abb. 5.2 auf 1,5 bis 2,5 eingeschränkt werden. Ganzheitlich betrachtet ist ein Zylinder, der in diesem Bereich liegt, allerdings nicht notwendigerweise ein effizienter Zylinder. Generell sind längere Zylinder zu bevorzugen und im Idealfall liegen diese dann im oben angegebenen L/D-Bereich.

Die in Abb. 5.2 eingezeichneten realen Zylinder zeigen jedoch, dass diese Grundsätze heute kaum berücksichtigt werden. Dies wird insbesondere dann erschwert, wenn Tanksysteme in bestehende Fahrzeugplattformen eingebracht werden. Hier ist der Spielraum im Fahrzeug-*package* meist stark eingeschränkt und der Kompromiss führt zu nicht optimalen Tanksystemen bezüglich Gewicht und Kosten. Besonders deutlich wird dies durch den in Abb. 5.2 eingetragenen Zylinder # 8. Obwohl er der längste Zylinder im Vergleich ist und eine gute

Effizienz (geringe spezifische Zylindermasse) zu erwarten wäre, schneidet er aufgrund seines geringen Durchmessers verhältnismäßig schlecht ab. Er liegt mit etwa $\bar{\rho}_{Zyl}$ = 1,07 kg$_{Zylinder}$/l$_{Innenvol.}$ zwischen den deutlich kürzeren Zylindern. Dennoch wäre ein kürzerer Zylinder mit einem zu Zylinder # 8 vergleichbaren Durchmesser (z.B. L = 800 mm und D = 226 mm → L/D ≈ 3,5) bezogen auf das Innenvolumen mit etwa $\bar{\rho}_{Zyl}$ = 1,16 kg$_{Zylinder}$/l$_{Innenvol.}$ um ca. 8,4% schwerer. Auch der Vergleich zwischen Zylinder # 5 und # 7 zeigt, dass der letztgenannte Zylinder bei nahezu gleicher Länge aufgrund seines geringen Durchmessers eine deutlich geringere Effizienz aufweist.

Eine entsprechende Berechnung für Typ IV Zylinder liefert vergleichbare Ergebnisse wie in Abb. 9.4, Kap. 9.4 dargestellt. Insgesamt verlagert sich die Kurvenschar aufgrund des leichteren Linermaterials zu kleineren spezifischen Zylindermassen. Der ideale Bereich des Länge-/Durchmesser-Verhältnisses vergrößert sich beim Typ IV Zylinder unter gleichen Annahmen für große Längen bis etwa L/D ≈ 3,5.

5.1.4.2 Fahrzeugintegration an einem Bauraumbeispiel

Für die Auswahl eines effizienten Zylinders, der gleichzeitig eine möglichst große Reichweite bei gegebenem Bauraum gewährleistet und kaufmännischen Aspekten Rechnung trägt, ist eine andere Darstellung der Berechnungsergebnisse zielführend. Dazu zeigt Abb. 5.3 eine Möglichkeit am Beispiel einer Berechnung für Typ IV Zylinder. Neben dem Zylinderdurchmesser, der über der Zylinderlänge dargestellt ist, sind Kurven konstanter spezifischer Zylindermasse (Volllinien) aufgetragen. Diese werden durch eine Kurvenschar überlagert, welche das Zylinderinnenvolumen (gestrichelte Linien) darstellt. Auf der Optimakurve (strichzweipunktierte Linie) liegen die kürzesten Zylinder zur Realisierung der jeweiligen minimalen spezifischen Masse. Das heißt, es können zwar größere Innenvolumen bei gleicher Gesamtlänge erreicht werden, diese Zylinder sind dann allerdings bezogen auf das Innenvolumen schwerer und somit kostenintensiver.

Die Zweckmäßigkeit dieser Darstellung (Kurvenschar in Abb. 5.3) soll an einem konkreten Bauraumbeispiel veranschaulicht werden. Das in Abb. 5.3, oben rechts angegebene Bauraumbeispiel stellt einen sich verjüngenden Bauraum dar, in dem entweder lange, dünne Zylinder eingesetzt werden können oder aber Zylinder mit großem Durchmesser und geringer Länge. Ein derartig geformter Bauraum kann heute beispielsweise im Bereich des Getriebetunnels gefunden werden. Dazu kann das Modell hilfreiche Entscheidungsgrundlagen liefern, um entweder den optimalen Zylinder bezüglich eines der drei Kriterien Kosten, Gewicht und Reichweite oder den besten Kompromiss daraus zu eruieren. Dazu sind in Abb. 5.3 beispielhaft drei fiktive Bauräume (Dreiecke) eingezeichnet, welche den dargestellten Bauraum (Abb. 5.3, oben rechts) beschreiben.

Bei den aufgespannten Flächen (Dreiecke) befindet sich in der unteren linken Ecke jeweils ein kurzer und schmaler Zylinder, der den Bauraum in keiner Dimension vollständig ausnutzt. Deshalb ist die Auslegung eines Zylinders auf diesen Schnittpunkt sowie alle anderen derartigen Zylindergrößen aus technischer Sicht wenig sinnvoll. Die zur optimalen Auslegung der Zylinderdimensionen relevante Seite der aufgespannten Dreieckflächen ist die Hypotenuse. Die Hypothenuse stellt die Bauraumgrenze des betrachteten Bauraumes dar (vgl. Darstellung Bauraumbeispiel Abb. 5.3, oben rechts). Die angedeuteten Bauräume (I-III) besitzen jeweils die gleichen Differenzen in Durchmesser und Länge (gleiche Kantenlänge der Dreiecke in Abb. 5.3) und damit die gleiche Variantenfreiheit. Es wird deutlich, dass eine Abhängigkeit der zu bevorzugenden Lösung von der absoluten Dimension des Bauraums selbst besteht, nicht nur von der Variantenfreiheit. Zur Verdeutlichung ist zum einen die jeweils optimale Lösung für den Zylinder mit einem maximalen Innenvolumen (Quadrat) sowie zum anderen mit der geringsten spezifischen Masse (Kreis) eingetragen.

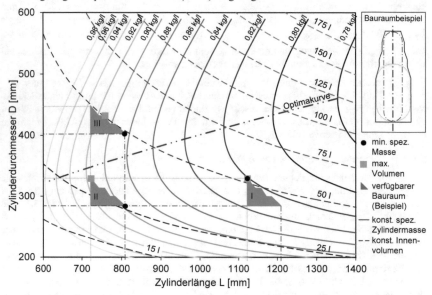

Abb. 5.3:   Erweiterte Darstellung der Berechnungsergebnisse für Typ IV Zylinder mit Beispielen zur *Package*relevanz in drei Bauraumgrößen (I, II, III)

Während bei dem rechten, sehr langen Bauraum (I) beide Lösungen auf einen Punkt fallen (maximaler Durchmesser und geringe Zylinderlänge), driften die beiden Optima bei dem gleich breiten aber kürzeren Bauraum (II) wesentlich auseinander. In diesem Fall wird die effizienteste Lösung (geringste spezifische Masse) durch einen langen, schmalen Zylinder beschrieben, während das andere Extrem (kurzer und dicker Zylinder) das maximale Volumen - und damit die maximale Reichweite - bereitstellt. Im dritten oberen Bauraum (III), der sich durch sehr große zulässige Durchmesser auszeichnet, liegt der effizienteste Zylinder wie auch im zweiten Bauraum bei maximal möglicher Länge. Der Zylinder mit dem größten Innenvolumen hingegen liegt etwa mittig auf der Hypotenuse und nutzt somit weder den maximal möglichen Durchmesser, noch die maximale Länge aus. Dieser ist allerdings bezogen auf das Innenvolumen schwerer.

Eine allgemeingültige Aussage, ob für einen derartigen Bauraum ein schmaler langer, ein kurzer Zylinder mit großem Durchmesser, oder ein Zylinder dazwischen die beste Lösung ist, kann somit nicht pauschal getroffen werden. Vielmehr ist es eine Frage der Priorisierung nach welchen Kriterien (Kosten, Reichweite, Gewicht) entschieden wird.

Die Einbindung des vorliegenden Modells in die frühe Konzeptphase bei zukünftigen Fahrzeugprojekten zur Entwicklung neuer Fahrzeugkonzepte mit Druckgastanks erscheint vor den dargestellten Ergebnissen sinnvoll und notwendig. Ähnlich wie auch batterieelektrische Fahrzeuge neue *Package*konzepte erlauben, so ist auch bei zukünftigen wasserstoffbetriebenen

Fahrzeugen der Energiespeicher – Wasserstofftank - als wesentliche Komponente zu berücksichtigen. Neben der expliziten Nutzung zur optimalen Auslegung eines Wasserstoffspeichers
liefern Entwurfs- und Auslegungsmethodiken, wie sie beispielsweise in [144] und [145] dargestellt werden, potenzielle Einsatzmöglichkeiten des Modells in einem ganzheitlichen Kon-
text. Dazu werden in den genannten Methodiken Fahrzeugauslegungen bezüglich Antriebs-
strang und Fahrzeug*package* analysiert, um eine optimale Komponentendimensionierung sowie –anordnung vor dem Hintergrund definierbarer Rahmenparameter, wie z.B. Leistungsda-
ten (Beschleunigung, Höchstgeschwindigkeit, Reichweite etc.) sowie Packagedaten (Anzahl
Sitze, Kofferraumgröße etc.) zu ermitteln.

5.1.4.3 Kaufmännische Betrachtung

Aus dem Modell ergibt sich, dass für einen Zylinder mit 40 Liter Innenvolumen (z.B. # 5 in
Tab. 5.1 und Abb. 5.2) etwa 52% (Typ III) bzw. 62% (Typ IV) des Zylindergewichtes auf die
Fasern entfallen. Wie in Kap. 5.1.1 in den Modellannahmen beschrieben, wird die CFK-
Schicht für beide Zylindertypen gleich berechnet. Der unterschiedliche Gewichtsanteil der
Fasern beruht demnach auf dem unterschiedlichen Linermaterial. Ein wirtschaftlicher Vergleich von unterschiedlichen Zylinderabmessungen kann daher mit dem vorgestellten Modell
nur innerhalb eines Zylindertyps durchgeführt werden. Vor dem in Kap. 3.4 dargestellten Hintergrund des enormen Kostenanteils der Materialien, insbesondere der Kohlefaser, an den
Speichersystemkosten wird deutlich, dass dieses Effizienzkriterium (spezifisches Zylindergewicht) nicht nur technisch sondern auch kaufmännisch über das entwickelte Modell
sinnvoll anwendbar ist. Ein Zylinder der bei gleichem Innenvolumen leichter ist als ein zwei-
ter Zylinder gleichen Typs ist somit auch entsprechend günstiger. Eine Optimierung auf mi-
nimales Gewicht geht somit auch mit einem hinsichtlich Kosten optimierten Zylinder einher.

5.2 Alternative Drucktankgeometrien

Die in Kap. 5.1 dargestellte geometrische Optimierung bezieht sich auf zylindrische Speicherbehälter, die für eine platzsparende Unterbringung in einem Fahrzeug meist nicht ideal
sind. Aus diesem Grund ist es wünschenswert Wasserstoffspeicher mit im Idealfall freiform-
barer Außenkontur oder wenigstens verbesserten *Package*eigenschaften einsetzten zu können.
Dazu wurden in Kap. 3.3.4 bereits Vorschläge erläutert, die in Abb. 3.8 dargestellt sind. Einige dieser Formen sind nochmals in Abb. 5.4 zusammengefasst und werden im Folgenden näher bewertet.

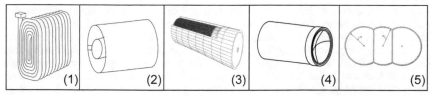

Abb. 5.4:   Alternative Tankgeometrien für Druckgase aus der Literatur, (1): Rohrbündel [89];
                (2): Schalenmodell [90];   (3): Flachzylinder [91];   (4): Darmstädter   Bauweisenkon-
                zept [92]; (5): Multizellenspeicher [93]

Die Auswahl beschränkt sich auf diejenigen Beispiele, die aus Sicht der Herstellbarkeit für
den Zieldruckbereich (700 bar) realisierbar erscheinen, was entweder für geringere Druck-

niveaus bereits aufgezeigt wurde (4) und (5) oder weil sie auf grundsätzlichen Konstruktionen beruhen die mit der heutigen Speichertechnik vergleichbar sind (Druckzylinder). Darüber hinaus lässt das Beispiel (6) aus Abb. 3.8, Kap. 3.3.4 gegenüber Beispiel (5) keinen weitergehenden Vorteil erwarten.

(1) Rohrbündel
Eine Variante, welche letztlich auch auf die rein zylindrische Form zurückgreift, ist die in Abb. 5.4 (1) dargestellte Bauweise als Rohrbündel. Hierbei gilt es zu beachten, dass Rohrleitungen nicht beliebig gebogen werden dürfen. Um eine Beschädigung durch die Verformung auszuschließen, müssen Mindestbiegeradien eingehalten werden, was die Formgebung des Rohrbündels einschränkt. Heutige Hochdruckleitungen (700 bar Nenndruck) an Wasserstofftanksystemen in Fahrzeugen werden zumeist mit einem Außendurchmesser von 6 mm ausgelegt und einer Wandstärke von 1,5 mm, bei denen ein Mindestbiegeradius von $R_{b,min}$ = 15 mm zu beachten ist. Daraus resultierende Wertebeispiele zeigt Tab. 5.2 für unterschiedliche Materialien und Rohrdurchmesser.

Tab. 5.2: Berechnung unterschiedlicher Varianten des Rohrbündelkonzeptes (1) bei gleichen Sicherheitsbeiwerten für alle Materialien (S = 1,2) und Streckgrenze nach [146] und [147]

#	Material	p_{Nenn}	$\varnothing_{Außen}$	$\varnothing_{innen}$	m	l	$\rho_{grav.}$
[-]	[-]	[bar]	[mm]	[mm]	[kg/kg$_{H2}$]	[m/kg$_{H2}$]	[Gew.-%]
1	Stahl: 1.4571		6	3	584	3471	0,17
2	Stahl :1.4571	700	15	7,6		555	
3	Aluminium AL 6061-T6		15	9,3	108	369	0,92

Das Material heutiger Wasserstoffleitungen im Fahrzeug ist in der Regel ein nichtrostender wasserstoffgeeigneter Stahl wie etwa die Stahlsorte 1.4571. Selbst eine Erhöhung des Außendurchmessers führt nach Tab. 5.2 bei angenommener linearer Zunahme der Wandstärke noch zu einer Länge von über 550 m je kg Wasserstoff. Auch bei der Herstellung aus Aluminium (AL 6061 T6) ist dieses Konzept mit einer resultierenden gravimetrischen Speicherdichte von 0,92 Gew.-% im Vergleich zu 3,5...5,2 Gew.-% für den 700 bar Druckspeicher (vgl. Kap. 3.3.3, Tab. 3.3) nicht zielführend.

(2) Schalenmodell
Auch die zweite in Abb. 5.4 (2) dargestellte Variante bedient sich zylindrischer Formen. Hier sollen die erforderlichen Wandstärken durch zwei ineinander liegende Behälter reduziert werden. Dabei wird die stützende Wirkung des Druckes in der äußeren Schicht p_a für den inneren Zylinder, der mit p_i beaufschlagt ist, genutzt. Der innenliegende Zylinder sollte daher stets den größeren Druck besitzen ($p_i < p_a$). Um einen Vergleich zur heutigen 700 bar Technologie durchzuführen und die Speichermenge zu maximieren, wird der Druck des inneren Zylinders auf p_i =700 bar festgelegt. Prinzipiell kann dadurch auch die heute vorhandene bzw. entstehende Wasserstoffinfrastruktur genutzt werden (vgl. Kap. 4.1.2). Neben den unterschiedlichen Drücken in den beiden Gasräumen kann außerdem das Verhältnis der Zylinderdurchmesser (D_{Zi}: Durchmesser innenliegender Zylinder; D_{Za}: Durchmesser außenliegender Zylinder) variiert werden. Vergrößert sich der innere Zylinder, verkleinert sich entsprechend der äußere ringförmige Gasraum. In Abb. 5.5 sind die Ergebnisse zu Berechnungen der Wasserstoffspei-

cherkapazität und dem CFK-Einsparpotenzial unter Berücksichtigung variierender Druck-
und Durchmesserverhältnisse dargestellt.

Die Berechnungen, insbesondere der erforderlichen Wandstärken, sind mit einem angepassten
Modell aus Kap. 5.1 bzw. Kap. 9.4 durchgeführt. Vereinfachende Annahme bei der Berechnung ist, dass der seitliche Verschluss sowie die Aufhängung des inneren Zylinders im außen-
liegenden Zylinder technisch derart gelöst ist, dass kein Einfluss auf das verfügbare Innenvolumen besteht. Es werden gerade Deckel mit einer dem zylindrischen Bereich äquivalenten
Wandstärke berücksichtigt. Die Wandstärke des innenliegenden Zylinders wird auf den Diffe-
renzdruck Δp_{Zia} entsprechend Gl. 5-2 ausgelegt.

$$\Delta p_{Zia} = p_{Zi} - p_{Za} \hspace{3cm} \text{Gl. 5-2}$$

Zudem wird die Länge des inneren Zylinders um die Wandstärke des äußeren Zylinders reduziert. Die in Abb. 5.5 dargestellten Potenziale zur CFK-Einsparung sowie der Anteil an der
Wasserstoffkapazität beziehen sich auf einen entsprechend (identische Zylinderdimensionen
und Berechnung nach Modell aus Kap. 5.1) ausgelegten konventionellen Zylinder (ohne innenliegenden Zylinder) ausgelegt auf p_{Nenn} = 700 bar.

Wie Abb. 5.5 zeigt, verringert sich bei allen Druckniveaus mit zunehmendem Durchmesser
des innenliegenden Zylinders das Einsparpotenzial bzgl. des CFK-Bedarfs bei gleichzeitig
steigender Wasserstoffkapazität. Die Materialeinsparung wird durch die deutlich geringeren
Wandstärken bei kleinen Durchmessern hervorgerufen. Aufgrund des stets höheren Drucks im
innenliegenden Zylinder steigt demgegenüber die Wasserstoffkapazität mit dem Durchmesser
überproportional an. Ebenfalls dargestellt ist die Kurve, auf der einige Varianten einen ausge-
glichenen Kompromiss erreichen, also die Einsparung an CFK identisch mit dem Anteil der
Wasserstoffkapazität ist.

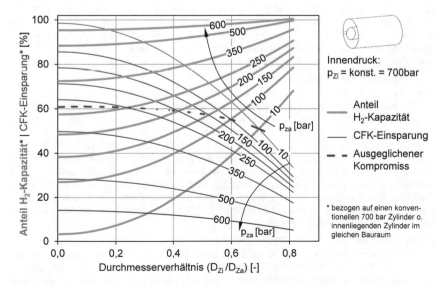

Abb. 5.5:   Berechnungen zur Potenzialabschätzung der Geometrievariante (2) aus Abb. 5.4

Bei den Drucknieveaus die einen Schnittpunkt auf dieser Kurve besitzen, kann in Abhängigkeit des Durchmesserverhältnisses eine Priorisierung zugunsten einer erhöhten CFK-Einsparung (vom Schnittpunkt in Richtung kleinerer Durchmesserverhältnise) oder einer erhöhten Kapazität (vom Schnittpunkt in Richtung größerer Durchmesserverhältnisse) gewählt werden. Die Auswahl erfolgt jeweils auf Kosten der anderen Größe. Druckverhältnisse die keinen Schnittpunkt der beiden Größen CFK-Einsparung und Anteil der H_2-Kapazität aufweisen zeichnen sich durch höhere Kapazitäten bei geringeren CFK-Einsparungen aus. Bis zu einem Nenndruck für den inneren Zylinder von etwa $p_{Zi,Nenn} = 250$ bar kann ein für beide dargestellten Größen gleichwertiger Kompromiss erreicht werden. Aus Abb. 5.5 ist ersichtlich, dass der maximal zu erreichende ausgeglichene Kompromiss bei ca. 61% Wasserstoffkapazität bzw. CFK-Einsparung bezogen auf einen konventionellen Zylinder liegt.

Weiterhin wird deutlich, dass nur bei sehr hohen Drücken (p > 500 bar) in Verbindung mit großen Durchmessern für den inneren Zylinder die Kapazität des konventionellen Zylinders überschritten werden kann. Sowohl die Einsparung beim CFK, als auch die Mehrkapazität fallen allerdings sehr gering aus. Es ist zu erwarten, dass diese Vorteile bei einer realen Umsetzung, ohne die vereinfachenden Annahmen (Befestigung des inneren Zylinders; Verschlusssystem), kompensiert werden bzw. zum Nachteile umschlagen. Zudem wird die benötigte Ventiltechnik komplexer, um bei der Betankung eine exakte Druckverteilung zwischen beiden Speicherräumen zu gewährleisten. Auch dieses Konzept stellt keine zielführende Alternative dar.

(3) Flachzylinder
Die dritte Variante aus Abb. 5.4 (3) adressiert die Herausforderung zur Gestaltung von ebenen Böden. Hier werden innenliegende Faserstränge zur Aufnahme der in axialer Richtung entstehenden Kräfte verwendet. Diese reduzieren das gegenüber konventionellen Zylindern durch die geraden Schulterbereiche gewonnene Innenvolumen. Eine Herausforderung besteht in der Montage der innenliegenden Faserstränge sowie deren Anbindung an die Deckelstruktur. Auch die Abdichtung der Deckel gestaltet sich schwierig, da aufgrund des nahezu axialkraftfreien Zylinders eine Ausdehnung nur in den Fasersträngen stattfinden wird. Dies führt zwangsläufig zu Relativbewegungen zwischen Zylinder und Deckel.

(4) Darmstädter Bauweisenkonzept
Auch das in Abb. 5.4 (4) dargestellte Darmstädter Bauweisenkonzept stützt sich auf einen Vorteil durch nicht nach außen gewölbte Schulterbereiche. Im Gegenteil wird der Deckel nach innen gewölbt, um durch die Innendruckbelastung Druckspannungen im metallischen Deckelmaterial aufzubauen [92]. Faserschichten mit axialer Ausrichtung in der Zylinderwand übertragen die axialen Kräfte. Wie in [92] dargestellt, stellen die kraftschlüssige Verbindung und die Abdichtung der Deckel auch hier hohe Ansprüche an die Konstruktion. Die in [92] durchgeführten Untersuchungen weisen einen gewissen Vorteil des Darmstädter Bauweisenkonzeptes gegenüber Drucktanks des Typs I für die Anwendung als CNG Speicher aus. Aussagen über die Dauerfestigkeit und Erkenntnisse aus realen Berstversuchen liegen jedoch nicht vor. Auch die Übertragbarkeit zu höheren Drücken, wie sie in der Wasserstoffspeicherung üblich sind, bleibt daher fraglich.

Die Geometrievarianten (3) und (4) aus Abb. 5.4 sind aufgrund ihrer beschriebenen konstruktiven Hürden zur Abdichtung der verwendeten Deckel als nur schwer realisierbare Konzepte einzustufen. Vor allem auch im Hinblick auf die hochdynamischen Druck- und Temperaturgradienten während einer Tiefkaltbetankung nach SAE J2601 (vgl. Kap. 4.1.2). Angesichts des schwer einzuschätzenden technischen Aufwands wurde auf eine vergleichende rechnerischen Abschätzung verzichtet.

(5) Multizellenspeicher
Die in [94] dargestellten Ergebnisse für einen Multizellenspeicher (vgl. Abb. 5.4 (5)), wie er durch die Fa. Thiokol für 350 bar Nenndruck prototypisch hergestellt wurde, zeigen ein deutliches Potenzial zur optimierten Bauraumausnutzung. Daher soll diese Geometrievariante in den nachfolgenden Kapiteln näher betrachtet werden. Eine Auslegung für einen Nenndruck von 700 bar zur Wasserstoffspeicherung soll dabei im Vordergrund stehen, da diesbezüglich keine Angaben in der Literatur verfügbar sind.

5.2.1 Voruntersuchungen mit isotropen Werkstoffeigenschaften

Um verschiedene potenzielle Geometrievarianten bewerten zu können, ohne aufwändige CFK-gerechte Konstruktionen erarbeiten zu müssen, werden zunächst Modelle mit isotropen Materialeigenschaften aufgebaut und bewertet. Dies geschieht im Rahmen einer Masterarbeit [148], welche im Rahmen dieser Dissertation ausgeschrieben und betreut wurde. Vergleichbar zu konventionellen Typ I Zylindern besitzt das angenommene Material die gleichen Figenschaften in alle drei Raumrichtungen. Damit werden die unterschiedlichen Varianten nur bezüglich ihrer Geometrie verglichen und die fertigungstechnischen Hürden bleiben zunächst außen vor. Erscheint ein Konzept selbst unter dieser Vereinfachung nicht zielführend, so kann auf eine detailliertere Betrachtung verzichtet werden. Zur besseren Vergleichbarkeit mit heutigen Typ III-Speichern berechnet Pflug eine Übertragbarkeit auf sein isotropes Modell mit entsprechenden Simulationen konventioneller Typ III-Zylinder. Dazu berechnet er die Spannungsverteilung des aus Kap. 5.1.3, Tab. 5.1 im Detail bekannten Zylinders #5 mit der realen CFK-Wandstärke von $t_{CFK} = 24,7$ mm. Die sich daraus ergebende maximale Spannung wird für die Berechnung der alternativen Geometrievarianten als fiktiver maximal zulässiger Spannungswert für das in der Simulation isotrop angenommene Material eingesetzt. Dieser Ansatz erlaubt es Pflug, eine prinzipielle Bewertung der neuen Geometrien mit Bezug auf den Typ III-Zylinder mit CFK-Schicht durchzuführen. Auch die konventionellen Zylinder, welche als Bezug für die Gegenüberstellung dienen, werden in gleicher Weise simuliert. Damit können Fehler, die aus unterschiedlichen Annahmen (z.B. realer Zylinder vs. Simulation) resultieren, vermieden werden. Pflug bewertet in [148] diverse Geometrievarianten, wovon sich zwei als besonders vielversprechend darstellen. Dies ist zum einen ein Multizellenspeicher (vgl. Abb. 3.8, (5) bzw. Abb. 5.6, links) und zum anderen ein konischer Speicher (vgl. Abb. 5.6, rechts).

Multizellenspeicher   Konischer Speicher

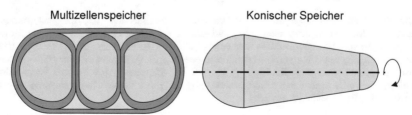

Abb. 5.6:   Prinzipdarstellung Multizellenspeicher (links; Querschnitt) und rotationssymmetrischer konischer Speicher (rechts)

Letzterer ist vergleichbar zu einem konventionellen Zylinder rotationssymmetrisch aufgebaut, jedoch mit einem über der Länge veränderlichen Durchmesser. Demgegenüber besitzt der Multizellenspeicher einen konstanten Querschnitt über der gesamten Länge (ausgenommen die Schulterbereiche).

Multizellenspeicher

Der Multizellenspeicher wird anhand eines realen Bauraums auf p_{Nenn} = 700 bar vorausgelegt. Entsprechend der Zulassungsvorschrift (EG 79) wird ein Sicherheitsfaktor von S = 2,25 berücksichtigt. Als Bauraum dient der Hinterwagen des im November 2014 auf der LA-Auto-show vorgestellten Brennstoffzellenfahrzeuges *Audi A7 Sportback h-tron quattro* [149]. In diesem Bauraum des Technikträgers sind üblicherweise zwei Zylinder mit einem einheitlichen, maximalen Durchmesser, welcher der Höhe der Multizelle entsprechen soll (vgl. Abb. 5.7, links; gestrichelte Linien), untergebracht. Damit bietet der betrachtete Bauraum die höchste erreichbare Bauraumausnutzung durch konventionelle Einzelzylinder in einem rechteckigen Bauraum (vgl. [94]). Das Verbesserungspotenzial durch den Multizellenspeicher ist somit als sehr gering einzuschätzen. In Abb. 5.7 sind die Simulationsergebnisse aus [148] für zwei konventionelle Zylinder dem Multizellenspeicher gegenübergestellt. Trotz des für den konventionellen Zylinder bestmöglichen rechteckigen Bauraums (zwei Zylinder mit maximalem Durchmesser) erreicht der Multizellenspeicher eine knapp 16% höhere Wasserstoffspeicherkapazität. Auf Basis der getroffenen Annahmen erreicht der Multizellenspeicher sogar ein geringeres Verhältnis aus Masse zu Innenvolumen. Dies bedeutet, dass zusätzlich eingesetztes Material resultiert in überproportionalem Mehrvolumen zur Speicherung.

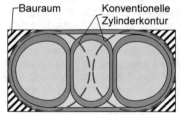

Parameter	Konventioneller Zylinder (2x)	Multizellen-speicher
Gewicht	100 %	109,7 %
H_2-Inhalt	100 %	115,6%
Masse/ Innenvolumen	100 %	95 %

Abb. 5.7: Bauraumdarstellung (links) und Simulationsergebnisse (rechts) zum Multizellenspeicher für p_{Nenn} = 700 bar bezogen auf Typ III-Zylinder; Ergebnisse nach [148]

Die Ergebnisse sind aufgrund der starken Modellvereinfachung (isotrope Materialeigenschaften) als Idealfall anzusehen. Aufgrund des hohen dargestellten Potenzials wird diese Speichergeometrie in Kap. 5.2.2 weiter untersucht. Dies erfordert die Berücksichtigung der anisotropen Eigenschaften von Faserlaminaten (vgl. Kap.4.3). Dazu wird eine FKV-gerechte Auslegung erarbeitet und die Eignung als 700 bar Wasserstoffspeicher des Multizellenspeicherkonzeptes erneut unter Berücksichtigung der zuvor vernachlässigten material- und fertigungsbedingten Hürden bewertet.

Konischer Speicher

Ein weiterer Bauraum, der sich im *Audi A7 Sportback h-tron quattro* zur Unterbringung eines Wasserstoffspeicherzylinders befindet, liegt im Bereich des Mitteltunnels. Hier ist bei konventionell angetriebenen *Audi A7 quattro* Fahrzeugen das Getriebe angeordnet. Der Bauraum ist in Abb. 5.8, links schematisch im Querschnitt dargestellt. Im *A7 Sportback h-tron quattro* ist hier ein Zylinder mit konventioneller Form integriert, der den nach vorne hin größer werdenden Bauraum nur unzureichend ausnutzt (vgl. Abb. 5.8, links; gestrichelte Linie).

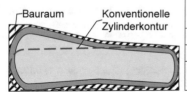

Parameter	Konventioneller Zylinder	Konischer Speicher
Gewicht	100 %	117 %
H_2-Inhalt	100 %	144 %
Masse/ Innenvolumen	100 %	81,3 %

Abb. 5.8:   Bauraumdarstellung (links) und Simulationsergebnisse (rechts) zum partiell konischen Speicher für p_{Nenn} = 700 bar bezogen auf Typ III-Zylinder; Ergebnisse nach [148]

Ohne den zur Verfügung stehenden Bauraum anzupassen, soll eine Verbesserung mit Hilfe eines partiell konischen Speichers erreicht werden, wie in Abb. 5.8, links schematisch dargestellt ist. Der Vergleich in Abb. 5.8, rechts zeigt mit einer um 44% gesteigerten Kapazität eindeutig, dass der Bauraum deutlich besser mit einem derartigen Tank ausgenutzt werden kann. Gleichzeitig steigt das Mehrgewicht nicht überproportional an. Im Gegenteil wird das Masse/Innenvolumen-Verhältnis sogar verbessert. Die dargestellte Art von Zylinder bietet sich demnach für Fahrzeugkonzepte an, die sowohl mit einem konventionellen Allradantrieb, als auch mit einem Brennstoffzellenantrieb produziert werden sollen. Die Änderungen im Karosseriebau könnten gering gehalten werden, wenn statt des Mitteltunnelgetriebes ein partiell konischer Zylinder eingesetzt wird.

Auch in diesem Fall erscheint eine aufwändige FKV-gerechte Auslegung zur genaueren Potenzialabschätzung zielführend und wird im folgenden Kapitel beschrieben.

5.2.2 FKV-gerechte Auslegung potenzieller Speichergeometrien

Die zur Bewertung erforderlichen FKV-gerechten Simulationen und Optimierungen wurden in enger Zusammenarbeit mit dem Leichtbau-Zentrum Sachsen GmbH (kurz: LZS) erarbeitet und durchgeführt [150], [151]. Für die FEM-Simulationen wurde die Software *ANSYS Mechanical* in der Version 15 verwendet, welche für die erforderlichen iterativen Optimierungen an die Software *Matlab* (Version R2014a) angebunden war. Dadurch konnten die zu variierenden Parameter an die FEM-Software übergeben werden und es konnte eine automatisierte Parametervariation (vgl. Tab. 5.3 und Tab. 5.7) durchgeführt werden. Die für alle Modelle verwendeten konstanten Materialdaten können der Tab. 9.4 in Kap. 9.5.1 entnommen werden. Hier kann auf die langjährige Erfahrung zur CFK-gerechten Bauteilauslegung (auch Druckspeicher) des LZS aufgebaut werden. Die Berücksichtigung des Flechtverfahrens (vgl. Kap. 4.3) ist dabei insbesondere für den konischen Speicher aus Fertigungssicht von wesentlicher Bedeutung.

Als Versagenskriterien werden die fünf Kriterien nach Cuntze herangezogen (vgl. Kap. 4.3). Dabei werden zwei Auslegungsziele verfolgt:

Zum einen soll bei einem Prüfdruck von $p_{Prüf}$ = 1050 bar kein Zwischenfaserbruch auftreten. Nach aktueller Version der SAE J2601 kann unter bestimmten Gegebenheiten ein maximaler Druck von p_{max} = 1050 bar im Speicherbehälter auftreten (vgl. Kap. 4.1.2). Da dies auch zu Beginn der Fahrzeuglebensdauer eintreten kann, sollten aus dieser Belastung keine Schädigungen resultieren, die bei Folgebelastungen zu einem Versagen des Behälters führen. Dementsprechend wird die Grenze für die Kriterien zur Überwachung auf Zwischenfaserbruch auf diesen Prüfdruck festgelegt.

Zum anderen soll bis zum Erreichen des Berstdrucks p_{Berst} = 1575 bar kein Faserbruch auftreten. Dieser Druck, bei dem frühestens Faserversagen und damit ein plötzliches Bersten des Druckbehälters auftreten darf, entspricht nach den Vorgaben der EG 79 dem 2,25-fachen des Nennarbeitsdruckes von p_{Nenn} = 700 bar (vgl. Kap. 4.1.1).

Zudem soll die resultierende Gesamtanstrengung des Laminates Eff_{res} ebenfalls nicht zum Versagen führen. Die sich daraus entsprechend ergebenden Bedingungen der Cuntze-Kriterien sind in Gl. 5-3 zusammengefasst.

Für $p_{Prüf}$ = 1050 bar gilt: $$Eff_{\perp}^{z} = Eff_{\perp\parallel} = Eff_{\perp}^{d} < 1 \; ; \; Eff_{res} < 1$$

Gl. 5-3

Für p_{Berst} = 1575 bar gilt: $$Eff_{\parallel}^{d} = Eff_{\parallel}^{z} < 1$$

Ziel der Simulationen ist es, die Faserwinkel und Wandstärkenverteilung derart zu bestimmen, dass – unter den genannten Versagenskriterien – die Materialausnutzung sowie das Innenvolumen möglichst hoch sind. Dazu werden die Parameter (Wandstärke, Faserwinkel etc.) für beide Geometrievarianten in iterativen Prozessen variiert, bis ein Optimum erreicht wird. Die Kennwerte in Gl. 5-3 sollten daher zwar den Wert eins nicht überschreiten, aber möglichst nah und in allen Bauteilregionen an diesen heranreichen, um eine maximale und effiziente Materialausnutzung zu gewährleisten.

In den beiden folgenden Kapiteln werden die Herangehensweise sowie der Modellaufbau näher erläutert. Außerdem werden die Simulationsergebnisse beschrieben und diskutiert.

5.2.2.1 Multizellenspeicher

Modellbeschreibung

Der untersuchte Multizellenspeicher besteht aus drei Zellen. Die beiden äußeren Zellen (vgl. Abb. 5.9, Tank1) sind gleich aufgebaut und ähneln im Prinzip dem Aufbau der Zellen des Speichers der in [94] untersucht wurde.

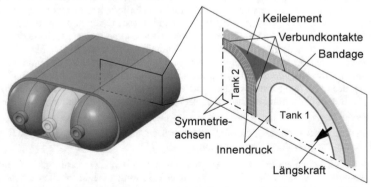

Abb. 5.9:   Modellaufbau des Multizellenspeichers zur FEM-Simulation

Zusätzlich wird zwischen diese beiden Zylinder eine weitere Zelle eingesetzt (vgl. Abb. 5.9, Tank2), welche auch entfallen oder mehrfach eingesetzt werden kann und dadurch die Flexibilität des Konzeptes steigert.

Umgeben werden alle Zellen von einer Bandage, die die drei Zellen verbindet und gleichzeitig die Ausdehnung in Querrichtung reduzieren soll. Für die FEM-Simulation wird die Symmetrie des Speichersystems genutzt, um die erforderliche Berechnungszeit zu reduzieren. Die Abb. 5.9 zeigt dazu den schematischen Modellaufbau als Viertelmodell.

Die Innenflächen der Zellen werden mit dem entsprechenden Innendruck zur Auslegung beaufschlagt, während die im realen Speicher durch die Schulterbereiche entstehenden Längskräfte über Ersatzkräfte (F_{Ers}) in axialer Richtung an den beiden Zellwänden berücksichtigt werden. Der Betrag der Kräfte ergibt sich für die jeweilige Zelle entsprechend Gl. 5-4 aus dem Innendruck und dem Anteil der wirksamen Querschnittsfläche des Gasraums.

$$F_{Ers,Tank1} = p \cdot \frac{A_{innen,Tank1}}{2} \; ; \; F_{Ers,Tank2} = p \cdot \frac{A_{innen,Tank2}}{4} \qquad \text{Gl. 5-4}$$

Die Kontakte zwischen den beiden Zellen, sowie zwischen den Zellen und der Bandage wird als reibungsbehafteter Kontakt definiert. Dadurch kann die Wechselwirkung zwischen den inneren Zellen und der äußeren Bandage berücksichtigt werden, um eine möglichst realistische Materialbelastung zu erhalten. Für diesen nichtlinearen Kontakttyp (gleiten erlaubt) wird ein Reibbeiwert von $\mu_{rk} = 0,2$ angesetzt. Zusätzlich wird im Modell ein Keilelement im Raum zwischen Tank eins und zwei sowie der Bandage vorgesehen.

Parameterbeschreibung

Ziel der durchgeführten FEM-Analysen ist die Bestimmung der optimalen Fertigungsparameter bezüglich Faserwinkel β_i, Lagenaufbau sowie Wandstärken t_i der jeweiligen CFK-Schichten. Im Fokus steht dabei das Ziel, einen Speicher mit möglichst großem Innenvolumen und gleichzeitig geringstem Gewicht für den Vergleich mit konventionellen Zylindern darzustellen. Dazu werden zunächst die zu variierenden Parameter sowie die zu betrachtenden Parameterbereiche definiert. Sowohl die Parameter und deren Bedeutung, als auch die angesetzten Bereichsgrenzen sind in Tab. 5.3 zusammengefasst.

Berücksichtigt wird neben den Wandstärken und den Faserwinkeln auch ein Keilelement zwischen den Zellen und der Bandage, welches über den Parameter Ke ein und ausgeschaltet werden kann. In den Tanks eins und zwei können zudem auf der Innen- und Außenseite zusätzlich dünne Faserlagen mit einem Faserwinkel von $\beta = \pm 10°$ berücksichtigt werden.

Simulationsergebnisse und Diskussion

Die Wertebereiche der wesentlichen Parameter, wie Wandstärke und Faserwinkel, werden zunächst in einer manuell durchgeführten Variantenrechnung (V00) anhand von 48 Varianten ermittelt. Zu diesem Zeitpunkt wird das Keilelement noch nicht vorgesehen. Diese ersten Simulationen zeigen ein deutliches Maximum der Laminatanstrengung auf der Innenseite des Tanks eins im Bereich des geringsten Biegeradius (vgl. Abb. 5.10). Die Darstellung des aus diesen 48 Varianten vielversprechendsten Simulationsergebnisses in Abb. 5.10 zeigt die resultierende Gesamtanstrengung nach Cuntze (Eff$_{res}$). Die maximale Materialbelastung bei Prüfdruck 1050bar tritt an der Innenseite von Tank eins aus.

Tab. 5.3:   Variationsparameter zur Durchführung der Optimierung des Multizellenspeichers

Parameter	Bedeutung	Wertebereich
Ke	Schalter für Keilelement	[mit/ohne]
t_B	Wandstärke Bandage (0°Lagen)	[12...22] mm
t_1	Gesamtwandstärke Tank 1	[20...40] mm
t_{1i}	Wandstärke Innenlage Tank 1 (10° Lagen)	[0;1] mm
t_{1a}	Wandstärke Außenlage Tank 1 (10° Lagen)	[0;1] mm
β_1	Faserwinkel Tank 1	[30...55] °
t_2	Gesamtwandstärke Tank 2	[20...40] mm
t_{2i}	Wandstärke Innenlage Tank 2 (10° Lagen)	[0;1] mm
t_{2a}	Wandstärke Außenlage Tank 2 (10° Lagen)	[0;1] mm
β_2	Faserwinkel Tank 2	[30...55] °

Werden die einzelnen Versagenskriterien betrachtet (vgl. Abb. 5.11) so ist ersichtlich, dass das Laminat aufgrund von Zwischenfaserbruch unter Zugbelastung versagt. In Abb. 5.11 wird die Auswirkung der beiden Auslegungsdrücke deutlich.

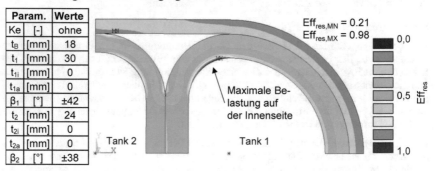

Param.	Werte
Ke [-]	ohne
t_B [mm]	18
t_1 [mm]	30
t_{1i} [mm]	0
t_{1a} [mm]	0
β_1 [°]	±42
t_2 [mm]	24
t_{2i} [mm]	0
t_{2a} [mm]	0
β_2 [°]	±38

$Eff_{res,MN} = 0.21$
$Eff_{res,MX} = 0.98$

Maximale Belastung auf der Innenseite

Tank 2   Tank 1

Abb. 5.10:   Simulation des Multizellenspeichers: Resultierende Gesamtanstrengung (Eff_{res}) bei Prüfdruck 1050 bar der besten Variante aus manueller Variantenrechnung (V00)

Während die Belastung des Matrixmaterials bei Prüfdruck ($p_{Prüf} = 1050$ bar) bereits an den definierten Grenzwert von eins heranreicht (Abb. 5.11, rechts; $Eff_{res,MX} = 0,98$; MX: Maximum im Querschnitt), ist die Belastung der Fasern verhältnismäßig gering (Abb. 5.11, links).

Die kritische Materialbelastung welche auch zum Maximum der Gesamtanstrengung (Eff_{res}) in Abb. 5.10 führt, wird durch Zwischenfaserbruch (Zug) im Krümmungsbereich von Tank 1 hervorgerufen. Die ungleichmäßige Belastung ($Eff_{res,MN} = 0,21$; MN: Minimum im Querschnitt) in Abb. 5.10 lassen außerdem auf eine Überdimensionierung hinsichtlich des ersten Prüfkriteriums in den übrigen Laminatbereichen der inneren Zellen schließen.

Die Auslegungsparameter und Ergebnisse der Zielgrößen (vgl. Tab. 5.3) der ersten manuell optimierten Variantenrechnung (V00) des Multizellenspeichers sind in Tab. 5.4 den Ergebnissen für zwei konventionelle Zylinder im gleichen Bauraum gegenübergestellt. Wie bereits erwähnt, werden die konventionellen Zylinder mit den gleichen Materialannahmen und identischer Software simuliert um die Vergleichbarkeit sicherzustellen. Der Multizellenspeicher erreicht ein etwa 20% geringeres Innenvolumen bei deutlich höherem Gewicht (62%).

Um der starken Belastung des Laminates in Tank 1 entgegenzuwirken, werden im Modell in den folgenden Variantenrechnungen auf den Innen- und/oder Außenseiten der Tanks die Faserlagen mit einem Winkel von $\beta = \pm 10°$ verwendet.

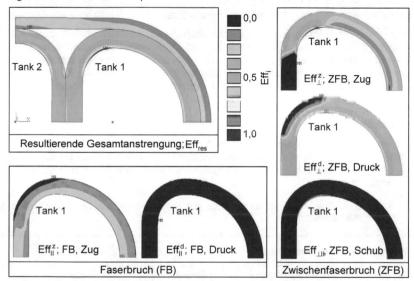

Abb. 5.11: Simulation des Multizellenspeichers: Einzelanstrengungen für die Kriterien für Faser- und Zwischenfaserbruch bei Prüfdruck 1050 bar der besten Variante aus erster manueller Variantenrechnung (V00)

Dadurch soll die Steifigkeit der Zellen erhöht und die Belastung des Matrixmaterials verringert werden. Zusätzlich wird das bereits erwähnte Keilelement des Modells berücksichtigt. Außerdem wird der Parameterraum gemäß Tab. 5.3 erweitert.

Tab. 5.4: Parameter zur Simulation des Multizellenspeichers nach manueller Variantenrechnung (V00)

Parameter	Ke [-]	t_B [mm]	t_1 [mm]	t_{1i} [mm]	t_{1a} [mm]	β_1 [°]	t_2 [mm]	t_{2i} [mm]	t_{2a} [mm]	β_2 [°]	m [kg]	V_i [l]
Werte Zyl.*	-	-	27	-	-	±53...55	-	-	-	-	65,1	88,3
Werte V00	ohne	18	30	0	0	±42	24	0	0	±38	105,7	70,5

* Summenwerte für m und V_i für zwei konventionelle Zylinder; Winkel variiert über Wandstärke

Würden die angegebenen Bereiche in einzelnen Millimeter- bzw. Gradschritten untersucht werden, so müsste eine Variantenanzahl N > 7,6 Mio. berechnet werden. Um den Berechnungsaufwand zu reduzieren werden zunächst grobe Abstufungen einzelner Parameter eingeführt, um die relevanten Bereiche zu definieren. Dadurch wird in drei aufeinanderfolgenden Optimierungsschleifen (Variantenrechnungen) die Gesamtvariantenanzahl auf $N = 21600$ reduziert. Die entsprechenden Parameterbereiche sind in Tab. 5.5 mit der jeweiligen Variantenanzahl dargestellt.

In den Variantenrechnungen eins (V01) und zwei (V02) werden die gesamten nach Tab. 5.3 definierten Wertebereiche für die Gesamtwandstärke der beiden Tanks sowie deren Faserwinkel in einer groben 5 mm- bzw. 5°-Schrittweite erfasst, um den Zielbereich für diese Parameter näher einzugrenzen. Gleichzeitig wird die Wandstärke der Bandage konstant gehalten.

In der ersten Variantenrechnung wird das Keilelement berücksichtigt, was allerdings nicht zu besseren Ergebnissen führt (vgl. Abb. 9.5, Kap. 9.5.2). Insbesondere in den Eckbereichen des Keils treten erhöhte Materialanstrengungen auf, wodurch zusätzliches Material notwendig ist. Der innere Tank (Tank 2) kann mit Keilelement dünner ausgeführt werden gegenüber den Varianten ohne Keil, allerdings müssen die äußeren Zellen (Tank 1) höhere Wandstärken aufweisen (vgl. Abb. 9.5, Kap. 9.5.2). Allein dadurch ergibt sich ein geringeres Innenvolumen und höheres Gewicht bei den Varianten mit Keil. Hinzu kommt das Eigengewicht des Keils selbst. Daher wird für die weiteren Variationen auf das Keilelement verzichtet.

In der zweiten Variantenrechnung (V02) werden statt des Keilelements die bereits erwähnten dünnen Faserlagen mit einem Faserwinkel von $\beta = \pm 10°$ zur Versteifung der Zellen an den Innen- und Außenseiten der beiden Tanks optional berücksichtigt. Dadurch verachtfacht sich die Variantenanzahl.

Tab. 5.5: Optimierung des Parameterbereiches zur Simulation des Multizellenspeichers in drei Variationsschritten

Parameter	Bedeutung	Werte V01	Werte V02	Werte V03
Ke [-]	Schalter für Keilelement	[mit/ohne]		[ohne]
t_B [mm]	Wandstärke Bandage	[18]		[12;14;16;18;20;22]
t_1 [mm]	Gesamtwandstärke Tank 1	[20;25;30;35;40]		[23;24;25;26;27]
t_{1i} [mm]	Wandstärke Innenlage Tank 1	[0]	[0;1]	[0;1]
t_{1a} [mm]	Wandstärke Außenlage Tank 1	[0]	[0;1]	[0;1]
β_1 [°]	Faserwinkel Tank 1	[30;35;40;45;50;55]		[40;42;45]
t_2 [mm]	Gesamtwandstärke Tank 2	[20;25;30;35;40]		[18;19;20;21;22]
t_{2i} [mm]	Wandstärke Innenlage Tank 2	[0]	[0;1]	[0]
t_{2a} [mm]	Wandstärke Außenlage Tank 2	[0]	[0;1]	[1]
β_2 [°]	Faserwinkel Tank 2	[30;35;40;45;50;55]		[35;38;40]
N [-]	**Summe Variantenanzahl**	**1800**	**14400**	**5400**

Die höchste Materialbelastung tritt auch hier in den Bereichen der geringsten Krümmungsradien auf, im Gegensatz zur besten Variante aus der Variantenrechung V00 jedoch in beiden Zellen gleichermaßen.

Um den Parameterraum weiter einzugrenzen, werden von den 14.400 Varianten jene näher betrachtet, bei denen die resultierende Gesamtanstrengung bei Prüfdruck zwischen $0,9 < \text{Eff}_{\text{res}} < 1$ liegt und gleichzeitig ein maximales Innenvolumen erreicht wird. Dies trifft auf 25 der 14.400 Varianten zu, von welchen zusätzlich das zweite Auslegungskriterium – Faserbruch durch Zugbelastung bei Berstdruck ($\text{Eff}_{\text{II}}{}^{z}$) – herangezogen wird. Die Ergebnisse der genannten Kriterien sind in Abb. 5.12 für die entsprechenden Varianten gegeneinander aufgetragen. Alle dargestellten Varianten bieten das gleiche Innenvolumen. Bezogen auf die beiden Belastungskriterien des Laminates bieten daher acht Varianten (links unten in Abb. 5.12, Kreis) das höchste Optimierungspotenzial. Der verhältnismäßig große Abstand zu den Varianten weiter rechts und oberhalb, lässt den Schluss zu, das hier ein Sprung aufgrund zu grober Bereichsstufen vorliegt. Zur weiteren Optimierung der Parameterbereiche für nachfolgende Simulationen werden die Parametersätze der acht Varianten näher betrachtet. Die Tabelle in Abb. 5.12 zeigt die verwendeten Werte beziehungsweise Wertebereiche sowie in Klammern die Anzahl der Varianten, die diese Parameter verwenden. Somit kann die Lage mit ±10° Faserwinkel und inneren Tank (Tank 2) im Innenraum generell unberücksichtigt bleiben und außen immer angewendet werden. Die weiteren Parameterbereiche werden entsprechend Tab. 5.5 in kleineren Abstufungen definiert.

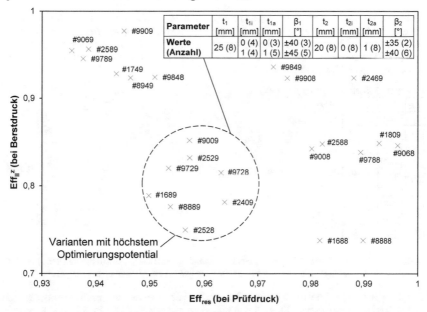

Abb. 5.12: Auswertung der Variantenrechnung zwei (V02); Ergebnisse zur Gesamtanstrengung (Eff_{res}) gegenüber Faserversagen unter Zug ($\text{Eff}_{\text{II}}{}^{z}$) der Varianten mit maximalem Volumen und $0,9 < \text{Eff}_{\text{res}} < 1$

Die sich aus der Variantenrechnung drei (V03) ergebenden Varianten, deren resultierende Gesamtanstrengung zwischen $0,9 < \text{Eff}_{\text{res}} < 1$ liegen (1552 Varianten), sind in Abb. 9.7 mit ihren spezifischen, auf die Länge bezogenen, Volumen sowie Masse dargestellt. Bei der Dar-

stellung ist zu beachten, dass das Innenvolumen und die Masse auf die Länge des Modell-
querschnittes bezogen sind.

Die Schulterbereiche werden in diesem Vergleich nicht berücksichtigt. Die Variante mit
kleinster spezifischer Masse (174,5 kg/m) bei gleichzeitig größtem spezifischem Innenvolumen (114 l/m) (Variante #533) findet sich mit ihren Parameter in Abb. 9.7 aufgeführt.
Die resultierende Laminatanstrengung bei Prüfdruck ($p_{Prüf}$ = 1050 bar) ist in Abb. 5.13 dargestellt.

Auch insgesamt stellt sich eine gleichmäßigere Auslastung des Laminates dar. So nimmt die
minimale resultierende Laminatanstrengung einen Wert von $Eff_{res,MN}$ = 0,6 an gegenüber
$Eff_{res,MN}$ = 0,21 (vgl. Abb. 5.10), was angesichts eines deutlich geringeren Deltas zwischen
den minimalen und maximalen Laminatanstrengungen auf einen wesentlich effizienteren Materialeinsatz schließen lässt.

Ein wichtiges Auslegungskriterium für Druckgaszylinder ist aber ebenfalls der Berstdruck.
Bei Erreichen des Berstdrucks ist von einem Faserversagen in Hauptbelastungsrichtung – auf
Zug – auszugehen. Das entsprechende Ergebnis der Simulation ist in Abb. 5.14 dargestellt.
Verglichen mit der Laminatauslastung in Abb. 9.6, Kap. 9.5.2 (beste Variante aus Variantenrechnung V00) kann auch bezüglich des zweiten Auslegungskriteriums (Berstdruck) eine effizientere Materialausnutzung erreicht werden, bei etwa gleicher Auslastungsspreizung. Allerdings liegt das Maximum auch in der besten Variante (#533) aus der dritten Variantenrechnung (V03) nun im Bereich des kleinen Radius von Tank 1 vor (bei V00 in Tank 2; vgl.
Abb. 9.6, Kap. 9.5.2 vs. Abb. 5.14).

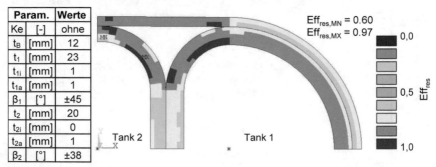

Param.		Werte
Ke	[-]	ohne
t_B	[mm]	12
t_1	[mm]	23
t_{1i}	[mm]	1
t_{1a}	[mm]	1
β_1	[°]	±45
t_2	[mm]	20
t_{2i}	[mm]	0
t_{2a}	[mm]	1
β_2	[°]	±38

Abb. 5.13:   Simulation des Multizellenspeichers: Resultierende Gesamtanstrengung (Eff_{res}) bei Prüfdruck $p_{Prüf}$ = 1050 bar der besten Variante (#533) aus Variantenrechnung drei (V03)

Die Tabelle in Tab. 5.6 fasst die zuvor dargestellten Ergebnisse der jeweils ermittelten optimalen Varianten zusammen. Es wird deutlich, dass mit der Variante in V03 das Innenvolumen gegenüber der Variante V00 deutlich um etwa 24% gesteigert werden kann, bei gleichzeitiger Gewichtsreduktion um ca. 19%. Im Vergleich zu zwei konventionellen Zylindern im
gleichen Bauraum, kann zwar ein ähnliches Innenvolumen erreicht werden, der Multizellenspeicher schneidet jedoch bezüglich der Masse erheblich schlechter ab.

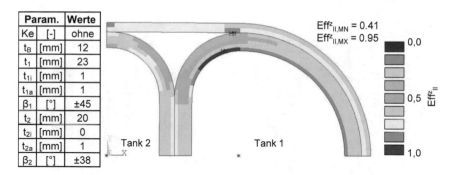

Param.		Werte
Ke	[-]	ohne
t_B	[mm]	12
t_1	[mm]	23
t_{1i}	[mm]	1
t_{1a}	[mm]	1
β_1	[°]	±45
t_2	[mm]	20
t_{2i}	[mm]	0
t_{2a}	[mm]	1
β_2	[°]	±38

$Eff^z_{II,MN} = 0.41$
$Eff^z_{II,MX} = 0.95$

Tank 2 Tank 1

Abb. 5.14: Simulation des Multizellenspeichers: Laminatanstrengung für Faserzug (Eff_{II}^z) bei Berstdruck 1375 bar der besten Variante (#533) aus Variantenrechnung drei (V03)

Ein weiterer Aspekt, welcher bislang noch nicht betrachtet wurde, ist das Ausdehnungsverhalten des Speichers durch den in der Anwendung auftretenden Innendruck. Diese spielt für das Fahrzeug*package* insofern eine Rolle, da eine geeignete Anbindung des Tanks an die Fahrzeugstruktur die Expansion ermöglichen muss. Ein festes Einspannen würde zu unerwünschten Materialbelastungen im Tank als auch in der Fahrzeugstruktur führen.

Tab. 5.6: Zusammenfassung der Simulationsergebnisse für konventionelle Zylinder, sowie der ermittelten besten Parameter der Variantenrechnungen V00 und V03

Parameter	Ke [-]	t_B [mm]	t_1 [mm]	t_{1i} [mm]	t_{1a} [mm]	β_1 [°]	t_2 [mm]	t_{2i} [mm]	t_{2a} [mm]	β_2 [°]	m [kg]	V_i [l]
Werte Zyl.*	-	-	27	-	-	±53…55	-	-	-	-	65,1	88,3
Werte V00	ohne	18	30	0	0	±42	24	0	0	±38	105,7	70,5
Werte V03	ohne	12	23	1	1	±45	20	0	1	±38	85,4	87,5

* Summenwerte für m und V_i für zwei konventionelle Zylinder; Winkel variiert über Wandstärke

Bei herkömmlichen Zylindern wird dies durch eine Festlagerseite sowie eine Loslagerseite in Zylinderlängsrichtung ermöglicht. Die Ausdehnung in radialer Richtung aus Sicht der Lagerung weniger relevant, wenn der Zylinder an den Flaschenhälsen mit der Montageart *Neckmounted* befestigt wird. In diesem Fall reicht ein ausreichender Abstand zu anderen Bauteilen und der Karosserie aus. Bei gleicher Lagerungsart des Multizellenspeichers muss allerdings auch die radiale Ausdehnung (und damit die Verschiebung der Bosse zueinander, vgl. Abb. 5.9) im Lager berücksichtigt werden. Eine mögliche Umsetzung dazu ist in [148] beschrieben, bei der die Aufnahmen der äußeren Bosse ein seitliches Gleiten ermöglichen (s. Abb. 9.8). Zusätzlich wurde eine Leitungsführung berücksichtigt, welche eine ausreichende Flexibilität bietet, die selbst bei einer *Bellymount* Anbindung des Multizellenspeichers erforderlich wäre. Für die Auslegung der Loslager und des Leitungssystems sind deshalb Kenntnisse über die Verformung in radialer Richtung erforderlich.

Die Abb. 5.15 zeigt die entsprechende Verschiebung der Knotenpunkte in Betrag und Richtung bei Prüfdruck.

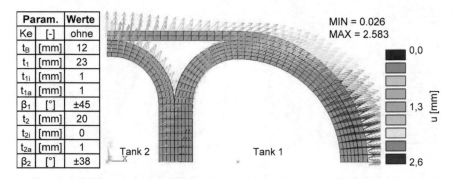

Param.		Werte
Ke	[-]	ohne
t_B	[mm]	12
t_1	[mm]	23
t_{1i}	[mm]	1
t_{1a}	[mm]	1
β_1	[°]	±45
t_2	[mm]	20
t_{2i}	[mm]	0
t_{2a}	[mm]	1
β_2	[°]	±38

MIN = 0.026
MAX = 2.583

Abb. 5.15: Simulation des Multizellenspeichers: Laminat- /Bauteilverformung bei Prüfdruck $p_{Prüf} = 1050$ bar der besten Variante (#533) aus Variantenrechnung drei (V03)

Aufgrund der simulativ genutzten Symmetrie ist mit einer Höhenausdehnung (Y-Richtung) von $u_y \approx 3$ mm zu rechnen. Die maximale Ausdehnung ist mit $u_x \approx 5,2$ mm in der Breite (X-Richtung) zu erwarten. Diese Werte liegen in der gleichen Größenordnung wie heute eingesetzte Zylinder. Eine Einschränkung dieses Konzeptes ist aus Sicht des Ausdehnungsverhaltens demnach nicht gegeben.

Fazit

Eine bessere Bauraumausnutzung und somit ein erhöhtes realisierbares Innenvolumen wie nach den Voruntersuchungen (vgl. Kap. 5.2.1) vermutet, erscheint nach CFK-gerechter Auslegung für einen Nenndruck von $p_{Nenn} = 700$ bar mit den gewählten Prüfkriterien nicht möglich (vgl. Tab. 5.6). Hauptgrund dafür ist die enorme Belastung des Matrixmaterials im Bereich der geringen Radien in den Zellen, womit eine gewisse Überdimensionierung der übrigen Bereiche einhergeht.

Neben einem geringeren untersuchten Nenndruck führen außerdem zwei weitere Gegebenheiten zu Abweichungen gegenüber den positiven Ergebnissen der Untersuchungen in [94]:

Zum einen wird in [94] lediglich auf den Berstdruck ausgelegt. Es wird nicht wie in der vorliegenden Arbeit eine Schädigung des Laminates durch Zwischenfaserbruch (erstes Kriterium bei Prüfdruck $p_{Prüf} = 1050$ bar) berücksichtigt, wodurch einerseits keine Aussage zum Langzeitverhalten des in [94] dargestellten Tanks getroffen werden kann und andererseits beim hier untersuchten Multizellenspeicher ein deutlich konservativerer Materialeinsatz resultiert. Dies zeigt sich daran, dass bei Auslegung auf Berstdruck die Laminatanstrengung auf Faserzug noch deutlichen Abstand zum Versagenskriterium aufweist ($Eff_{II}^z = 0,64 < 1$, vgl. Abb. 5.14). Bei einer Auslegung nur auf den Berstdruck, wäre auch für den hier vorgestellten Speicher ein geringeres Gewicht und höheres Innenvolumen zu erwarten. Dies entspräche allerdings weniger den realen Anforderungen.

Zum anderen wird in [94] von einem Bauraum ausgegangen, in den keine zwei vollständigen Zylinder passen. Wird ein Bauraum betrachtet, wie Beispielhaft in Abb. 5.16 dargestellt, in den die beiden äußeren Zellen der Variante #533 aus der Variantenrechnung V03 genau untergebracht werden können, so ergibt sich ein etwas anderes Bild. Die Abb. 5.16 zeigt den entsprechenden Vergleich zwischen einem konventionellen Zylinder und einem modifizierten

Multizellenspeicher, ähnlich dem in [94]. Zwar kann gegenüber dem einzelnen Zylinder ein deutlich höheres Innenvolumen im gleichen Bauraum erzielt werden, allerdings weist der Speicher auch ein überproportional höheres Gewicht auf. Dies führt letztlich zu einem schlechteren Masse/Volumen-Verhältnis. Absolut kann also in Bauräumen, in denen keine ganzzahlige Anzahl von klassischen Speicherzylindern unterzubringen ist, mehr Wasserstoff gespeichert werden. Es wird allerdings ein überproportional hoher Materialeinsatz notwendig.

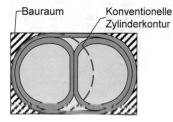

Parameter	Konventioneller Zylinder (1x)	Multizellen-speicher
Gewicht	100 %	195,7 %
H$_2$-Inhalt	100 %	140,9%
Masse/ Innenvolumen	100 %	138,9 %

Abb. 5.16: Bauraumdarstellung (links) und Simulationsergebnisse (rechts) zum Multizellenspeicher bei verändertem Bauraum

Somit ist es eine Frage der Priorisierung, ob zum Beispiel zur Erfüllung des Reichweitenaspektes eine gewichtsbezogen nachteilige Lösung favorisiert wird. Für die konkrete Anwendung des im Hinterwagen des *Audi A7 Sportback h-tron quattro* bereitstehenden Bauraumes, in den zwei konventionelle Zylinder mit maximalem Durchmesser passen, ist der Multizellenspeicher jedoch keine zielführende Option (vgl. Tab. 5.6).

5.2.2.2 Konischer Speicher

Der zu untersuchende partiell konische Speicher besteht, wie in Abb. 5.8 skizziert, aus einem konventionellen zylindrischen Bereich sowie einem konischen Bereich. Für die durchzuführenden Simulationen sollen nicht nur die spezifischen Materialeigenschaften von Faserlaminaten, sondern auch der Fertigungsprozess berücksichtigt werden. Als Fertigungsverfahren wird das Faserflechten gewählt, welches in den folgenden Vorüberlegungen berücksichtigt wird. Abb. 5.17 zeigt die zu bewertenden Randbedingungen zur Modellerstellung aus Sicht der Mechanik und der Fertigung.

Der konische Bereich, muss aus mechanischer Sicht nach Gl. 4-12 mit zunehmendem Durchmesser eine stetig zunehmende Wandstärke aufweisen (vgl. Abb. 5.17, oben links). Dies steht jedoch im Gegensatz zu den Gegebenheiten bei der Fertigung. Da die Anzahl der zur Ablage verfügbaren *Rovings* (Faserstränge) konstant ist, wird die Bedeckung mit zunehmendem Durchmesser geringer und somit die Wandstärke dünner (vgl. Kap. 4.3 und Abb. 5.17, oben rechts). Dies muss durch lokale, zusätzliche Lagen kompensiert werden und erscheint im Flechtverfahren prinzipiell möglich. Übergangsbereiche können zudem versteifend wirken und insbesondere mit den zu erwartenden ungleichen optimalen Flechtwinkeln zu unterschiedlichem Ausdehnungsverhalten in den jeweiligen Bereichen (zylindrisch, konisch, Übergangsbereich) führen (vgl. Abb. 5.17, unten links).

Ein weiterer Effekt, welcher vermieden werden sollte, ist das Überspannen von Hohlräumen. In diesem Fall wird der Liner stark belastet, da er sich an die Faserschicht anlegt und die ursprünglich avisierte Kontur nicht erreicht beziehungsweise eingehalten wird (vgl. Abb. 5.17, unten rechts).

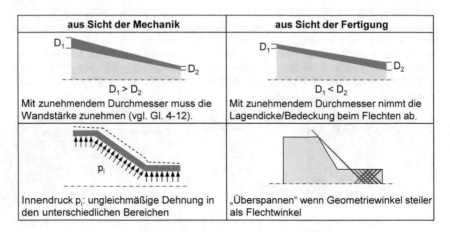

Abb. 5.17:   Vorüberlegung zur Modellerstellung aus Sicht der Mechanik und Fertigung

Simulationsmodell und Parameter

Die Simulationen und der Modellaufbau erfolgen prinzipiell in drei Schritten. Zunächst wird ein rein konischer Zylinder betrachtet und dessen Ausdehnungsverhalten sowie die erforderlichen Faserwinkel und Schichtdicken bewertet. Für diese Form liegen keine Erfahrungswerte für die Auslegungsparameter vor. Anschließend wird ein optimierter konventioneller Zylinder erarbeitet für den Durchmesser des späteren zylindrischen Teils. Im letzten Schritt müssen beide Modelle zur Zielgeometrie – partiell konischer Speicher – vereint werden. Dabei ist besonders die Schnittstelle beider Einzelzylinder, also der Übergang vom zylindrischen in den konischen Bereich interessant. In Tab. 5.7 sind die Variationsparameter für die Optimierung zusammengefasst. Da der partiell konische Speicher einen variablen Querschnitt über der Länge besitzt, kann lediglich die Rotationssymmetrie zur Vereinfachung des FEM-Modells genutzt werden. Es werden demnach für die drei zu untersuchenden Fälle, konischer Speicher, zylindrischer Speicher und partiell konischer Speicher drei Modelle aufgebaut.

Tab. 5.7:   Variationsparameter zur Durchführung der Optimierung des partiell konischen Speichers

Parameter	Bedeutung	Wertebereich
t_{1k}	Wandstärke am Konus maximaler Durchmesser	[30...35] mm
t_{2k}	Wandstärke am Konus minimaler Durchmesser	[8...22] mm
β_{1k}	Faserwinkel am Konus maximaler Durchmesser	[53...60] °
β_{2k}	Faserwinkel am Konus minimaler Durchmesser	[53...60] °
$\Delta\beta$	Faserwinkelvariation in Dickenrichtung ($\pm\Delta\beta/2$)	[4...10] °
β_{zk}	Faserwinkelvariation im Übergangsbereich	[53...57] °
t_z	Wandstärke Zylinder	[18...22] mm
β_z	Faserwinkel Zylinder	[54...57] °

Diese entsprechen einem rotationssymmetrischen Längsschnitt des jeweiligen Speichers (vgl. Abb. 5.18). Die Schulterbereiche der Zylinder werden entsprechend mit berücksichtigt. Die Abb. 5.18 zeigt das schrittweise Vorgehen exemplarisch mit den jeweiligen Einzelmodellen.

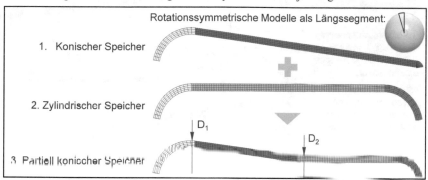

Abb. 5.18: Prinzipdarstellung der Vorgehensweise zur Modellerstellung

Zunächst werden der konische sowie der rein zylindrische Speicher getrennt voneinander optimiert. Die Ergebnisse werden anschließend in den partiell konischen Speicher überführt. Dabei ist insbesondere auf die sich ergebenden Übergangsbereiche der beiden Einzelgeometrien zu achten. Hier müssen möglicherweise unterschiedliche Faserwinkel, Wandstärken und/oder Ausdehnungsverhalten berücksichtigt werden. Die Vorgehensweise aus Abb. 5.18 wird an dieser Stelle zur besseren Übersicht kompakt beschrieben:

1. Teilmodell des konischen Speichers

- Abschätzung der Faserwinkelbereiche

- Wandstärkenverteilung und Spreizung der Faserwinkel in Längsrichtung unter Berücksichtigung des Ausdehnungsverhaltens

- Anpassung der Faserwinkel in Dickenrichtung der Wand in vier Schritten

2. Teilmodell des zylindrischen Speichers

- Auslegung der Wandstärke und Überprüfung der Faserwinkel

- Betrachtung der Zylinderausdehnung in Abhängigkeit des Faserwinkels

3. Gesamtmodell des partiell konischen Speichers

- Auslegung des partiell konischen Speichers durch zusammenführen der Ergebnisse aus 1. und 2.

Teilmodell des konischen Speichers

Wie bereits erwähnt, ist für den konischen Zylinder von einer nicht konstanten Wandstärke auszugehen. Daher wurde das Modell des konischen Speichers aufgrund der Erfahrungen für die Wandstärke von konventionellen Zylindern entsprechend modifiziert, damit eine mit dem Durchmesser zunehmende lineare Wandstärkenveränderung dargestellt werden kann (vgl. Abb. 5.19). Durch zusätzliche äquidistante Elementschichten gleicher Dicke kann ein linearer Verlauf approximiert werden.

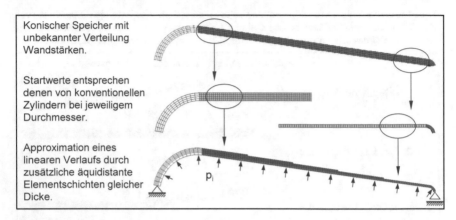

Konischer Speicher mit
unbekannter Verteilung
Wandstärken.

Startwerte entsprechen
denen von konventionellen
Zylindern bei jeweiligem
Durchmesser.

Approximation eines
linearen Verlaufs durch
zusätzliche äquidistante
Elementschichten gleicher
Dicke.

Abb. 5.19: Modellverfeinerung des konischen Speichers zur Berücksichtigung unterschiedlicher Wandstärken

Bei den ersten Simulationen sind besonders die Schichtübergänge dieser äußeren zusätzlichen Lagen auffällig. Aufgrund der abrupten Schichtenden resultieren hier starke Kerbwirkungseffekte, die insbesondere das Matrixmaterial auf Zug ($\text{Eff}_\perp^z$) belasten. dIe dadurch hervorgerufenen Spannungsspitzen und Singularitäten sind ein bekanntes Problem in der FEM-Berechnung und deren Relevanz muss bauteilspezifisch bewertet werden [152]. Die lokalen Spannungsüberhöhungen sind simulationsbedingt nicht zu vermeiden. Ein lokal deutlich feineres Modell könnte hier Abhilfe schaffen, steht aber im Widerspruch zu einer gewünschten hohen Berechnungsgeschwindigkeit des Modells. Darüber hinaus ist bei einem realen Zylinder nicht von einem derart scharfkantigen Übergang auszugehen. Für eine effektive Bewertung bezüglich der Versagenskriterien werden daher die Spannungsspitzen an den Schichtsprüngen für die resultierende Laminatanstrengung (Eff_{res}) nicht berücksichtigt. Die Bewertung wird anhand der inneren Lagen mit durchgehender Wandstärke durchgeführt (Bsp. in Abb. 5.21).

Allgemein wird bei den ersten Simulationen deutlich, dass die Auslastung der Außenseite durch die Matrixbelastung auf Zug ($\text{Eff}_\perp^z$) dominiert wird wie das Beispiel in Abb. 9.9 zeigt. Die Auslastung der Innenseite hingegen wird von Faserzug (Eff_{II}^z) und bedingt durch den Innendruck von Matrixdruck ($\text{Eff}_\perp^d$) bestimmt.

Um den Winkelbereich für den konischen Speicher abschätzen zu können, werden zunächst Simulationen mit unterschiedlichen Faserwinkeln (konstanter Faserwinkel über der Speicherlänge) durchgeführt, bei denen die Wandstärken unverändert bleiben. Zur Auswertung wird das Cuntze Kriterium für die Gesamtanstrengung des Laminates (Eff_{res}) bei Prüfdruck $p_{Prüf} = 1050$ bar sowie für Faserzug (Eff_{II}^z) bei Berstdruck $p_{Berst} = 1575$ bar herangezogen. Die entsprechenden Simulationsergebnisse sind in Abb. 5.20 für den konischen Bereich (ohne Schulterbereiche) dargestellt. Die Untersuchungen zeigen, dass das Optimum für beide Kriterien nicht beim gleichen Winkel liegt. Der Bereich ist mit $53° < \beta < 54°$ jedoch verhältnismäßig klein, sodass ein Kompromiss gut umsetzbar erscheint, um insgesamt eine geringe Materialanstrengung zu erreichen.

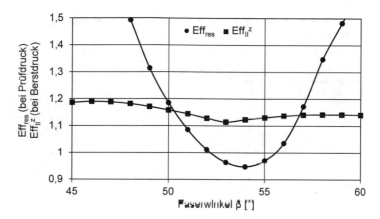

Abb. 5.20: Ergebnisse der resultierenden Gesamtanstrengung (Eff$_{res}$ bei Prüfdruck $p_{Prüf}$ = 1050 bar) und der Belastung durch Faserzug (Eff$_{II}^z$ bei Berstdruck p_{Berst} = 1575 bar) zur Simulation des konischen Speichers mit unterschiedlichen Faserwinkeln

In den bisherigen Simulationen wurden die Faserwinkel über der Speicherlänge aufgrund der Erfahrungen bei konventionellen Zylindern konstant gehalten. Der Einfluss einer Winkelvariation über der Speicherlänge wird daher für einen konischen Speicher in zwei Schritten untersucht:

- Ermittlung der Wandstärkenverteilung bei Eff$_{res}$ & Eff$_{II}^z$ ≈ 1

- Variation der Faserwinkel (mit Winkel Schulterbereiche: β_s = konst. = 45°)

Zur Winkelvariation wird eine lineare Veränderung des Winkels über der Speicherlänge vom ersten Faserwinkel (β_{1k}) am maximalen Durchmesser zum zweiten Faserwinkel (β_{2k}) am minimalen Durchmesser des konischen Speichers berücksichtigt. Die Ergebnisse können der Tab. 5.8 entnommen werden. Die letzte Variante der jeweiligen Kategorie zeigt das beste Ergebnis (#6 und #16) hinsichtlich Innenvolumen, Masse und Laminatanstrengung. Einige nicht zielführende Varianten sind nicht dargestellt. Die Ergebnisse zeigen anhand des Vergleichs der Bewertungskriterien (Eff$_{res}$ und Eff$_{II}^z$), dass eine deutlich homogenere Auslastung des Laminates erreicht werden kann, wenn der Winkel zum geringeren Durchmesser (von β_{1k} zu β_{1k}) hin ansteigt.

Eine gleichmäßige Laminatauslastung für beide Kriterien wird mit der Variante # 16 (vgl. Tab. 5.8) erreicht. Für einen vollständig konischen Speicher sind aus Sicht der Laminatbelastung somit β_{1k} =54° und β_{2k} =57° die optimalen Faserwinkel.

Wie bereits erwähnt, ist für den Aufbau eines Fahrzeuges auch das Ausdehnungsverhalten eines Druckspeichers relevant, um den erforderlichen Bauraum zu bestimmen. Daher wird eine Sensitivitätsanalyse des Faserwinkels in Bezug auf das Ausdehnungsverhalten durchgeführt. Als Vergleichsbasis wird die in Tab. 5.8 ermittelte Variante # 6 herangezogen mit konstantem Winkel über der Länge.

Tab. 5.8: Optimierung der Faserwinkel in Längsrichtung sowie der Wandstärken für einen konischen Speicher.

	#	t_{1k} [mm]	t_{2k} [mm]	β_{1k} [°]	β_{2k} [°]	Eff_{II}^z [-]	Eff_{res} [-]	$V_{k,ges}$ [l]	$m_{k,ges}$ [kg]	Anmerkung
Anpassung der Wandstärke	1	**30**	**10**	53	53	1,11	0,95	34,77	28,44	$Eff_{II}^z > 1$; $Eff_{res} < 1$
	2	**32**	**8**	53	53	1,07	0,89	34,24	29,23	$Eff_{II}^z > 1$; $Eff_{res} < 1$
	3	**33**	**8**	53	53	1,04	0,85	33,76	29,95	$Eff_{II}^z > 1$; $Eff_{res} < 1$
	6	**34**	**8**	53	53	1,01	0,83	33,29	30,65	$Eff_{II}^z \approx 1$; $Eff_{res} < 1$
Spreizung der Faserwinkel in Längsrichtung	10	34	8	**56**	**53**	1,01	0,86	33,29	30,65	$Eff_{II}^z \approx 1$; $Eff_{res} < 1$
	11	34	8	**53**	**56**	0,9997	0,85	33,29	30,65	$Eff_{II}^z < 1$; $Eff_{res} < 1$
	14	34	8	**53**	**57**	0,9955	0,953	33,29	30,65	$Eff_{II}^z < 1$; $Eff_{res} < 1$
	15	34	8	**53**	**58**	0,992	1,08	33,29	30,65	$Eff_{II}^z < 1$; $Eff_{res} > 1$
	16	34	8	**54**	**57**	0,983	0,959	33,29	30,65	$Eff_{II}^z < 1$; $Eff_{res} < 1$

Die in Abb. 9.10 zusammengefassten Ergebnisse verdeutlichen die Abhängigkeit der Speicherverformung vom Faserwinkel. Zu beachten ist hier die überhöhte Darstellung der Verformung und der Angabe der maximalen Verformung (u_{max}). Nicht nur die Amplitude der Verformung, sondern auch deren Richtung wird beeinflusst. Während sich die Varianten (1) bis (6) in Abb. 9.10 in Längsrichtung verkürzen mit Schwankungen in der Amplitude von bis zu 174% (Variante (5) gegenüber Variante (2)), dehnen sich die Varianten (7) und (8) in Längsrichtung aus. Die geringsten Verformungen weist die Variante (7) mit $u_{max} = 2{,}27$ mm auf, deren Faserwinkelbereich auch im Hinblick auf die Laminatbelastung die optimalen Winkel der Variante # 16 aus Tab. 5.8 mit abdeckt. Eine weitere Spreizung des Winkels in Längsrichtung wie etwa bei der Variante (3) ist auch bezüglich des Verformungsverhaltens nicht zielführend ($u_{max} = 7{,}67$ mm).

Damit stehen Ausgangswerte für die Faserwinkelverteilung und Wandstärken für weiterführende Simulationen des partiell konischen Speichers zur Verfügung. Im Gegensatz zu den Annahmen für dünnwandige Behälter in Gl. 4-11 aus Kap. 4.3 besitzt das Spannungsverhältnis aus Längs- und Umfangsspannung im vorliegenden Fall nicht das Verhältnis 1:2 über den gesamten Querschnitt. Dieser ideale Zustand liegt bei dickwandigen Zylindern nur in den äußeren Schichten vor. Richtung Behälterinnenwand nehmen die Umfangsspannungen und die radialen Spannungen aus dem Innendruck zu. Daher ist eine Anpassung der Faserwinkel über die Wandstärke sinnvoll. Dazu werden erneut Simulationen an einem konischen Speicher durchgeführt, allerdings wird der minimale Durchmesser D_2 (vgl. Abb. 5.18) gleichzeitig auf den Durchmesser des späteren zylindrischen Bereiches angepasst. Dies geschieht in vier Schritten:

Zuerst wird gemäß Tab. 5.9 die Wandstärkenverteilung ermittelt, bei der die beiden Bewertungskriterien die Bedingung Eff_{res} & $Eff_{II}^z \approx 1$ v <1 erfüllen. Für den großen Durchmesser D_1 wird der in Tab. 5.8, #6 ermittelte Wert von $t_{1k} = 34$ mm als Startwert eingesetzt und der Faserwinkel bleibt über die Länge entsprechend dem Vorgehen in Tab. 5.8 konstant.

Anschließend (Schritt zwei) wird erneut die Spreizung der Faserwinkel in Längsrichtung optimiert, um auszuschließen, dass ein konischer Speicher mit geringerem Durchmesser-verhältnis (D_1/D_2) eine andere Winkelspreizung erforderlich macht. Die Ergebnisse in Tab. 5.9 zeigen, dass dies nicht der Fall ist.

Tab. 5.9: Optimierung der Faserwinkel in Längs- und Wandstärkenrichtung sowie der Wandstärken für den konischen Bereich des partiell konischen Speichers.

	t_{1k} [mm]	t_{2k} [mm]	β_{1k} [°]	β_{2k} [°]	$\Delta\beta$ [°]	$Eff_{\parallel}{}^z$ [-]	Eff_{res} [-]	$V_{k,ges}$ [l]	$m_{k,ges}$ [kg]	Anmerkung
Anpassung der Wandstärke	34	18	53	53	0	1,173	1,111	29,5	25,9	$Eff_{\parallel}{}^z > 1$; $Eff_{res} > 1$
	34	20	53	53	0	1,089	0,938	29,1	26,6	$Eff_{\parallel}{}^z > 1$; $Eff_{res} < 1$
	34	22	53	53	0	1,023	0,832	28,6	27,2	$Eff_{\parallel}{}^z \approx 1$; $Eff_{res} < 1$
Spreizung der Faserwinkel in Längsrichtung	34	22	53	57	0	1,0003	0,947	28,6	27,2	$Eff_{\parallel}{}^z \approx 1$; $Eff_{res} < 1$
	34	22	53	58	0	0,998	1,062	28,6	27,2	$Eff_{\parallel}{}^z \approx 1$; $Eff_{res} > 1$
	34	22	54	57	0	0,987	0,943	28,6	27,2	$Eff_{\parallel}{}^z < 1$; $Eff_{res} < 1$
	34	22	54	58	0	0,983	1,059	28,6	27,2	$Eff_{\parallel}{}^z < 1$; $Eff_{res} > 1$
Spreizung der Faserwinkel in Dickenrichtung	34	22	54	57	4	0,948	0,916	28,6	27,2	$Eff_{\parallel}{}^z < 1$; $Eff_{res} < 1$
	34	22	54	57	10	0,909	0,899	28,6	27,2	$Eff_{\parallel}{}^z < 1$; $Eff_{res} < 1$
Anpassung der Wandstärken	32	20	54	57	10	0,989	1,037	29,7	25,6	$Eff_{\parallel}{}^z < 1$; $Eff_{res} > 1$
	32	22	54	57	10	0,924	0,918	29,3	26,3	$Eff_{\parallel}{}^z < 1$; $Eff_{res} < 1$
	31	21	54	57	10	0,962	0,98	29,8	25,5	$Eff_{\parallel}{}^z < 1$; $Eff_{res} < 1$; $V_{k,ges} = max$; $m_{k,ges} = min$

Im dritten Schritt wird der Winkel in Dickenrichtung variiert. Dabei wird der jeweilige Faserwinkel β_{ik} (lineare Verteilung zwischen β_{1k} und β_{2k} über der Länge) ausgehend von der Wandmitte entsprechend Gl. 5-5 nach innen und außen variiert, woraus sich in den Schichten des FEM-Modells der jeweils gültige modifizierte Faserwinkel $\beta_{\Delta ik}$ ergibt.

$$\beta_{\Delta ik} = \beta_{ik} \pm \frac{\Delta\beta}{2} \qquad\qquad \text{Gl. 5-5}$$

Gemäß Tab. 5.9 ergibt sich die geringste Laminatbelastung bei einer Spreizung von $\Delta\beta = 10°$ über die Wandstärke. Da durch diese Maßnahme die Laminatauslastung insgesamt reduziert wird, können die Wandstärken in Schritt vier erneut reduziert werden.

Die Ergebnisse für die Verformung und die Laminatanstrengung der optimalen Variante (letzte Variante in Tab. 5.9) sind in Abb. 5.21 dargestellt. Der konische Speicher weist eine maximale Verformung von $u_{max} = 2$ mm auf, während eine homogene Laminatanstrengung in Längs- und Wandstärkenrichtung vorliegt. Der Betrag der Verformung liegt im Bereich der Ausdehnung heutiger konventioneller Zylinder (vgl. dazu Abb. 5.22).

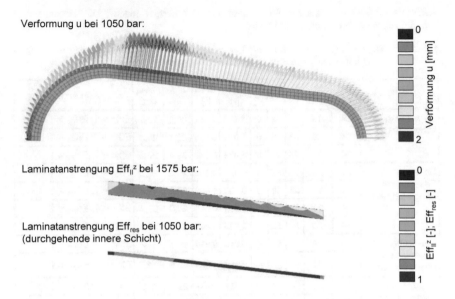

Verformung u bei 1050 bar:

Verformung u [mm]

0

2

Laminatanstrengung Eff$_{II}{}^z$ bei 1575 bar:

Laminatanstrengung Eff$_{res}$ bei 1050 bar:
(durchgehende innere Schicht)

Eff$_{II}{}^z$ [-]; Eff$_{res}$ [-]

0

1

Abb. 5.21: Ergebnis der Laminatanstrengung für Faserzug (Eff$_{II}{}^z$), der resultierenden Laminatanstrengung (Eff$_{res}$) und der Verformung (u) der optimalen Variante des konischen Zylinders

Teilmodell des zylindrischen Speichers

Für den zylindrischen Speicher, beziehungsweise den zylindrischen Bereich des partiell konischen Behälters ist die Wandstärke durch die Wandstärke am minimalen Durchmesser des konischen Speichers nach Tab. 5.9 zunächst festgelegt. Daher erfolgt hier lediglich eine Untersuchung zum Einfluss der Faserwinkelspreizung über der Wandstärke (in Dickenrichtung). Die Ergebnisse sind in Tab. 5.10 zusammengefasst.

Tab. 5.10: Einfluss der Faserwinkelspreizung in Wandstärkenrichtung für den zylindrischen Bereich des partiell konischen Speichers

	t_{1k} [mm]	t_{2k} [mm]	β_z [°]	$\Delta\beta$ [°]	Eff$_{II}{}^z$ [-]	Eff$_{res}$ [-]	$V_{k,ges}$ [l]	$m_{k,ges}$ [kg]	Anmerkung
Einfluss der Spreizung des Faserwinkels in Dickenrichtung	21	21	54	0	1,014	1,042	22,1	17,2	Eff$_{II}{}^z$ ≈ 1; Eff$_{res}$ > 1
	21	21	54	4	0,958	1,043	22,1	17,2	Eff$_{II}{}^z$ < 1; Eff$_{res}$ > 1
	21	21	57	4	0,949	1,35	22,1	17,2	Eff$_{II}{}^z$ < 1; Eff$_{res}$ > 1
	21	21	54	10	0,871	1,064	22,1	17,2	Eff$_{II}{}^z$ < 1; Eff$_{res}$ > 1
	21	21	57	10	0,921	1,42	22,1	17,2	Eff$_{II}{}^z$ < 1; Eff$_{res}$ > 1

Zum einen wird aus den Ergebnissen ersichtlich, dass die vorgegebene Wandstärke nicht ausreicht, um den beiden Versagenskriterien gleichzeitig zu genügen. Zum anderen wird deutlich, dass, wie auch für den konischen Bereich, eine Winkelspreizung $\Delta\beta = 10°$ zu den geringsten Laminatanstrengungen führt.

Für das Zusammensetzen des konischen und zylindrischen Modelles zum partiell konischen Speicher im nächsten Schritt ist außerdem zu beachten, dass der konische Bereich mit einem Faserwinkel von $\beta_{2k} = 57°$ endet, für den Zylinder jedoch (wie nach Kap. 4.3, Abb. 4.8 zu erwarten) ein Winkel von etwa $\beta_z = 54°$ ideal ist. Daher werden beide Faserwinkel nochmals am Zylinder näher betrachtet. Die Abb. 5.22 stellt dazu die Simulationsergebnisse gegenüber.

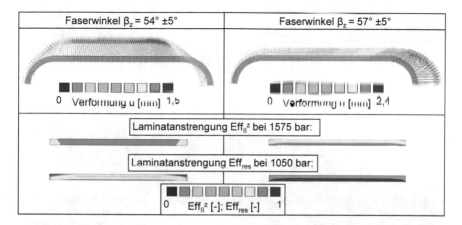

Abb. 5.22:   Vergleich der beiden Faserwinkel $\beta_z = 54°$ und $\beta_z = 57°$ im Zylinder für die Verformung (u), Faserzug ($Eff_{II}{}^z$) und der resultierenden Laminatanstrengung (Eff_{res})

Es wird deutlich, dass die Verformung bei $\beta_z = 54°$ insgesamt geringer und auch hier eine unterschiedliche Verformungsrichtung festzustellen ist. Die Verformungsrichtung der 54°-Variante wirkt der Verformung des konischen Speichers nach Abb. 5.21 entgegen, was sich auf den gesamten partiell konischen Speicher positiv auswirken sollte. Die Auslastung des Laminates ist ebenso geringer und darüber hinaus deutlich homogener über der Wandstärke. Für den partiell konischen Speicher muss daher eine Winkeländerung im Übergangsbereich berücksichtigt werden, in welchem der Winkel von $\beta_{2k} = 57°$ im konischen Bereich auf den optimalen Winkel für den zylindrischen Bereich $\beta_z = 54°$ geändert wird. Dies ist im Flechtverfahren möglich.

Gesamtmodell des partiell konischen Speichers

Im dritten Schritt (vgl. Abb. 5.18) wird schließlich der gesamte partiell konische Speicher an einem aus den bisherigen Einzelmodellen zusammengesetzten Modell, wie in Abb. 5.23 dargestellt, untersucht. Während im zylindrischen Bereich des Speichers die Faserwinkel nur in Richtung der Wandstärke von innen nach außen variiert werden können, bietet das Modell im konischen Bereich die Möglichkeit, den Winkel zusätzlich in Längsrichtung zu verändern.

Ein wichtiger Bereich ist der Übergangsbereich, in welchem, wie in Abb. 5.23 gezeigt, durch insgesamt neun Schichtbereiche der Faserwinkel vom Ende des konischen Bereiches in den für den Zylinderbereich optimalen Winkel übergeht. Wie auch in den bisher verwendeten

Modellen sind die jeweiligen Schichten durch einzelne Faserlagen gebildet (vgl. Abb. 5.23, links oben), vergleichbar mit den Lagen wie sie auch im Fertigungsprozess entstehen.

Die mit dem vorgestellten Modell ermittelte optimale Variante unterscheidet sich nur geringfügig von den bisher ermittelten Einzelsimulationen. Die ermittelten Parameter sind in Tab. 5.11 zusammengefasst. Zur Einhaltung der maximal resultierenden Gesamtanstrengung des Laminates muss die Wandstärke des zylindrischen Bereiches um einen Millimeter gegenüber den Berechnungen des Einzelzylinders (vgl. Tab. 5.10) verstärkt werden.

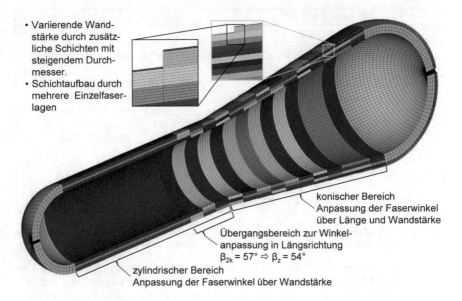

- Variierende Wandstärke durch zusätzliche Schichten mit steigendem Durchmesser.
- Schichtaufbau durch mehrere Einzelfaserlagen

konischer Bereich
Anpassung der Faserwinkel
über Länge und Wandstärke

Übergangsbereich zur Winkelanpassung in Längsrichtung
$\beta_{2k} = 57° \Rightarrow \beta_z = 54°$

zylindrischer Bereich
Anpassung der Faserwinkel über Wandstärke

Abb. 5.23:   Modellaufbau des partiell konischen Speichers

Die für die optimale Variante ermittelten Simulationsergebnisse sind für die beiden wesentlichen Versagenskriterien sowie die Verformung in Abb. 5.24, Kap. 9.5.3 dargestellt.

Die resultierende Laminatanstrengung (Eff_{res}) wird, wie bereits zu Beginn dieses Kapitels beschrieben, im konischen Bereich nur an den inneren Schichten ausgewertet (vgl. Abb. 5.24). Die Auslastung und Belastung bei Berstdruck ist sowohl über die Wandstärke als auch in Längsrichtung sehr homogen. Es entstehen zwar geringe Spannungskonzentrationen, z.B. am Übergang vom konischen in den zylindrischen Teil, diese scheinen jedoch beherrschbar zu sein wie die Auswertung von Eff_{II}^{z} in Abb. 5.24 zeigt. Zusätzliche Lagen sind hier zur Einhaltung der Geometrie (vgl. Abb. 5.17, unten links) offenbar nicht erforderlich. Auch die Verformung verhält sich nahezu wie eine Addition der in Abb. 5.22, links und Abb. 5.21 gezeigten Einzelverformungen. Eine Verformung von ca. 4 mm im Durchmesser liegt auf dem Niveau heutiger Typ III und Typ IV Zylinder und ist somit vollkommen akzeptabel.

Insgesamt zeigt sich, dass durch den konischen Speicher etwa 40% mehr Wasserstoff im gleichen Bauraum gespeichert werden können gegenüber einem vergleichbar dimensionierten konventionellen Zylinder. Dies zeigt gute Übereinstimmung mit den Erwartungen aus den Voruntersuchungen in Kap. 5.2.1, Abb. 5.8 (44%).

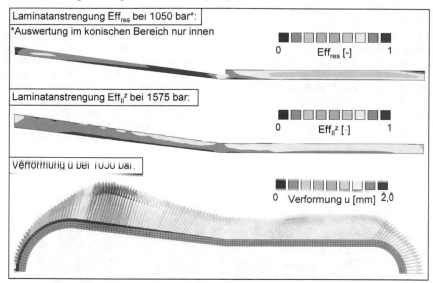

Abb. 5.24: Ergebnis der Laminatanstrengung für Faserzug (Eff_{II}^z), der resultierenden Laminatanstrengung (Eff_{res}) und der Verformung (u) der optimalen Variante des partiell konischen Speichers

Eine Verbesserung im Gewicht konnte zwar nicht erreicht werden, jedoch bleibt das Masse/Volumen-Verhältnis im Vergleich zu dem konventionellen Zylinder mit 0,85 kg/l (partiell konischer Speicher) gegenüber 0,84 kg/l nahezu gleich.

Tab. 5.11: Parameter der optimalen Variante des partiell konischen Speichers

	konischer Bereich						zylindrischer Bereich					
Parameter des optimierten partiell konischen Speichers	t_{1k} [mm]	t_{2k} [mm]	β_{1k} [°]	β_{2k} [°]	Eff_{II}^z [-]	Eff_{res} [-]	t_z [mm]	β_z [°]	Eff_{II}^z [-]	Eff_{res} [-]	V_{ges} [l]	m_{ges} [kg]
	31	22	54±5	57±5	0,95	0,97	22	54±5*	0,83	0,99	41,8	35,8
Parameter des konv. Zylinders	-	-	-	-	-	-	22	54±5	0,83	0,98	29,8	25

*im Übergangsbereich (57...54) ±5

Fertigung

Zur Überprüfung der Herstellbarkeit sollen im Folgenden einige vereinfachte Fertigungsversuche mit einem Flechtrad durchgeführt werden. Die Versuche wurden in Zusammenarbeit mit dem Leichtbau-Zentrum Sachsen GmbH (kurz LZS) erarbeitet und durchgeführt und auf dem dort verfügbaren Flechtrad umgesetzt. Der Aufbau eines vollständigen Zylinders ist aus Zeit- und Kostengründen im Rahmen dieser Arbeit nicht möglich. Insbesondere
die Linerherstellung bedarf eines eigenen Entwicklungsschritts mit kostenintensiven Werk-
zeugen für die Herstellung im Blasformprozess. Daher werden die durchgeführten Versuche
an Styroporkörpern, welche als Linerersatz fungieren, durchgeführt. Die Liner-
Demonstratoren werden zur Stabilisierung der Oberfläche mit in Harz getränkten Glasfaser-
matten belegt. Dadurch kann der Liner mehrfach verwendet werden, bis ein zufriedenstellen-
des Ergebnis im Flechtprozess erreicht wird. Die Bauform der Liner-Demonstratoren ist
Abb. 5.25 zu entnehmen.

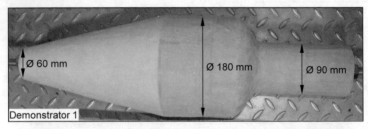

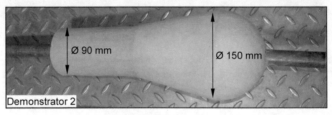

Abb. 5.25:   Liner-Demonstratoren zur Durchführung von Flechtversuchen;   Demonstrator 1:   übersteigerte Proportionen für Grenzversuche, Demonstrator 2: skaliertes vereinfachtes Modell des partiell konischen Speichers

Der erste Demonstrator weist gegenüber dem Modell für den partiell konischen Speicher
übersteigerte Proportionen auf, mit Hilfe dessen einige fertigungsbedingte Effekte
(vgl. Abb. 5.17) verifiziert sowie die grundsätzlichen Maschinenparameter bestimmt werden
sollen.

Der zweite Demonstrator ist ein skaliertes Modell, des zuvor simulativ untersuchten partiell
konischen Speichers.

Insgesamt werden vier Flechtversuche Durchgeführt:

    1. Linerdemonstrator 1 mit konstanter Vorschubgeschwindigkeit und konstantem
       Flechtaugendurchmesser

2. Linerdemonstrator 1 mit konstanter Vorschubgeschwindigkeit und variablem Flechtaugendurchmesser

3. Linerdemonstrator 1 mit variabler Vorschubgeschwindigkeit und variablem Flechtaugendurchmesser

4. Linerdemonstrator 2 mit variabler Vorschubgeschwindigkeit und variablem Flechtaugendurchmesser, mehrlagig mit Versuchen zu Wendepunkten

zu 1.

Im ersten Fertigungsversuch mit konstanter Vorschubgeschwindigkeit und konstantem Flechtaugendurchmesser werden drei Herausforderungen im Fertigungsprozess deutlich. So tritt am Durchmessersprung des Liner-Demonstrators 1 eine deutliche Überspannung (Faser liegt nicht an; Abb. 5.26, Detail links) auf. Der Ablagewinkel passt demnach nicht zum Geometriewinkel (vgl. Abb. 5.17, rechts unten), was auf nicht optimale Vorschubgeschwindigkeit bzw. Flechtaugendurchmesser zurückzuführen ist.

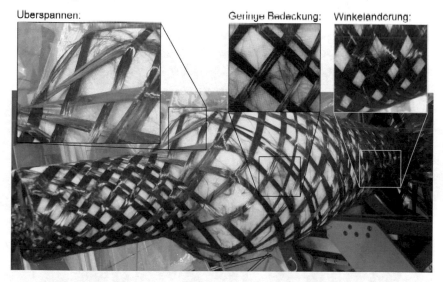

Abb. 5.26: Fertigungsversuch 1 mit Liner-Demonstrator 1 mit konstantem Flechtaugendurchmesser sowie konstanter Geschwindigkeit; Fotos: LZS

Weiterhin wird deutlich, dass eine inhomogene Bedeckung erzeugt wird. Mit zunehmendem Durchmesser nimmt die Bedeckung ab und umgekehrt. Daher kann es bei zu kleinen Durchmessern zu einer erhöhten Ondulation (vgl. Kap. 4.3) der Fasern kommen. Diese Inhomogenität lässt sich bei Körpern mit variierenden Durchmessern nicht ganz vermeiden, was auf die feste Anzahl an *Rovings* zurückzuführen ist, allerdings ist eine Verbesserung durch optimierte Vorschubgeschwindigkeit und/oder Flechtaugendurchmesser zu erwarten.

Außerdem ist eine Veränderung des Faserwinkels zu beobachten (Abb. 5.26, Detail rechts). Dies soll insbesondere durch eine an den Durchmesser angepasste Vorschubgeschwindigkeit vermieden werden. An dieser Stelle sei angemerkt, dass die raue Oberfläche des Wickelkerns zum Durchscheuern einzelner Fasern führt und das Abgleiten selbiger erschwert. Dies ist ebenfalls in Abb. 5.26 zu erkennen und stellt ein generelles Problem der ersten Lage auf den Demonstratoren dar. Allerdings ist dieses Phänomen, welches hier nicht näher bewertet wird, bei einem realen Kunststoffliner mit glatter Oberfläche nicht zu erwarten, da die Fasern dort ohne Beschädigung abgleiten können.

zu 2.

Im zweiten Flechtversuch wird der Durchmesser des Flechtauges, an dem die Fasern umgelenkt werden, an den jeweiligen Durchmesser des Liner-Demonstrators angepasst (vgl. Abb. 5.27). Die Vorschubgeschwindigkeit wird konstant gehalten und derart eingestellt, dass ein Faserwinkel von $\beta = \pm 55°$ auf dem zylindrischen Bereich (Ø = 90 mm) erreicht wird. Durch die Anpassung des Flechtauges ist der Abstand zum Bauteil konstant nah und ein optimaler Ablegewinkel der Fasern kann erreicht werden. Als Resultat liegt das Geflecht ideal an der Kontur an (Abb. 5.27). Außerdem erfolgt die Ablage gleichmäßiger als im vorherigen Versuch und die ungewollte Änderung des Flechtwinkels über der Bauteillänge kann bereits etwas reduziert werden.

Durch Anpassung des Flechtaugendurchmessers an den jeweiligen Bauteildurchmesser liegt das Geflecht optimal an der Kontur an.

Abb. 5.27: Fertigungsversuch 2 an Liner-Demonstrator 1 mit variablem Flechtaugendurchmesser sowie konstanter Geschwindigkeit

zu 3.

In einem dritten Versuch mit dem ersten Demonstrator wird zusätzlich die Vorschub-geschwindigkeit an den jeweiligen Bauteildurchmesser angepasst. Dadurch lässt sich eine minimale Winkelvariation auf den unterschiedlichen Durchmessern erreichen sowie eine weitestgehend homogene Bedeckung (Abb. 9.11, oben). Darüber hinaus wird in diesem Versuch die Realisierung von Wendepunkten überprüft. Um eine unterschiedliche Lagenanzahl im konischen Bereich realisieren zu können, muss der Vorschub nicht nur an den Bauteilenden umgekehrt werden, sondern auch im Bauteil. Wie in Abb. 9.11, unten dargestellt, lassen sich die Wendepunkte sowohl im Schulterbereich, als auch im konischen Bereich realisieren.

Das Wenden während des Flechtprozesses kann nur in Bereichen mit veränderlichem Durchmesser erfolgen. Außerdem gelingt dies nur, wenn der Vorschub zunächst in Richtung kleinerer Durchmesser und nach dem Wenden in Richtung größerer Durchmesser erfolgt. Erfolgt dies umgekehrt, oder in einem Bereich mit konstantem Durchmesser (zylindrischer Bereich), so besteht die Gefahr, dass der um das Bauteil geflochtene Schlauch durch die Faservorspannkraft über den Flechtkern wieder abgestreift wird. Die Faservorspannung sorgt zwar zum einen für das feste Anliegen des Flechtschlauches auf dem Kern, zum anderen muss dieser Kraft nach dem Wenden aber auch gegen das Abstreifen widerstanden werden.

zu 4.

Daher wird im vierten Flechtversuch mit dem zweiten Demonstrator insbesondere die Realisierung der Wendepunkte überprüft. Die geringere Steigung im konischen Bereich des zweiten Demonstrators kann das definierte Wenden erschweren, wenn sich der Flechtschlauch teilweise zurückzieht, bis er eine feste Position erreicht. Um dies zu vermeiden, müssen die idealen Maschinenparameter (z.B. Faservorspannkraft) ermittelt werden. Weiterhin soll das Ablegen mehrerer Schichten übereinander überprüft werden. Durch die im Verhältnis zum Demonstrator glattere Oberfläche der unteren Faserlagen wird, bezüglich der Wendepunkte, der im späteren Fertigungsprozess real auftretende und ungünstigste Fall untersucht.

In Abb. 5.28, Mitte ist der mit etwa 6 Lagen beflochtene zweite Demonstrator abgebildet, dessen Lagenbild sehr gleichmäßig ist. Durch die glatte Oberfläche der unteren Lagen tritt kein durchscheuern der Faser wie beim Abgleiten der ersten Lage auf dem Demonstrator (Abb. 5.26) auf. Weiterhin wird durch die angepassten Maschinenparameter (Flechtaugendurchmesser, Vorschubgeschwindigkeit) ein homogener Faserwinkel in allen Bereichen erreicht. Die Abb. 5.28, links zeigt die Ausführung eines Wendepunktes im Schulterbereich des Demonstrators, in der entsprechenden Abbildung rechts befindet sich der Wendepunkt im konischen Bereich. Letzterer ist durch die nachfolgende Lage verdeckt, da in einer Ebene nur ein Wendepunkt darstellbar ist. Beide Wendepunkte, insbesondere der im konischen Bereich, können ohne Abrutschen auf der glatten unteren Lage definiert abgelegt werden.

Der gegenüber dem ersten Demonstrator geringere Steigungswinkel im konischen Bereich, welcher vergleichbar mit dem simulativ ausgelegten Speicher ist, kann somit im Flechtverfahren mit steigender Wandstärke hergestellt werden. Außerdem kann durch unterschiedliche Vorschubrichtungen und variierende Flechtaugendurchmesser eine gute Faserablage mit definierten Winkeln für variierende Durchmesser erreicht werden. Auch ein stetiger Übergang vom optimalen Faserwinkel im konischen Bereich auf den entsprechenden Winkel im zylindrischen Bereich kann so dynamisch im Flechtprozess realisiert werden.

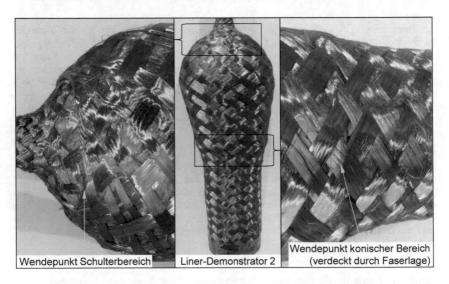

Abb. 5.28: Fertigungsversuch 4 an Liner-Demonstrator 2 mit variablem Flechtaugendurchmesser sowie variabler Geschwindigkeit; Fotos: LZS

Für den realen Aufbau eines solchen Zylinders zum Einbau in ein Fahrzeug sind neben den bereits erwähnten kostenintensiven Blasformwerkzeugen weitere Schritte erforderlich, die im Rahmen dieser Arbeit nicht geleistet werden können. So ist eine Detailsimulation des Spannungsverhaltens an den Lagenenden im konischen Bereich erforderlich sowie eine Bewertung des variierenden Bedeckungsgrades. Letzterem könnte in einer seriennahen wirtschaftlichen Tankfertigung mit mehreren Flechträdern hintereinander entgegengewirkt werden. Es ist vorstellbar, dass so auch jeweils andere Spulenträgeranzahlen möglich sind, um auf unterschiedlichen Durchmessern eine optimale Bedeckung zu erreichen. Außerdem, und hier bisher völlig unberücksichtigt, ist beim trockenen Flechtprozess ein anschließendes Harzinjektionsverfahren durchzuführen. Dies ist ebenfalls mit hohen Maschinen- und Werkzeugkosten verbunden, was eine prototypische Umsetzung erschwert.

Sowohl die Simulationen als auch die Fertigungsversuche haben gezeigt, dass der partiell konische Speicher eine sehr aussichtsreiche Speichergeometrie darstellt, die eine deutlich effizientere Nutzung bestimmter Bauräume in Bezug auf die gespeicherte Wasserstoffmenge und somit der darstellbaren Reichweite bei vergleichbaren Materialkosten ermöglicht.

6 Thermisch optimierte Typ IV Zylinder

Mit Brennstoffzellen betriebenen Fahrzeugen kann, in Abhängigkeit von Verbrauch und Größe des H_2-Speichersystems, eine für elektrisch angetriebene Fahrzeuge hohe Reichweite erzielt werden. Ein wesentlich beträchtlicherer Vorteil gegenüber rein batterieelektrischen Fahrzeugen ist jedoch die Möglichkeit einer schnellen Wiederbefüllung des Speichersystems. Ziel
ist hierbei eine kundenfreundliche Betankung in etwa drei Minuten (nur Befüllzeit) zu realisieren. Dies strebt auch die gängige Norm für Fahrzeugbetankungen mit Wasserstoff
(SAE J2601) an [108], [107]. Um dies zu erreichen, muss das Gas sehr schnell in das Tanksystem und damit in die Speicherzylinder gefüllt werden. Dabei findet eine starke Erwärmung
des Gases während der Betankung im Zylinder statt (vgl. Kap. 4.1.2). Die Erwärmung durch
den Joule-Thomson-Effekt (hauptsächlich am Druckregler für die Rampensteuerung in der
Tankstelle) wird im Wesentlichen in der Tankstelle durch die Vorkühlung kompensiert und
hat somit bis auf geringe Erwärmungen an Drosselstellen im Befüllpfad kaum Auswirkungen
auf das Tanksystem im Fahrzeug. Die Kompressionswärme hingegen entsteht erst im Tank
und kann nicht vermieden werden. Besonders kritisch ist hier der Typ IV Zylinder aufgrund
seiner schlechteren Wärmeleiteigenschaften gegenüber Typ III zu bewerten. Um ein Überhitzen der Fahrzeugspeicher zu vermeiden muss der Wasserstoff daher auf -40 °C < ϑ_{H2} < -33 °C
vorgekühlt werden [107]. Ziel der nachfolgenden Untersuchungen ist daher, die entstehende
Wärme besser aus dem Typ IV Zylinder abzuführen. Insgesamt können dadurch drei wesentliche Zielgrößen adressiert werden (vgl. Ergebnisse in Kap.6.5.2.), die im Folgenden näher
erläutert werden:

- Lebensdauer/Sicherheit: Reduzierung der Materialbelastung / Erhöhung der Sicherheit
  gegen Überhitzen

- Reichweite: Höhere garantierte Betankungsmenge (garantierter SOC)

- Betankungszeit: Verkürzung der Betankungsdauer

Zunächst könnte bei unverändertem Betankungsprozess ein erhöhter Abstand zur maximalen
thermischen Zulassungsgrenze (85 °C) des Systems während der Betankung erreicht werden,
was eine erhöhte Sicherheit darstellt. Zusätzlich wäre der Fahrzeughersteller in der Lage, gegenüber dem Kunden einen höheren garantierten Speicherinhalt (SOC) auszuweisen bzw. eine
höhere Reichweite. Dies würde gelingen, da die Tankstelle auf einen aus den SAE-Tabellen
(s. Kap. 4.1.2) ermittelten Zieldruck befüllen wird, wodurch sich bei gleichem Zieldruck, aber
geringerer Tankinnentemperatur, eine höhere Dichte des Gases ergibt. Dies gilt insbesondere
für eine Betankung ohne Kommunikation. Basierend auf den gleichen physikalischen Gegebenheiten, ergibt sich bei einer Betankung mit Kommunikation, bei der das Fahrzeug bei Erreichen von einem SOC = 100% ein Abbruchsignal sendet, eine kürzere Betankungszeit für
den Kunden. Die Dichte bei SOC = 100% wird durch die geringere Tankinnentemperatur bereits bei geringerem Druck erreicht, was durch die Betankung mit konstanter Druckrampe
nach SAE J2601 zu einer kürzeren Betankungsdauer führt.

Während der Typ IV Zylinder den kritischen Fall bezüglich Wärmeleitfähigkeit darstellt, ist
der Typ III Zylinder aufgrund seines metallischen Inliners (meist Aluminium) deutlich im
Vorteil. Gegenüber einem Inliner aus Aluminium (AL 6061 T6) mit einer Wärmeleitfähigkeit
von $\lambda = 167\ \mathrm{W \cdot m^{-1} \cdot K^{-1}}$ [146] besitzt ein Kunststoffliner beispielsweise aus HDPE mit
$\lambda = 0{,}37\ \mathrm{W \cdot m^{-1} \cdot K^{-1}}$ [153] eher isolierende Eigenschaften. Dennoch scheint der Typ IV Zylin-

© Springer Fachmedien Wiesbaden GmbH, ein Teil von Springer Nature 2018
P. A. Rosen, *Beitrag zur Optimierung von Wasserstoffdruckbehältern*,
AutoUni – Schriftenreihe 113, https://doi.org/10.1007/978-3-658-21124-0_6

der für den Einsatz im Pkw aus den in Kap. 3.3.3 dargestellten Gründen die bessere Alternative. Bei der Erreichung einer besseren Wärmeabfuhr aus dem Zylinder soll vor allem das Innenvolumen nicht beschränkt werden, wie es beispielsweise durch das Einbringen von Wärmetauscherstrukturen der Fall wäre. Daher wird im Folgenden die Erhöhung der Wärmeleitfähigkeit des Zylindermaterials selbst untersucht. Das unterschiedliche Temperaturverhalten von Typ III- und Typ IV-Zylindern zeigt insbesondere, dass es von entscheidender Bedeutung ist, die Wärmeleitfähigkeit des Liners zu erhöhen. Dieser steht in direktem Kontakt mit dem einströmenden Gas (Wärmequelle) und behindert somit beim Typ IV Zylinder die Wärmeleitung nach außen. Kohlefasern besitzen eine sehr hohe Wärmeleitfähigkeit. Diese ist stark richtungsabhängig und kann in Faserrichtung das bis zu vierfache von Aluminium betragen [154]. Die den Liner umgebende CFK-Schicht besteht aber zu einem hohen Anteil (ca. 40 Vol.-%) aus einem Kunstharz, welches eine vergleichbare Wärmeleitfähigkeit wie andere Kunststoffe besitzt (vgl. Tab. 4.3).

Für kohlefaserverstärkte Strukturen beträgt die Wärmeleitfähigkeit beispielsweise für einen bei Wasserstoffdruckspeichern häufig eingesetzten Fasertyp Toray T700S etwa $\lambda_{CFK,\perp} = 0,71\ W \cdot m^{-1} \cdot K^{-1}$ quer zur Faserrichtung [155]. Damit ist die Wärmeleitfähigkeit im CFK-Mantel immerhin etwa doppelt so hoch wie die des Linermaterials, weshalb die Erhöhung der Wärmeleitfähigkeit im Liner zunächst im Vordergrund steht.

Wird die CFK-Schicht nach heutigem Stand berücksichtigt (für beide Zylindertypen gleich), so stellt der Typ III Zylinder den idealen Fall aufgrund seines hoch Wärmeleitfähigen Linermaterials dar. Heutige Wärmeleitfähige Kunststoffe, die als Kühlkörper beispielsweise an Elektronikbauteilen zum Einsatz kommen, weisen eine maximale Wärmeleitfähigkeit von bis zu $\lambda = 20\ W \cdot m^{-1} \cdot K^{-1}$ auf [156], [157]. Zudem sind diese Bauteile mechanisch nur vergleichsweise gering belastet. Eine zu Aluminium vergleichbare Wärmeleitfähigkeit im Kunststoffliner ist deshalb derzeit unerreichbar. Somit ist aufgrund der hohen Materialbelastung im vorliegenden Fall mit deutlich geringeren, aus mechanischer Sicht zielführend erreichbaren, Wärmeleitfähigkeiten zu rechnen. Das Vorgehen bezüglich Materialauswahl und Probenherstellung für die Untersuchungen zur Steigerung der Wärmeleitfähigkeit des Linermaterials wird in den Kapiteln 6.1 und 6.2 dargestellt. Die Ergebnisse der thermischen und mechanischen Kennwerte werden in Kap. 6.3 diskutiert.

Wird davon ausgegangen, dass eine zur CFK-Schicht vergleichbare, oder etwas höhere Wärmeleitfähigkeit im Linermaterial erreicht werden kann, so erscheint es nach Gl. 4-3 dann sinnvoll, auch die thermische Leitfähigkeit der CFK-Schicht zu erhöhen. Dies erscheint insbesondere vor dem Hintergrund der gegenüber dem Liner deutlich höheren Wandstärke zielführend, um eine möglichst hohe Gesamtwärmeleitfähigkeit des Wandverbundes zu erreichen. Auf die Umsetzung zur Erhöhung der Wärmeleitfähigkeit in der CFK-Schicht und die Auswirkungen auf die genannten Zielgrößen wird in Kap. 6.4 und Kap. 6.5 näher eingegangen.

6.1   Material- und Versuchsauswahl

Da das Innenvolumen des Speicherzylinders möglichst nicht beeinträchtigt werden soll, ist es Ziel der Arbeit, die Wärmeleitfähigkeit des Zylinders durch Einbringung von Füllstoffen mit hoher Wärmeleitfähigkeit in das Zylindermaterial zu optimieren. Wie bereits erwähnt steht hierbei insbesondere das Linermaterial im Vordergrund. Auch wenn bereits diverse Untersuchungen zur Erhöhung der Wärmeleitfähigkeit von Kunststoffen in der Literatur existieren [158], [159], [160], [161], [162], [163], [164] und sogar Compounds mit hohen thermischen

Leitfähigkeiten kommerziell erhältlich sind [165], [157], so sind dennoch Materialuntersuchungen zur Bewertung für die Anwendung in Wasserstoffspeichern erforderlich und stellen gegenüber dem Stand der Technik ein neues Anwendungsgebiet für thermisch leitfähige Kunststoffe dar. Von besonderem Interesse ist die Auswirkung auf die thermischen Eigenschaften durch das Einbringen der Füllstoffe. Zugleich ist es gegenüber der Anwendung in reinen Kühlkörpern mit geringer mechanischer Beanspruchung aber wesentlich, den Einfluss auf die Festigkeitskennwerte des Linermaterials zu bewerten. Darüber hinaus fungiert der Kunststoffliner im Wasserstoffdruckgasspeicher als Permeationsbarriere, weshalb der Einfluss auf die Gasdurchlässigkeit ebenfalls berücksichtigt werden muss. Aufgrund der vorgenannten hohen Materialanforderungen ist die Auswahl der heute für Inliner eingesetzten Polymere sehr begrenzt. Auch dadurch ist die Verwertbarkeit der in der Literatur für andere Anwendungen durchgeführten Untersuchungen, insbesondere in der oben genannten Kombination der zu betrachtenden Größen, nicht gegeben. Dennoch können allgemeine Hinweise zum Verhalten der Polymere für einzelne Materialeigenschaften in der Literatur gefunden werden. So kann Schön [166] beispielsweise für die Verwendung von Schichtsilikaten als Füllstoffe in Elastomeren eine Erhöhung der Gasbarriere-Eigenschaften nachweisen. Kunststoffe werden häufig wegen ihrer guten Barriereeigenschaften als Verpackungsmaterial für Lebensmittel oder beispielsweise zur Gastrennung eingesetzt [167]. Bei den dazu durchgeführten Untersuchungen sind jedoch häufig andere Gase, wie Sauerstoff oder Kohlenstoffdioxid, von Belang sowie andere Polymere [117], [168].

Materialauswahl

Wie in Kap. 3.3.3 bereits erwähnt werden als Linermaterial in Wasserstoffdruckgasspeichern heute im Wesentlichen entweder Polyamid (PA) oder hochdichtes Polyethylen (HDPE) eingesetzt. Beide Polymere sollen im Folgenden als Basismaterial betrachtet werden und durch die gleichen Füllstoffe modifiziert werden.

Als Füllstoffe zur Erhöhung der Wärmeleitfähigkeit bieten sich prinzipiell Materialien in Pulverform an, die auf Kohlenstoff, Keramiken oder Metallen basieren. Letztere bieten häufig hohe Wärmeleitfähigkeiten und sind auch elektrisch leitend, besitzen aber meist auch eine gegenüber Kunststoffen vergleichsweise hohe Dichte, wodurch der Leichtbauvorteil von Kunststoffen gemindert wird. Kumlutas und Tavman [160] führen beispielsweise Untersuchungen mit Zinnpartikeln als Füllstoff in HDPE durch. Sie vergleichen die Ergebnisse mit diversen in der Literatur verfügbaren Modellen zur Vorhersage der Wärmeleitfähigkeit von partikelgefüllten Polymeren. Sie kommen zu dem Schluss, dass es nur begrenzte Bereiche gibt – meist bei geringen Füllstoffkonzentrationen – in denen sich die Modelle zur Vorhersage eignen. Keines der Modelle, auch nicht das eigene Modell, deckt jedoch den gesamten Bereich zufriedenstellend ab, so dass letztlich Messungen erforderlich bleiben [160]. Besonders aufgrund der verhältnismäßig hohen Dichte von metallischen Partikeln gegenüber Kunststoffen sowie der abrasiven Wirkung während der Verarbeitung in Spritzgussmaschinen wird in dieser Arbeit auf die Untersuchung metallischer Füll-stoffe verzichtet.

Keramiken und insbesondere Kohlenstoff basierte Füllstoffe besitzen in der Regel eine geringe Dichte bei gleichzeitig hohen Wärmeleitfähigkeiten. Allerdings können hier je nach Material hohe Kosten durch den Füllstoff entstehen. Sehr kostenintensiv sind beispielsweise Kohlenstoffnanoröhrchen [169]. In der Literatur sind Untersuchungen zu allen Füllstoffgruppen zu finden. Keramiken als Füllstoffe werden häufig eingesetzt [158], [170], [159], [161], [162], [163]. Besonders häufig kommt dabei Bornitrid (BN) zum Einsatz [171], [159], [161], [163], [164]. Bornitrid gibt es in unterschiedlichen Modifikationen, wobei die beiden häufigsten das hexagonale sowie das kubische Bornitird bilden [163]. Während das kubische BN sehr hart ist und meist für Werkzeugbeschichtungen eingesetzt wird, ist die Struktur von hexagonalem BN vergleichbar zu der von Graphit. Es ist sehr weich und dünne Schichten werden durch Van der Waal's Kräfte zusammengehalten [163]. Durch Abgleiten dieser Schichten besitzt hexagonales BN trockene Schmiereigenschaften ähnlich wie Graphit. Dadurch ist es auch bei der Verarbeitung in Polymeren beispielsweise in Spritzgussmaschinen beliebt, weil es nicht abrasiv ist. Aufgrund des anisotropen geschichteten Aufbaus verhält sich auch die Wärmeleitfähigkeit des Materials sehr inhomogen. So bietet hexagonales BN in Ebenenrichtung eine sehr hohe Wärmeleitfähigkeit von 300 $W \cdot m^{-1} \cdot K^{-1}$, quer zur Ebene ist diese um den Faktor 100 geringer [162], [163]. Sowohl Raman [163] als auch Cheewawuttipong [159] weisen nach, dass mit größeren BN-Partikeln eine höhere Wärmeleitfähigkeit gegenüber Proben mit kleineren Partikeln mit gleichem Füllstoffanteil erreicht werden kann. In dieser Arbeit wird daher ein hexagonales Bornitrid mit homogener Partikelgröße von $D_{50} = 15$ μm verwendet (vgl. Tab. 6.1; Bedeutung Partikelgröße D_{XY}: XY% der Partikel sind kleiner als der angegebene Wert).

Die Abrasivität spielt für die Verarbeitung der Materialien, insbesondere bei hohen Stückzahlen, bei denen eine hohe Werkzeugstandzeit erforderlich ist, eine wichtige Rolle. Als Alternative zum abrasiven Aluminiumoxid (Al_2O_3), welches häufig als Füllstoff zur Verbesserung der thermischen Eigenschaften von Kunststoffen eingesetzt wird [170], [159], [162], wird in dieser Arbeit ein Alumosilikat verwendet, im Folgenden Mineral (M) genannt (vgl. Tab. 6.1). Die genaue Zusammensetzung sowie Struktur sind Lieferantengeheimnis. Das gewählte Mineral zeichnet sich durch eine zu Aluminiumoxid vergleichbare Wärmeleitfähigkeit aus sowie insbesondere durch geringeren Werkzeugverschleiß bei der Verarbeitung, beispielsweise in Spritzgussmaschinen.

Industrieruß (engl.: *Carbon Black*), als Vertreter der kohlenstoffbasierten Füllstoffe, wird eher zur Steigerung der elektrischen Leitfähigkeit von Polymeren eingesetzt [172]. Kohlenstoffnanoröhrchen (CNTs) stellen wie erwähnt einen sehr kostenintensiven Füllstoff dar. Sie erscheinen jedoch aufgrund ihres hohen Potenzials (2000 $W \cdot m^{-1} \cdot K^{-1} < \lambda_{theoretisch} < 6000\ W \cdot m^{-1} \cdot K^{-1}$) vielversprechend, auch wenn der erhoffte Durchbruch bislang ausgeblieben ist [172]. Ein Grund dafür sind vor allem viele Einflussfaktoren auf die Wärmeleitfähigkeit der CNTs wie die Art der Struktur, Chiralität, Fehler, Reinheit und Größe, welche theoretische Werte und gemessene Werte stark auseinander driften lassen [172]. Hornbostel [173] kommt ebenfalls zu dem Ergebnis, das die Wärmeleitfähigkeit von mit Nanoröhrchen gefülltem Polycarbonat mit $\lambda = 0,25\ W \cdot m^{-1} \cdot K^{-1}$ bei 7,5 Gew.-% CNT deutlich hinter den Erwartungen zurück bleibt. Er führt zusätzliche Untersuchungen an *Bucky Papers* (70…100 μm dünne Folien aus 100% Kohlenstoffnanoröhren) durch, mit dem Ergebnis von maximal $\lambda = 6\ W \cdot m^{-1} \cdot K^{-1}$. Hornbostel [173] vermutet daher, dass die theoretischen hohen Wärmeleitfähigkeiten nicht erreicht werden können.

Kohlenstofffasern besitzen eine inhomogene Wärmeleitfähigkeit mit einem Faktor von 20…200 von Längs- zur Querrichtung [172]. Diese tragen automatisch zur Verbesserung der thermischen Eigenschaften verstärkter Kunststoffe bei, wobei die Steigerung der Festigkeit im Vordergrund steht. Ihre Wärmeleitfähigkeit liegt im Bereich von Graphit [173], sind in der Regel jedoch teurer. Hornbostel konnte mit einem Füllgrad von 35,5 Gew.-% in Polycarbonat eine Verbesserung auf $\lambda = 0,33\ W \cdot m^{-1} \cdot K^{-1}$ erreichen [173]. Im Bereich der kohlenstoffbasierten Füllstoffe gilt Graphit, aufgrund geringer Kosten sowie guter Dispergierbarkeit als einer der besten Füllstoffe zur Verbesserung der thermischen Leitfähigkeit [174]. Als dritter Füllstoff wird daher Graphit für die folgenden Untersuchungen gewählt (vgl. Tab. 6.1).

Die Tab. 6.1 fasst die gewählten Materialien mit ihren grundlegenden Eigenschaften nochmals zusammen. Diese Materialien werden für die nachfolgenden Untersuchungen in unterschiedlichen Zusammensetzungen (Füllgraden) untersucht.

Tab. 6.1: Zusammenfassung der Materialauswahl: Basispolymere und Füllstoffe

Basispolymere			Füllstoffe					
Bezeichnung	Dichte* [g/cm³]	λ* [Wm⁻¹K⁻¹]	Bezeichnung	Dichte** [g/cm³]	Aspekt Verhältnis** [-]	Partikelverteilung**[μm]		
						D10	D50	D90
PA (Ultramid®A24 E 01)	1,14	0,314	Bornitrid (BN)	2,25	100	-	15	-
PE (BorSafe™ ME3440)	0,95	0,348	Mineral (M)	3,5	1-3	1	9	22
			Graphit (G)	2,2	ca. 100***	4,9	18,6	45,4

* Messwerte; ** Herstellerangaben; *** Ermittelt mit FENEM Aufnahmen

Versuchsauswahl

Wie in Kap. 4.1.1 bereits erwähnt, sind in den Zulassungsnormen die für Wasserstoffdruckgasspeicher erforderlichen mechanischen Prüfungen angegeben, welche auf Materialbasis (ohne fertigen Zylinder) durchgeführt werden können. Aus den erläuterten Gründen sind bis auf die Erweichungstemperatur jedoch keine Grenzwerte festgelegt. Daher ist hier insbesondere die Änderung durch den Füllstoff gegenüber dem Ausgangswert (ungefülltes Polymer) von Interesse. Gemäß den in der Zulassungsvorgabe EG 79 (vgl. Tab. 4.1) erwähnten Prüfungen werden vier mechanische Prüfungen an den Materialien gemäß Tab. 6.2 ausgewählt.

Tab. 6.2: Zusammenfassung der mechanischen und thermischen Materialprüfungen

Werkstoffprüfungen nach EG79	Thermische Eigenschaften	Ergänzende Prüfungen
Zugprüfung	Temperaturleitfähigkeit	Permeation
Biegeprüfung	Wärmekapazität	Dichtebestimmung
Erweichungstemperaturprüfung		Glühverlust
Kerbschlagbiegeversuch nach Charpy		

Die mechanischen Prüfungen werden an Proben, welche auf Basis des in Kap. 9.3 dargestellten Vielzweckprobekörpers nach DIN EN ISO 3167 durchgeführt (siehe auch Kap. 6.2). Es sei darauf hingewiesen, dass die Biegeprüfung sowie der Kerbschlagbiegeversuch für den Typ IV Kunststoffinnenbehälter nach EG 79 nicht vorgeschrieben sind. Diese sind jedoch gut zur Charakterisierung des Materialverhaltens bzw. dessen Eigenschaftsänderung durch die Füllstoffe geeignet und werden daher berücksichtigt.

Als einziger in der Zulassungsvorschrift (EG 79) vorgegebener Materialkennwert, wird die Erweichungstemperatur nach Vicat an den gefüllten Polymeren überprüft. Es wird jedoch erwartet, dass diese eher positiv beeinflusst wird. Alle verwendeten Füllstoffe besitzen eine Schmelztemperatur, welche deutlich oberhalb der geforderten Zielgröße von $\vartheta_{VST} \geq 100\,°C$ liegt.

Neben den mechanischen Kennwerten sollen insbesondere die thermischen Eigenschaften, speziell die Wärmeleitfähigkeit, bewertet werden. Da diese nicht direkt gemessen werden kann (vgl. Kap. 4.2.2), sind zur Berechnung nach Gl. 4-4 weitere Größen erforderlich. Neben der Temperaturleitfähigkeit wird auch die Wärmekapazität benötigt. Beide Größen werden in einem Temperaturbereich zwischen -40 °C < ϑ <85 °C ermittelt, was der zulässigen Temperaturspanne von Wasserstoffdruckgasbehältern entspricht. Die Materialprüfungen werden an den kleinen Plattenprobekörpern P60 durchgeführt (vgl. Kap. 6.2 und 9.3). Zusätzlich zu diesen Größen ist die Dichte zu berücksichtigen (vgl. Gl. 4-4).

Um die Dichte bei unterschiedlichen Temperaturen bestimmen zu können, wird meist eine Dilatometermessung zur Bestimmung des Ausdehnungsverhaltens durchgeführt. Wie in Kap. 4.2.2 erwähnt, steht eine solche Messmöglichkeit nicht zur Verfügung. Die Dichte wird daher bei Raumtemperatur bestimmt. Zur Überprüfung des potenziellen Fehlers wird eine Berechnung der temperaturabhängigen Dichte in Kap. 6.3.2 auf Basis von Literaturwerten für den Ausdehnungskoeffizienten durchgeführt. Der Zusammenhang zwischen Längen- bzw. Volumenausdehnung und der Temperatur ist in Gl. 6-1 und Gl. 6-2 dargestellt [175], [110]. Die beiden materialspezifischen Kennwerte – Längenausdehnungs- α und Volumenausdehnungskoeffizient β – sind bei konstantem Druck von der Temperatur abhängig. Für kleine Temperaturbereiche kann eine gute Näherung durch eine lineare Proportionalität zwischen der relativen Längen- ($\Delta L/L_0$) bzw. Volumenänderung ($\Delta V/V_0$) erreicht werden. Die entstehenden Größen werden jeweils als mittlere Ausdehnungskoeffizienten ($\bar{\alpha}$, $\bar{\beta}$) bezeichnet.

$$\alpha = \frac{1}{L_0}\left(\frac{\partial L}{\partial T}\right)_p \qquad \Rightarrow \text{Näherung für kleine } \Delta T: \ \bar{\alpha} = \frac{1}{L_0}\left(\frac{L-L_0}{T-T_0}\right) = \frac{1}{L_0}\left(\frac{\Delta L}{\Delta T}\right)_p \qquad \text{Gl. 6-1}$$

$$\beta = \frac{1}{V_0}\left(\frac{\partial V}{\partial T}\right)_p \qquad \Rightarrow \text{Näherung für kleine } \Delta T: \ \bar{\beta} = \frac{1}{V_0}\left(\frac{V-V_0}{T-T_0}\right) = \frac{1}{V_0}\left(\frac{\Delta V}{\Delta T}\right)_p \qquad \text{Gl. 6-2}$$

$$\text{Näherung für isotrope Werkstoffe: } \beta = 3 \cdot \alpha \qquad \qquad \text{Gl. 6-3}$$

Die Volumenänderung für isotrope Werkstoffe kann aufgrund der Annahme gleichmäßiger Ausdehnung in allen drei Raumrichtungen durch Gl. 6-3 angenähert werden [175].

Ein weiterer, wichtiger zu erfassender Parameter ist die Barriereeigenschaft der Materialien gegenüber Wasserstoff, da dies eine wesentliche Aufgabe des Liners darstellt. In der Literatur werden diverse Modelle zur Berechnung der Änderung der Permeationseigenschaften durch Füllstoffe diskutiert. Die meisten dieser Berechnungen basieren auf einem Modell von Nielsen [176] welches auch heute noch Anwendung findet [168]. Das Modell setzt den Permeationskoeffizienten des ungefüllten Polymers P_0 mit dem des gefüllten Polymers P_1 ins Verhältnis. Zunächst werden die Füllstoffpartikel als undurchdringbare Barrieren angesehen. Weiterhin wird der Füllgrad φ sowie die Tortuosität τ – die Gewundenheit des Diffusionswegs der Moleküle durch das Polymer – berücksichtigt (vgl. Gl. 6-4).

$$\frac{P_1}{P_0} = \frac{1-\varphi_F}{\tau} \quad \text{mit: } \tau = 1 + \left(\frac{a\cdot\varphi_F}{2}\right) \quad \text{und: } a = \frac{L}{W} \qquad \text{Gl. 6-4}$$

Die Abb. 6.1 zeigt schematisch die Modellvorstellung zum Diffusionsweg von Nielsen (a-b) [176] und deren Erweiterung beispielsweise nach Bharadwaj (c-d) [177]. Dieser wird in Gl. 6-4 über die Partikelgeometrie (Hälfte der Partikellänge L/2 und der Breite W) sowie dem Volumenanteil des Füllstoffes φ_F beschrieben. Das Aspektverhältnis a beschreibt das Verhältnis von Partikellänge L zu Partikelbreite W.

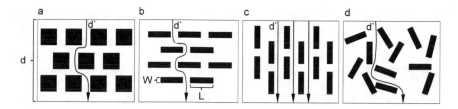

Abb. 6.1: Prinzipdarstellung des Diffusionsweg d` in Partikelgefüllten Polymeren nach [176] (a und b), [177] (c bis d) bzw. [178] (b).

Es wird demnach grundsätzlich davon ausgegangen, dass der vom Gas bei der Permeation zurückzulegende Weg (d`) durch Einbringung von Füllstoffen in das Polymer entsprechend Abb. 6.1 bzw. Gl. 6-5 [178] verlängert und die Barriereeigenschaft dadurch verbessert wird.

$$d` = d + d\frac{L}{2W}\varphi_F - d\cdot\left(1 - \frac{L}{2W}\varphi_F'\right) = d\left(1 - \frac{a\cdot\varphi_F'}{2}\right) = d`\text{ t} \qquad \text{Gl. 6-5}$$

Nielsen [176] selbst weist bereits auf die Relevanz der Partikelorientierung hin, indem er die Notwendigkeit beschreibt, den Kehrwert des Aspektverhältnisses a zu verwenden, sollten die Partikel längs zur Permeationsrichtung orientiert sein. Auch in weiteren Untersuchungen von Bharadwaj [177], Cussler et al. [179] Fredrickson und Bicerano [180] sowie Gusev und Lusti [181] wird versucht, der Partikelorientierung als auch der Partikelgeometrie mit Geometriefaktoren durch modifizieren der Gl. 6-4 oder durch neue Ansätze Rechnung zu tragen. Hierbei wird insbesondere berücksichtigt, dass eine ideale Anordnung der Partikel wie in Abb. 6.1 a und b nicht vorausgesetzt werden kann. Gusev und Lusti [181] erarbeiten ein Modell auf Basis numerischer FEM-Berechnungen und vergleichen ihre Ergebnisse mit den Berechnungen von Cussler et al. [179], Fredrickson und Bicerano [180] sowie Nielsen [176]. Sie stellen eine gute Übereinstimmung des Nielsen Modells für den Bereich $a\cdot\varphi_F < 10$ fest, während für größere Werte alle Modelle die Verbesserung der Barriereeigenschaften unterschätzen [181].

Insbesondere bei geringen Füllstoffanteilen ($\varphi < 5$ Vol.-%) wird in Messungen mitunter auch eine Reduzierung der Barriereeigenschaften festgestellt [168], [182]. Der Grund dafür ist nicht abschließend geklärt. Eine mögliche Erklärung für dieses Verhalten könnten aber entstehende Nano-Fehlstellen sein, die die Diffusion der Gasmoleküle durch das Polymer erleichtern [182]. Allgemein ist dies auch bei schlechter Dispergierung und starker Agglomerierung der Füllstoffpartikel denkbar, wodurch eine schlechte Anbindung an die Polymermatrix und Hohlräume die Folge sein können. Häufig zeigen die verschiedenen Modelle keine gute Übereinstimmung mit den Messdaten wie die Untersuchungen von Martinez [183] und Waché [182] zeigen. Martinez erklärt dies unter anderem mit molekularen Veränderungen durch den Füllstoff an den Stellen im Polymer, wo dieses die Partikel umgibt, was in den Modellen unberücksichtigt bleibt [183]. Decker et al. [184] erreichen in ihren Untersuchungen für zwei unterschiedliche Materialzusammensetzungen gute Übereinstimmungen mit den Modellen nach Nielsen ($r^2 = 0,989$ bzw. $r^2 = 0,961$) und Cussler ($r^2 = 0,968$; $r^2 = 0,981$) zu ihren Messergebnissen. Allerdings passen sie die Werte für das Aspektverhältnis bis zur optimalen Übereinstimmung der Modelle an. Die sich ergebenden Werte für das Aspektverhältnis spiegeln dann nicht mehr die ebenfalls gemessenen Aspektverhältnisse der verwendeten Partikel wieder (Abweichung bis Faktor drei) [184]. An den Untersuchungen wird ein weiteres Problem deutlich. Die Modelle versuchen, die in der Realität unvermeidbare Streuung der Partikelgrößen mit nur einem Wert im Modell abzubilden. Die Größenverteilung, die Orientierung und auch die Lage der Partikel zueinander haben großen Einfluss auf das effektive Aspektverhältnis. Selbst die Werte einer Partikelvermessung reichen kaum aus für eine verlässliche Vorhersage des Permeationsverhaltens. Wie beschrieben kommen noch weitere schwer zu erfassende Einflussparameter hinzu, die eine verlässliche Vorhersage derzeit kaum ermöglichen und somit Messungen unumgänglich machen.

Um den tatsächlichen Füllstoffgehalt der erstellten Proben zu ermitteln, werden Glühverlustmessungen durchgeführt. Bei diesem Prozess werden die Proben bei hohen Temperaturen (<500 °C) in einem Muffelofen (Nabertherm B150) geglüht, bis keine Gewichtsabnahme mehr erfolgt. Dabei zersetzt sich das Polymer und der Füllstoff bleibt erhalten. Die richtige Glühtemperatur ist insbesondere bei den Proben mit Graphit als Füllstoff wichtig, da dieser ebenfalls bei hohen Temperaturen oxidieren kann und als Gas entweicht. So können die Ergebnisse auf die reale Füllstoffkonzentration bezogen dargestellt werden, um Missinterpretationen zu vermeiden.

Die Proben werden vor den Versuchen entsprechend den Prüfungsnormen vorbehandelt (vgl. Kap. 4.2.5). Dabei gilt allgemein, dass PE-Proben mindestens 72 Stunden bei 23 °C und 50% rel. Feuchte gelagert werden. Die PA Proben hingegen werden im trockenen Zustand geprüft und dazu bei 70 °C unter Vakuum im Exsikkator bis zur Gewichtskonstanz gelagert. Wenn nicht anders angegeben, finden die Prüfungen bei 23 °C statt.

6.2 Probenherstellung

Die in Tab. 6.1 beschriebenen Materialien werden durch die Fa. Ensinger GmbH, einem Compoundhersteller, vorverarbeitet und geliefert. Um eine möglichst freie Füllstoffkonzentration einstellen zu können, wird je Basispolymer/Füllstoffkombination ein Basiscompound mit 50 Vol.-% Füllstoffanteil geliefert. Dadurch kann die Erfahrung des Lieferanten zum Erreichen einer homogenen Füllstoffverteilung bei gleichzeitiger Flexibilität in der Probenherstellung genutzt werden. Darüber hinaus ist die Handhabung und Dosierung des granulierten Basiscompounds deutlich besser als das der feinen Füllstoffpulver. Die jeweiligen Basiscompounds werden dann mit dem entsprechenden Basispolymer (PA oder PE) auf den gewünschten Füllgrad eingestellt. Die Abb. 6.2 gibt eine Übersicht zu der beschriebenen Vorgehensweise bei der Materialverarbeitung. So entstehen insgesamt 18 Compoundierungen auf Basis der beiden Polymere PA und PE sowie den drei Füllstoffen Bornitrid (BN), Mineral (M) und Graphit (G) in den drei Füllstoffkonzentrationen 6,25; 12,5 sowie 25 Vol.-%. Zur Herstellung der Zielcompounds werden die Basiscompounds und die entsprechende Menge des Basispolymers als Granulat gemischt. Die Basiscompounds wurden beim Lieferanten in jeweils einer Charge gefertigt. Gleiches gilt auch bei der Herstellung der Zielcompounds. Die Mischung erfolgt einmalig in ausreichender Menge für die Herstellung aller Probekörper, um einen einheitlichen Füllgrad zu gewährleisten.

Aufgrund der unterschiedlichen Prüflingsgrößen und der Maschinenverfügbarkeit werden zwei unterschiedliche Spritzgussmaschinen zur Probekörperherstellung verwendet. Die Vielzweckprobekörper sowie die kleinen Plattenprobekörper P60 (Kap. 9.3, Abb. 9.1 und Abb. 9.2) werden auf einer Arburg 420C Allrounder 1000-250 hergestellt. Die größeren Plattenproben P200 (Kap. 9.3, Abb. 9.3) werden auf einer Krauss Maffei 200-1000/390/CZ gespritzt. Die Änderung der Fertigungsparameter wird zwischen den einzelnen Füllgrad- und Materialvariationen möglichst gering gehalten, damit diese die Ergebnisse möglichst wenig beeinflussen. Dennoch wird darauf geachtet, dass die Probekörper maßhaltig hergestellt werden. Insbesondere bei höheren Füllgraden müssen aufgrund der höheren Viskosität die Maschinenparameter wie beispielsweise Einspritzdruck oder -geschwindigkeit leicht variiert werden.

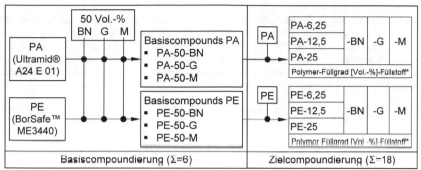

Abb. 6.2: Vorgehensweise bei der Materialcompoundierung

Die Materialproben für die Dichtebestimmung sowie für die mechanischen Prüfungen basieren wie zuvor beschrieben (Kap. 4.2.2 bzw. Kap. 4.2.5) auf dem Vielzweckprobekörper (Kap. 9.3, Abb. 9.1). Für die Messung der Temperaturleitfähigkeit werden Kreisproben aus der Mitte der kleinen Plattenprobekörper P60 (Kap. 9.3, Abb. 9.2) mit einem Durchmesser von D = 10 mm und der entsprechenden Probendicke h = 2 mm entnommen. Letzteres Maß ist für die Ermittlung der Temperaturleitfähigkeit besonders wichtig (Quadratischer Einfluss vgl. Gl. 4-6). Deshalb wird die Probendicke nochmals für jede Probe genau vermessen (±5 µm). Die Proben für die Bestimmung der Wärmekapazität werden ebenfalls aus der Mitte der Plattenprobe P60 gewonnen. Die Geometrie der sehr kleinen Proben (m ≈ 10 mg) ist für die Messung irrelevant, da keine der Messgrößen darauf bezogen sind oder werden, lediglich auf die Masse. Die Proben für die Permeationsmessung werden aus den großen Plattenproben (P200, Kap. 9.3, Abb. 9.3) gewonnen. Dazu werden mittig runde Proben ausgedreht mit einem Durchmesser von D = 110 mm. Auch in diesem Fall wird die Materialstärke (h = 2 mm, vgl. Kap. 9.3, Abb. 9.3) für die Berechnung der Permeationsrate (vgl. Gl. 4-10) nochmals für jede Probe bestimmt (±10 µm).

6.3 Versuchsergebnisse gefüllter Linermaterialien

In den folgenden Kapiteln werden die Ergebnisse zu den zuvor beschriebenen Prüfungen der mechanischen und thermischen Kennwerte vorgestellt. Bei den Untersuchungen steht der Einfluss der Füllstoffe auf die jeweiligen Parameter im Vordergrund, weniger deren absolute Größe. Eine Ausnahme bilden die thermischen Kennwerte Wärmekapazität und Wärmeleitfähigkeit, da diese in Kap. 6.5 zur Simulation des Potenzials verwendet werden. Alle absoluten Werte (Mittelwerte) sind zusätzlich in Tab. 9.7, Kap. 9.8 aufgeführt.

Dichte und Füllstoffanteil

Um die nachfolgenden Ergebnisse auf den korrekten Füllgrad beziehen zu können, werden zunächst die Ergebnisse für die Bestimmung des Partikelanteils in den Proben vorgestellt. Gleichzeitig werden die Ergebnisse der Dichtebestimmung dargestellt. Der Füllstoffanteil wird zum einen auf Basis der ermittelten Dichte des jeweiligen Zielcompounds sowie den Einzeldichten der Materialien bestimmt. Zum anderen wird über den Glühverlust der tatsächliche Füllstoffanteil ermittelt (vgl. Kap. 9.6, Tab. 9.5 und Tab. 9.6). Der sich daraus ergebende Mittelwert wird in den nachfolgenden Darstellungen als Bezugsgröße verwendet, auch wenn die Proben weiterhin mit den Zielfüllgraden bezeichnet werden. Die Tab. 6.3 fasst die Ergebnisse sowie die Abweichungen zu den avisierten Volumenanteilen zusammen.

Tab. 6.3: Ermittelte Füllgrade und Dichten (bei 21 °C) der Zielcompounds für die Basispolymere PE und PA; Detail in Kap. 9.6, Tab. 9.5 und Tab. 9.6

Probe	Basispolymer:	PE- (Dichte: 0,9538 kg/l)								
	Zielfüllstoffgehalt [Vol.-%]:	6,25	12,5	25	6,25	12,5	25	6,25	12,5	25
	Füllstoff:	-BN			-G			-M		
Dichte Compound [kg/l]		1,0356	1,1071	1,2693	1,0159	1,1396	1,3006	1,1602	1,2571	1,5631
Ermittelter Füllgrad [Vol.-%]		6,15	12,30	25,01	5,22	12,51	26,40	7,48	13,40	24,36
Abweichung zu Annahme [Vol.-%]		0,10	0,20	-0,01	1,03	-0,01	-1,40	-1,23	-0,90	0,64

Probe	Basispolymer:	PA- (Dichte: 1,1374 kg/l)								
	Zielfüllstoffgehalt [Vol.-%]:	6,25	12,5	25	6,25	12,5	25	6,25	12,5	25
	Füllstoff:	-BN			-G			-M		
Dichte Compound [kg/l]		1,2034	1,2798	1,4471	1,2204	1,2801	1,409	1,2823	1,4468	1,7378
Ermittelter Füllgrad [Vol.-%]		5,04	10,92	24,23	5,97	11,52	24,52	5,50	12,38	26,57
Abweichung zu Annahme [Vol.-%]		1,21	1,58	0,77	0,28	0,98	0,48	0,75	0,12	-1,57

Die größten Abweichungen betragen etwa 1,6 Vol-% von der jeweiligen Zielkonzentration. Abweichungen dieser Größe treten sowohl bei geringen als auch bei hohen Füllstoffkonzentrationen sowie bei allen Materialpaarungen auf. Ein spezifischer Compoundierfehler kann daher sowohl bei der Basis- als auch bei der Zielcompoundierung ausgeschlossen werden. Die Abweichungen der realen Füllstoffkonzentrationen von den Nennfüllgraden sind insgesamt für die nachfolgenden Untersuchungen als akzeptabel anzusehen und werden entsprechend berücksichtigt.

6.3.1 Mechanische Kennwerte

Im folgenden Kapitel werden die Ergebnisse zu den mechanischen Prüfungen vorgestellt und bewertet. Die Ergebnisse werden nicht über dem Zielfüllstoffgehalt sondern über dem ermittelten tatsächlichen Füllgrad nach Tab. 6.3 dargestellt. Dabei werden die Mittelwerte je nach Füllstoff mit unterschiedlichen Linientypen verbunden dargestellt (BN: lang gestrichelt; G: strichpunktiert; M: kurz gestrichelt). Zusätzlich werden die Messwerte der Einzelprüfungen durch je nach Füllstoff verschiedene Symbole eingetragen (BN: Raute; G: Dreieck; M: Quadrat), um einen Eindruck für die Streuung zu erhalten. Die dargestellten Ergebnisse sind auf das Messergebnis für das jeweilige Basispolymer normiert, um unabhängig von den Absolutwerten einen direkten Vergleich des Materialverhaltens bezüglich der unterschiedlichen Füllstoffe, aber auch zwischen den beiden Polymeren selbst zu erhalten (Absolutwerte siehe

Tab. 9.7). Weiterhin wird die sich daraus ergebende normierte Standardabweichung $\bar{s}$ für die Prüfungen des reinen Polymers sowie der entsprechende Maximalwert für jeden Füllstoff angegeben.

Zugprüfung

Als Zugfestigkeit (σ_m) wird in den folgenden Ergebnissen je nach Materialverhalten die Streckspannung (bei PE) bzw. die Bruchspannung (bei PA) herangezogen (vgl. Kap. 4.2.5).

Die Abb. 6.3 zeigt die Ergebnisse zum Einfluss der Füllstoffe auf die Zugfestigkeit σ_m (vgl. Kap. 4.2.5) der beiden Basispolymere PE (Abb. 6.3, links) und PA (Abb. 6.3, rechts) über den jeweiligen Füllgrad. Die Zugfestigkeit von PE wird durch das Mineral (M) nur minimal und nahezu unabhängig vom Füllgrad verbessert. Demgegenüber geht durch die Füllstoffe Bornitrid (BN) und Graphit (G) mit steigendem Füllgrad eine näherungsweise lineare Zunahme der Festigkeit einher. Dabei ist der Einfluss von Graphit etwa doppelt so stark ausgeprägt wie der von Bornitrid, wodurch bei einem Füllgrad von $\varphi_G = 26,4$ Vol.-% eine Verbesserung um 50% erreicht wird. Die Streuung fällt bei PE für alle Materialkombinationen sehr gering aus.

Für die PA-Compounds mit Bornitrid (BN) und Graphit (G) als Füllstoff zeigt sich eine deutliche Reduzierung der Zugfestigkeit mit steigendem Füllstoffgehalt. Dabei fällt zum einen eine schwache Beeinflussung bei geringen BN Konzentrationen auf. Demgegenüber zeigt das Graphit bis etwa $\varphi = 12,5$ Vol.-% die stärkste Reduktion der Zugfestigkeit, während diese bis zum höchsten Füllgrad nahezu konstant bleibt. Zum anderen fällt bei BN und G eine erhöhte Streuung gegenüber den PA-Mineral Proben und den PE-Compounds auf. Das Mineral zeigt einen ähnlichen nahezu vom Füllgrad unabhängigen Einfluss auf die Zugfestigkeit im PA (vgl. Abb. 6.3, rechts) wie auch im PE.

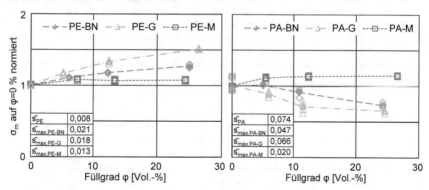

Abb. 6.3:   Ergebnisse Zugprüfung: Auf $\varphi = 0$ Vol.-% normierte Zugfestigkeit σ_m für PE und PA über jeweils ermitteltem Füllgrad φ

Mögliche Erklärung:

Damit Kräfte von den Füllstoffen übertragen werden können und dadurch die Gesamtfestigkeit erhöht wird, ist eine gute Anbindung der Partikel an das Polymer wichtig. Nach Aussage des Compoundherstellers der Basiscompounds ist dies bei PA meist schwieriger als bei PE zu erreichen [185], was sich auch in den Ergebnissen eindeutig widerspiegelt. Selbst das hohe Aspektverhältnis von Bornitrid (vgl. Tab. 6.1), was allgemein als hilfreich zur Verbesserung

der mechanischen Eigenschaften gilt [186], [187], wird durch die vermutlich schlechte Anbindung an das PA kompensiert. Die Partikel scheinen dadurch eher eine Kerbwirkung hervorzurufen, wodurch sich die Zugfestigkeit für beide Füllstoffe bei den höchsten untersuchten
Füllgraden auf etwa 65% (G) bzw. 73% (BN) reduziert. Das Mineral hat demgegenüber eine
speziell auf die Anbindung in Polyamid abgestimmte Schlichte, die eine chemische Anbindung an das Polymer ermöglicht und somit offensichtlich einen Vorteil gegenüber den anderen Füllstoffen besitzt [185].

In Abb. 6.4 sind die in der Zugprüfung ermittelten Ergebnisse des Zugmoduls E_t (vgl.
Kap. 4.2.5) für alle untersuchten Werkstoffkombinationen abgebildet. Alle drei Füllstoffe
führen im Polymer PE eine deutliche Zunahme des Zugmoduls herbei. Das Polymer zeigt also
bei gleicher Belastung eine geringere Verformung. Es ist auffällig, dass bis zu einem Füllgrad
von etwa $\varphi = 7$ Vol.-% kaum ein Unterscheid zwischen den verschiedenen Füllstoffen festzustellen ist. Zu größeren Füllgraden hin differenzieren sich die Füllstoffe hingegen deutlich.
Besonders stark ausgeprägt ist der Einfluss bei dem Füllstoff Graphit. Hier vergrößert sich der
Zugmodul um ca. Faktor 4,6 bei maximal untersuchtem Füllgrad. Den geringsten Einfluss
besitzt das Mineral, aber auch hier wird immer noch eine maximale Zunahme von fast Faktor
drei erreicht. Die Ergebnisse für das mit Bornitrid gefüllte PE liegen etwa mittig zwischen den
beiden anderen Füllstoffen, wobei für alle ein näherungsweise linearer Zusammenhang zu
erkennen ist.

Die beschriebene Reihenfolge sowie die prinzipielle Entwicklung zeigen sich ebenfalls für die
PA basierten Proben. Insgesamt fällt der Einfluss mit einem Faktor von maximal 2,7 (PA-25-
G) jedoch geringer aus. Die höchsten Streuungen für beide Basispolymere treten jeweils bei
den größten Füllgraden auf (Nennfüllgrad 25 Vol.-%). Insgesamt war eine Erhöhung des
Zugmoduls durch die Füllstoffe zu erwarten, da der Zugmodul technischer Keramiken um
mindestens drei Größenordnungen über dem von Kunststoffen liegt [188]. Obwohl Graphit
nach [188] einen deutlich geringeren Elastizitätsmodul gegenüber hexagonalem Bornitrid
aufweist, zeigt Graphit in beiden Basispolymeren die stärkste Zunahme des Zugmoduls.
Grund dafür kann eine besonders gute Verteilung der Graphitpartikel in den Polymeren sein.

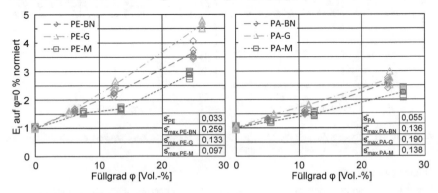

Abb. 6.4:   Ergebnisse Zugprüfung: Auf $\varphi = 0$ Vol.-% normierter Zugmodul E_t für PE und PA über
jeweils ermitteltem Füllgrad φ

Zusammenfassend kann für PE ein positiver Einfluss auf die Zugfestigkeit für alle Füllstoffe, aber insbesondere für Graphit, festgehalten werden. Gleichzeitig verliert das Material mit zunehmenden Füllgraden aber auch an Elastizität, was für Betankungen bei tiefen Temperaturen relevant sein kann. Hierbei führt ein sehr sprödes Materialverhalten unter Umständen zum Versagen des Liners und damit zu Undichtigkeiten. Einen etwas geringeren Einfluss auf das elastische Materialverhalten haben die Füllstoffe hingegen für das Basispolymer PA. Relativierend sei hier jedoch darauf hingewiesen, dass das Verhältnis des Zugmoduls der reinen Polymere PE zu PA etwa $E_{t,PE}/E_{t,PA} \approx 0,2$ beträgt. Der Zugmodul von PE-25-G entspricht also in etwa dem des reinen PA. Die Zugfestigkeit der PA basierten Materialien wird durch die Füllstoffe Graphit sowie Bornitrid sogar verringert, bei gleichzeitiger Zunahme des E-Moduls. Hier zeigt nur das Mineral durch die spezielle Schlichte und die dadurch bedingte bessere chemische Anbindung [185] einen positiven Einfluss. Eine geringere Verformung des Materials bei Belastung kann insbesondere an Dichtstellen wie z. B. der Anbindung des Linermaterials an einen metallischen Boss von Vorteil sein.

Biegeprüfung

In Abb. 6.5 sind die Ergebnisse zur Biegefestigkeit σ_{fm} der beiden Basispolymere PE (links) und PA (rechts) für die unterschiedlichen Füllstoffe in Abhängigkeit des Füllgrades zusammengefasst.

Vergleichbar zu den Ergebnissen der Zugfestigkeit bei PE ist eine mit steigendem Füllgrad näherungsweise lineare Zunahme der Biegefestigkeit festzustellen. Aber ähnlich wie die Entwicklung des Zugmoduls ist der Unterschied zwischen den unterschiedlichen Füllstoffen bei geringen Anteilen ($\varphi = 6,25$ Vol.-%) kaum ausgeprägt. Bei höheren Füllgraden fächern die Kurven ebenfalls auf, so dass auch hier Graphit den höchsten und das Mineral den geringsten Einfluss auf die Biegefestigkeit zeigt.

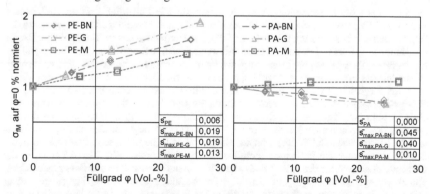

Abb. 6.5: Ergebnisse Biegeprüfung: Auf $\varphi = 0$ Vol.-% normierte Biegefestigkeit σ_{fm} für PE und PA über jeweils ermitteltem Füllgrad φ

Für das Basispolymer PA ist auch bei der Biegefestigkeit nur durch das Mineral ein durchgehend positiver Effekt mit erhöhter Festigkeit erkennbar. Die Ergebnisse für Graphit und Bornitrid zeigen wie bei der Zugfestigkeit einen, wenn auch nicht so stark ausgeprägten, schwächenden Effekt auf das Polymer. Die maximale normierte Streuung fällt, ebenfalls vergleichbar zu denen der Zugprüfungen (Zugfestigkeit), insgesamt gering aus mit leicht höheren Werten bei den Prüfungen der PA basierten Proben.

Die Abb. 6.6 zeigt die jeweiligen Ergebnisse der Biegeprüfungen zum ermittelten normierten Biegemodul. Dieses gibt entsprechend zu dem in der Zugprüfung ermittelten Zugmodul Aufschluss über das Dehnungsverhalten bei Belastung im elastischen Bereich (vgl. Kap. 4.2.5). Der Biegemodul liefert bei Kunststoffen prinzipiell die gleiche Aussagekraft wie auch der Zugmodul und ist lediglich ein auf andere Weise ermitteltes Elastizitätsmodul [189].

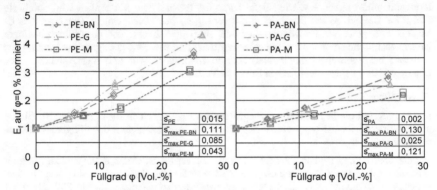

Abb. 6.6:   Ergebnisse Biegeprüfung: Auf $\varphi = 0$ Vol.-% normierter Biegemodul E_f für PE und PA über jeweils ermitteltem Füllgrad φ

Die Ergebnisse des Biegemoduls (Abb. 6.6) zeigen für alle Füllstoffe auch im vorliegenden Fall für gefüllte Polymere ein vergleichbares Verhalten in Abhängigkeit des Füllgrades zu den Ergebnissen des Zugmoduls (Abb. 6.4). Auffällig ist hier jedoch das im Basispolymer PA die mit Bornitrid gefüllten Compounds einen höheren Biegemodul aufweisen als die Graphit gefüllten PA-Proben. Dieses Verhalten war auch beim Zugmodul aufgrund des höheren Elastizitätsmoduls des Bornitrids gegenüber Graphit zu erwarten, allerdings zeigte sich in den Versuchen das Gegenteil (vgl. Abb. 6.4). Grund dafür könnte eine anisotropere Ausrichtung der BN-Partikel gegenüber den Graphitpartikeln im Polyamid sein, die zu diesen unterschiedlichen Moduln bei Zug- und Biegebelastung führt. Jaroschek zeigt in [189] auf, das die Abweichung zwischen beiden Kennwerten im Bereich von 5% liegt und der im Zugversuch ermittelte Elastizitätsmodul E_t über dem des Biegemoduls E_f liegt. Diese Aussagen können bei den hier durchgeführten Prüfungen nur teilweise bestätigt werden. Wie Abb. 6.7 zeigt, ist der Biegemodul sowohl für das reine PE als auch für alle auf diesem Polymer basierenden Compounds geringer als der Zugmodul, allerdings sind deutlich größere Abweichungen gegenüber [189] von bis zu 38% zu beobachten. An dieser Stelle sei nochmals darauf hingewiesen, dass die Proben für die Zug- und Biegeprüfungen aus den gleichen Fertigungschargen stammen und somit Abweichungen durch den Herstellungsprozess auszuschließen sind.

Bei Proben aus PA ohne Füllstoffzugabe wird hingegen das von Jaroschek [189] ebenfalls an PA Proben beobachtete Ergebnis erzielt, mit einer Abweichung von unter 1%. Die auf PA basierten Proben mit Füllstoffen zeigen demgegenüber kein einheitliches Bild. Während die Ergebnisse von mit Bornitrid (BN) gefüllten PA-Proben noch ein zu den PE-Proben ähnliches Verhalten widerspiegeln, so hat Graphit (G) einen genau gegenteiligen Einfluss auf das Verhältnis der beiden Moduln. Nur das Mineral (M) als Füllstoff zeigt nahezu für alle Füllgrade einen sehr geringen Unterschied zwischen Biege- und Zugmodul mit einer maximalen Abweichung beim höchsten Nennfüllgrad von 2,3%. Aber auch hier liegt der Biegemodul für zwei der drei untersuchten Füllgrade über dem des Zugmoduls, was den Aussagen in [189] widerspricht. Außerdem fällt beim Vergleich der Streuung in Abb. 6.4 und Abb. 6.6 auf, dass diese bei den durchgeführten Prüfungen trotz gleicher Probenchargen bei den Biegeprüfungen geringer ausfallen, was eine Ermittlung des Elastizitätsmoduls im Biegeversuch befürwortet.

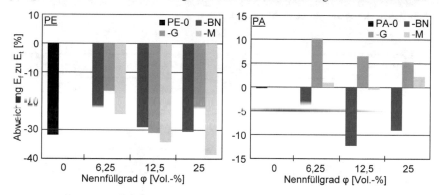

Abb. 6.7: Prozentuale Abweichung zwischen Biegemodul E_f und Zugmodul E_t für PE und PA über den Nennfüllgrad

Auch wenn der Trend des Füllstoff- und Füllgradeinflusses auf den Biege- und Zugmodul nach Abb. 6.4 und Abb. 6.6 insgesamt ähnlich wirkt, so zeigt die Betrachtung im Detail (Abb. 6.7) die Komplexität des Materialverhaltens auf. Bei gleichen Füllstoffen werden auch bei den beiden zuvor untereinander verglichenen Kennwerten völlig unterschiedliche Einflüsse erzielt, was die Gültigkeit von allgemeinen Aussagen für Kunststoffe - wie sie in [189] getroffen werden - für partikelgefüllte Polymere deutlich einschränkt. Auch daran wird die Schwierigkeit deutlich, geeignete, allgemeingültige Modelle aufzustellen, welche ein Materialverhalten in Bezug auf mechanische Kennwerte in Abhängigkeit von Basispolymer, Füllstoff und Füllgrad vorhersagen können.

Kerbschlagprüfung

Die in der Kerbschlagprüfung (vgl. Kap. 4.2.5) ermittelte Kerbschlagzähigkeit gibt Aufschluss über die Widerstandsfähigkeit eines Materials gegenüber schlagartiger Belastung. Für die Anwendung als Linermaterial in einem Wasserstoffspeicher ist dies insbesondere beim Betankungsvorgang von Interesse. Wie in Kap. 4.1.2 beschrieben erfolgt zu Beginn der Betankung ein Druckstoß, welcher den Liner schlagartig belastet. Besonders kritisch ist dies, wenn der Speicherzylinder nahezu drucklos ist.

Die entsprechenden Ergebnisse für die PE- und PA- basierten Compounds mit den drei Füllstoffen sind in Abb. 6.8 dargestellt. Alle Füllstoffe zeigen bei der Compoundierung mit PE bei sehr geringen Streuungen einen vergleichbaren Einfluss. Die Kerbschlagzähigkeit nimmt mit zunehmendem Füllgrad bedeutend ab, so dass bei einem Nennfüllgrad von $\varphi = 25\%$ für alle Füllstoffe eine Schlagzähigkeit von nur etwa 20% gegenüber den reinen PE Proben erhalten bleibt. Bei den Ergebnissen der Prüfungen an den PA Proben fallen deutlich die gegenüber den PE Proben höheren Streuungen auf. Bis zu einem Füllgrad von etwa φ = 6% zeigen alle Füllstoffe bei PA einen tendenziell positiven Einfluss auf die Schlagzähigkeit. Diese nimmt dann mit steigendem Füllgrad bei Bornitrid und Graphit wieder ab. Bei ca. φ = 12% ist die Zähigkeit auf dem Niveau des ungefüllten PA und fällt bei maximalem Füllgrad auf etwa 75%. Demgegenüber zeigen die Ergebnisse für das Mineral ab φ = 6% einen nahezu konstanten Einfluss über dem Füllgrad. Auch wenn die Streuung bei den PA basierten Proben höher ist, so zeigt sich bei diesem Polymer für alle Füllstoffe insgesamt ein deutlich homogeneres Verhalten in Bezug auf die Kerbschlagzähigkeit.

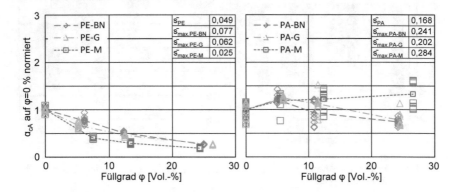

Abb. 6.8:   Ergebnisse Kerbschlagprüfung: Auf φ = 0 Vol.-% normierte Kerbschlagzähigkeit α_{cA} für PE und PA über jeweils ermitteltem Füllgrad φ

Die Kerbschlagzähigkeit ist im Anwendungsfall zu Beginn einer Betankung, insbesondere eines völlig leeren Zylinders relevant. Durch den Druckstoß zu Beginn einer Betankung unterliegt der Liner einer schlagartigen Belastung. Tritt hier ein Versagen des Liners auf, ist der Zylinder undicht. Das Polyamid scheint nach Abb. 6.8 diesbezüglich insbesondere durch das Mineral einen deutlichen Vorteil zu erreichen. Unter Berücksichtigung der Absolutwerte (Tab. 9.7) zeigt sich jedoch, dass die Kerbschlagzähigkeit des Basispolymers PA eine Größenordnung unter der des PE liegt, was die unterschiedlichen Einflüsse der Füllstoffe erklärt. Die Reduzierung der Widerstandsfähigkeit gegen schlagartige Belastungen des PE ist aufgrund des verbleibenden absoluten Betrags demnach weniger relevant, positiv hervorzuheben aber die Möglichkeit im Basispolymer PA eine Verbesserung hervorzurufen.

Vicat-Erweichungstemperatur

An die Erweichungstemperatur des Linermaterials wird in der Zulassungsvorschrift EG 79 eine explizite Forderung von VST > 100 °C gestellt (vgl. Kap. 4.1.1). Aus diesem Grund sind die Ergebnisse in Abb. 6.9 als Absolutwerte dargestellt. Der Einfluss durch die Füllstoffe ist bei den PE Proben sehr gering. Alle Proben erfüllen mit Werten VST > 122 °C die Anforderung nach EG79. Durch die Zugabe der Füllstoffe wird eine Erhöhung der Erweichungstemperatur, nahezu unabhängig vom Füllgrad, von durchschnittlich etwa 1,4 °C erreicht. Die Ergebnisse für die PA Proben liegen alle über VST > 200 °C und damit außerhalb des Messbereiches des verwendeten Testers bzw. Öls (Abbruch der Messungen bei ca. 200 °C). Die Ergebnisse für alle untersuchten Proben liegen deutlich über der Forderung VST > 100 °C.

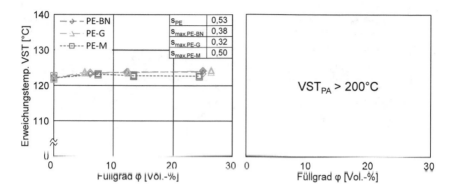

Abb. 6.9: Ergebnisse zur Vicat Erweichungstemperatur VST für PE über jeweils ermitteltem Füllgrad φ; PA alle VST > 200 °C (außerhalb Messbereich)

6.3.2 Thermische Kennwerte

Soll die Wärmeleitfähigkeit in Abhängigkeit der Temperatur bestimmt werden, so ist die Bestimmung der Dichte ebenfalls über der Temperatur zu ermitteln (Gl. 4-4, Kap.4.2.1). Da dies wie in Kap. 4.2.2 erwähnt im Rahmen dieser Arbeit nicht möglich ist, soll zunächst eine Abschätzung des Fehlers der Wärmeleitfähigkeit aufgrund der konstant angenommenen Dichte durchgeführt werden. Anschließend werden die Ergebnisse der spezifischen Wärmekapazität c sowie der Temperaturleitfähigkeit a dargestellt. Abschließend wird dann die daraus berechnete Wärmeleitfähigkeit λ für die beiden Basispolymere jeweils mit den drei Füllstoffen vorgestellt. Die Ergebnisse werden im Gegensatz zu den mechanischen Kennwerten absolut dargestellt, da diese Parameter in die Simulationen zur Potenzialabschätzung in Kap.6.5 einfließen.

Fehlerabschätzung durch konstante Dichte

Die Fehlerabschätzung wird auf Basis von in der Literatur verfügbaren Werten des Ausdehnungskoeffizienten der beiden Basispolymere PE und PA durchgeführt (vgl. Tab. 6.4). Da die Füllstoffe einen um mindestens eine Größenordnung kleineren Ausdehnungskoeffizienten besitzen [190], ist der maximale Fehler beim Vergleich der ungefüllten Polymere zu erwarten. Die temperaturabhängige Dichte ρ_{th} wird nach Gl. 6-6 [190] mit Hilfe des thermischen Volumenausdehnungskoeffizienten berechnet:

$$\rho_{th} = \frac{\rho_0}{1 + \beta \cdot \Delta T} \qquad \text{Gl. 6-6}$$

Dazu gibt Tab. 6.4 eine Übersicht der angenommenen Längenausdehnungskoeffizienten α und den daraus nach Gl. 6-3 berechneten Volumenausdehnungskoeffizienten β. Die Größenordnung ist für beide Basispolymere vergleichbar, wenn auch PE eine etwas höhere Temperaturabhängigkeit zeigt. Der Fehler wird gegenüber der Berechnung mit konstanter Dichte daher für PE etwas höher als der von PA ausfallen.

Tab. 6.4:   Zur Fehlerabschätzung angenommene thermische Längen- (α) und Volumenausdehnungskoeffizienten (β) für PE und PA für unterschiedliche Temperaturbereiche; Datengrundlage: [190]; [191]; [110]

Parameter	Polymer	Temperaturbereich		
		-40 °C	**21 °C**	**85 °C**
Längenausdehnungs-koeffizient α	PE	$129 \cdot 10^{-6}$K	$160 \cdot 10^{-6}$K	
	PA	$80 \cdot 10^{-6}$K	$115 \cdot 10^{-6}$K	
Volumenausdehnungs-koeffizient $\beta = 3 \cdot \alpha$	PE	$387 \cdot 10^{-6}$K	$480 \cdot 10^{-6}$K	
	PA	$240 \cdot 10^{-6}$K	$345 \cdot 10^{-6}$K	

Der Vergleich zwischen der Wärmeleitfähigkeit mit konstanter und mit nach Gl. 6-6 berechneter temperaturabhängiger Dichte ist in Abb. 6.10 über der Temperatur dargestellt. Zunächst ist zu bemerken, dass die Wärmeleitfähigkeit von PA im betrachteten Temperaturbereich eine insgesamt geringe Abhängigkeit von der Temperatur zeigt. Demgegenüber nimmt die Wärmeleitfähigkeit mit steigender Temperatur bei PE ab. Der Schnittpunkt der jeweiligen Kurven mit konstanter und mit temperaturabhängiger Dichte liegt bei einer Temperatur von $\vartheta = 21$ °C, bei der die Dichtebestimmung stattgefunden hat. Die Wärmeleitfähigkeit erhöht sich durch die Berücksichtigung der temperaturabhängigen Dichte bei der tiefsten betrachteten Temperatur um etwa 1,45% bei PA und 2,33% bei PE. Bei $\vartheta = 85$ °C ist jeweils die maximale Abweichung für beide Materialien von 2,23% für PA und 3,12% für PE festzustellen.

Vor dem Hintergrund, dass die Abweichungen gegenüber der erwarteten Erhöhung der Wärmeleitfähigkeit durch die Füllstoffe sehr gering sind und bei tiefen Temperaturen eine konservative Abschätzung erfolgt, wird eine Berechnung der Wärmeleitfähigkeit mit der ermittelten konstanten Dichte (vgl. Tab. 6.3) im Rahmen dieser Arbeit als zulässig betrachtet.

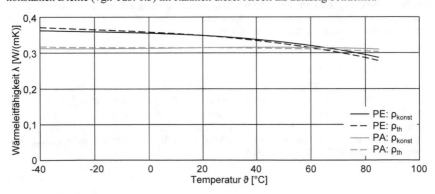

Abb. 6.10:   Wärmeleitfähigkeit λ unter Verwendung der konstanten (ρ_{konst}) und der temperaturabhängigen (ρ_{th}) Dichte t für PE und PA für unterschiedliche Temperaturbereiche

Spezifische Wärmekapazität

Die spezifische Wärmekapazität c, als Maß für die einem Werkstoff zuzuführende Wärmeenergie um dessen Temperatur zu erhöhen, fließt in die Berechnung der Wärmeleitfähigkeit
ein (Gl. 4-4, Kap.4.2.1). Da die spezifische Wärmekapazität der einzelnen Füllstoffe unterhalb
der Basispolymere liegt [192], ist eine Verringerung selbiger zu erwarten.

Wie Abb. 6.11 zeigt, kann dies für beide Polymere und alle Füllstoffe entsprechend dem Füllgrad anhand der durchgeführten Messungen bestätigt werden. Die Kurven zeigen außerdem
den deutlichen Einfluss der Temperatur auf die spezifische Wärmekapazität. Bezogen auf die
Basispolymere (jeweils als Volllinie dargestellt) zeigt sich in Abhängigkeit des Füllgrades
eine nahezu parallele Verschiebung der Kurven für die jeweiligen Füllstoffe. Sowohl für PE
als auch für PA zeigt das Mineral bei allen Füllgraden den stärksten Einfluss (Reduzierung)
auf die spezifische Wärmekapazität. Den geringsten Einfluss besitzt das Bornitrid (BN). Während Graphit bei geringen Füllgraden eine ähnliche Reduzierung wie BN hervorruft, so differenziert sich mit steigendem Füllgrad Graphit mit geringeren Werten gegenüber BN.

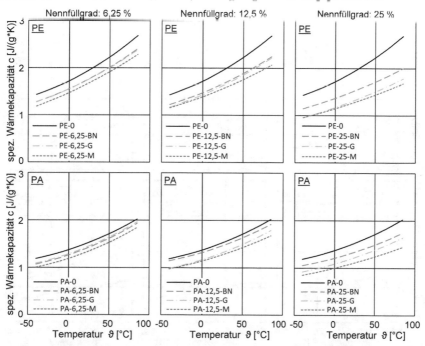

Abb. 6.11: Ergebnisse zur spezifischen Wärmekapazität c für PE und PA in Abhängigkeit der Temperatur ϑ und des Füllgrades φ

Temperaturleitfähigkeit

Während sich die Reduzierung der spezifischen Wärmekapazität durch die Füllstoffe nach
Gl. 4-4, Kap.4.2.1 nachteilig auf die Wärmeleitfähigkeit auswirkt, so zeigen die Ergebnisse

zur Temperaturleitfähigkeit a nach Abb. 6.12 diesbezüglich einen vorteilhaften Einfluss der Füllstoffe. Auffällig ist, dass hier die Füllstoffe Bornitrid (BN) sowie das Mineral (M) bei geringen Füllgraden eine ähnliche und gegenüber Graphit (G) geringe Erhöhung der Temperaturleitfähigkeit bewirken.

Insgesamt zeigt Graphit bei allen Füllgraden und für beide Basispolymere den größten Einfluss und vor allem beim höchsten untersuchten Füllgrad das signifikanteste Verbesserungspotenzial der Temperaturleitfähigkeit, insbesondere für PA. Je nach Temperatur liegt hier die Erhöhung der Temperaturleitfähigkeit etwa zwischen Faktor 2,8 ($\vartheta = 85\ ^\circ$C) bis 3,5 ($\vartheta = -40\ ^\circ$C). Dagegen zeigen Bornitrid und das Mineral auch bei zunehmendem Füllgrad eine zueinander vergleichbare und näherungsweise nur lineare Verbesserung um maximal Faktor 2,2 ($\vartheta = -40\ ^\circ$C).

Damit ist Graphit bezüglich der Wärmeleitfähigkeit der beste der drei untersuchten Füllstoffe. Er zeigt eine starke Zunahme der Temperaturleitfähigkeit (vgl. Abb. 6.12) bei gleichzeitig moderater Verringerung der Wärmekapazität (vgl. Abb. 6.11).

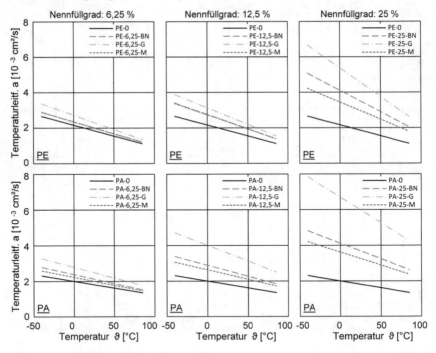

Abb. 6.12:   Ergebnisse zur Temperaturleitfähigkeit a für PE und PA in Abhängigkeit der Temperatur ϑ und des Füllgrades φ

Wärmeleitfähigkeit

Die sich aus den bisher ermittelten thermischen Kennwerten und der Dichte ergebenden Wärmeleitfähigkeiten sind in Abb. 6.13 in Abhängigkeit der Temperatur und des Füllgrades dargestellt. Bei geringen Füllgraden ist der Einfluss der Füllstoffe insgesamt zwar gering, jedoch zwischen den Füllstoffen bereits eindeutig zu differenzieren. Graphit zeigt die höchste Zunahme der Wärmeleitfähigkeit, insbesondere bei PA. Das Mineral zeigt grundsätzlich die geringste Verbesserung, mit Ausnahme des Vergleiches bei einem Nennfüllgrad von $\varphi_{Nenn} = 6{,}25\%$ und $\varphi_{Nenn} = 12{,}5\%$ für PE. Der Grund liegt in der Varianz des tatsächlichen Füllgrades. Bei einem Vergleich der realen Füllgrade (Tab. 6.3) fällt auf, dass das Mineral-compound um etwa ein Prozent in beiden Fällen über dem Nennfüllgrad liegt, während die Compounds der anderen Füllstoffe kaum Abweichung zum Nennwert aufweisen, weshalb hier durch das Mineral höhere Wärmeleitfähigkeiten erreicht werden bei scheinbar gleichem Volumenanteil.

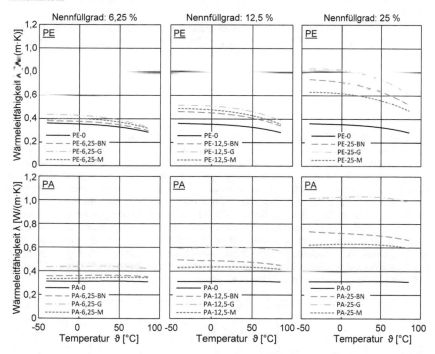

Abb. 6.13: Ergebnisse zur Wärmeleitfähigkeit λ für PE und PA in Abhängigkeit der Temperatur ϑ und des Füllgrades φ

In beiden Basispolymeren ist eine Abnahme der Wärmeleitfähigkeit bei hohen Temperaturen ersichtlich, welche insbesondere bei PE ausgeprägt ist (vgl. Abb. 6.10). Die Parallelität der Kurven zum jeweiligen Basispolymer deutet darauf hin, dass dieses Verhalten bei hohen Temperaturen im Wesentlichen durch das Basispolymer verursacht wird. Allerdings ist bei genauer Betrachtung auch zu erkennen, dass die Reduzierung im Bereich hoher Temperaturen mit steigenden Füllgraden zunimmt. Dieser Einfluss wiederum wird vor allem durch die Füllstoffe verursacht. Besonders deutlich ist dies beim Basispolymer PA zu erkennen. Das reine

Polymer zeichnet sich durch eine nahezu von der Temperatur unabhängige Wärmeleit-fähigkeit aus, während ab 12,5% alle gefüllten Compounds eine abfallende Tendenz zeigen. Graphit zeigt insbesondere bei PA einen sehr positiven Einfluss auf die Wärmeleitfähigkeit. So ist die Verbesserung der Wärmeleitfähigkeit bei PA bei einem Nennfüllgrad von $\varphi_{Nenn} = 25\%$ durch Graphit etwa doppelt so hoch wie die durch das Mineral oder Bornitrid. Dabei liegt der Füllgrad nach Tab. 6.3 für Graphit und Bornitrid etwa gleichermaßen unter dem Nennfüllgrad, das Mineral liegt ca. 1,5% darüber. Gründe für den positiven Einfluss von Graphit bzw. die verhältnismäßig geringe Verbesserung durch BN liegen vermutlich in der Verteilung und Orientierung der Partikel begründet. Untersuchungen dazu folgen in Kap. 6.3.4.

Die Ergebnisse weisen eine maximale Verbesserung der Wärmeleitfähigkeit durch den Einsatz von Graphit als Füllstoff für PA bei $\varphi_{Nenn} = 25\%$ um den Faktor 3,3 nach. Aufgrund des höchsten Verbesserungspotenzials hinsichtlich der Wärmeleitfähigkeit mit Graphit als Füllstoff in PA, werden die vorgestellten temperaturabhängigen, thermischen Materialeigenschaften für die Potenzialabschätzung mit Hilfe von CFD-Simulationen weiter in Kap. 6.5 verwendet.

6.3.3 Permeation

Die Permeation von Wasserstoff durch den Liner eines Wasserstoffspeichers ist in zweierlei Hinsicht relevant. Zum einen ist es erforderlich die für die Zulassung relevanten Grenzwerte der Gaspermeation einzuhalten. Zum anderen bedeutet eine starke Permeation aber auch einen hohen Gasanteil im Linermaterial. Wird der Speicher schnell entleert (Autobahnfahrt; Service, z.B. Ventiltausch) so kann der im Material befindliche Wasserstoff nicht entsprechend schnell aus dem Material zurückdiffundieren. Durch den hohen Gasdruck der dann im Material entsteht, kann ein Aufplatzen an der Oberfläche – genannt *Blistering* – auftreten, welches den Liner schädigt [119]. Der Kraftstoffverlust durch Permeation aus Kundensicht spielt im Gegensatz zu kryogenen Speichertechniken (vgl. Kap. 3.3) in Anbetracht der geringen erlaubten Grenzwerte bei Druckgasspeichern keine nennenswerte Rolle. Die Abb. 6.14 zeigt die Ergebnisse der Permeationsprüfungen zur Permeabilität P von Wasserstoff durch PE und PA in Abhängigkeit des ermittelten Füllgrades für die drei untersuchten Füllstoffe.

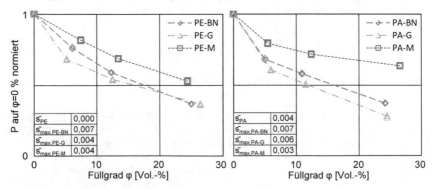

Abb. 6.14:   Ergebnisse Permeationsprüfung: Auf $\varphi = 0$ Vol.-% normierte Permeabilität P von Wasserstoff durch PE und PA über jeweils ermitteltem Füllgrad φ

Die Ergebnisse sind auf das jeweilige Basispolymer normiert dargestellt. Alle absoluten Werte (Mittelwerte) sind zusätzlich in Tab. 9.7, Kap. 9.8 aufgeführt. Zunächst kann hervorgehoben werden, dass die Ergebnisse für alle Materialkombinationen einer sehr geringen Streuung unterliegen.

Insgesamt bestätigen die Versuche das der Theorie nach zu erwartende Verhalten einer abnehmenden Permeabilität mit zunehmendem Füllstoffgehalt (vgl. Kap. 6.1). Des Weiteren bestätigen die Ergebnisse die Theorie, dass Füllstoffe mit einem höheren Aspektverhältnis auch zu geringerer Gasdurchlässigkeit führen (vgl. dazu auch Kap. 6.3.4). So ist die größte Reduzierung bei Graphit und Bornitrid zu beobachten (bis zu 70%). Insbesondere bei PA ist der Einfluss des Minerals bei hohen Füllstoffkonzentrationen deutlich geringer gegenüber den beiden anderen Füllstoffen. Graphit zeigt insgesamt das größte Potenzial zur Reduzierung der Permeabilität. Auch wenn die meisten Hersteller von Wasserstoffdruckgasspeichern des Typs IV heute aufgrund der geringeren Permeabilität (hier P_{PA} : $P_{PE} \approx 1 : 17$, vgl. Tab. 9.7) zu PA tendieren, so können durch die Anwendung der Füllstoffe neben der thermischen Optimierung auch neue Impulse hinsichtlich der Permeation entstehen, wenn beispielsweise ein neues prinzipiell geeignetes Material nur einer Modifizierung bezüglich seiner Permeationseigenschaften bedarf. Auch kann bei Verwendung der Füllstoffe eine Reduzierung der Linerstärke die Folge sein, wodurch sich neben der Kosteneinsparung und der Gewichtsreduzierung auch ein vergrößertes Speicherinnenvolumen ergibt. Nach dem in Kap. 5.1.1 vorgestellten Modell ergibt sich bei der Reduzierung der Linerwandstärke von $t_L = 5$ mm auf $t_L = 3$ mm für den 40 Liter Zylinder aus Tab. 5.1, #5, ein Mehrinhalt von etwa 1,4 l Innenvolumen (3,5%). Bei einem Vierzylindersystem entspricht dies etwa 225 g Wasserstoff bzw. 29,6 km Kundenreichweite mit dem Fahrzeug (angenommener Verbrauch 0,76 kg_{H2}/100 km, [193]).

6.3.4   Morphologische Analyse der gefüllten Polymere

Im Folgenden werden die Proben und Füllstoffe anhand von lichtmikroskopischen und elektromikroskopischen Aufnahmen untersucht. Für die Lichtmikroskopie wird das Digital Microscope VHX-500F der Fa. Keyence verwendet. Das verwendete Objektiv erlaubt maximal eine 1000-fache Vergrößerung. Die Analyse der Bruchflächen von Proben aus dem Zugversuch erfolgt mittels Feldemissions-Raster-Elektronenmikroskopie (FEREM) durch ein ZEISS Supra™ 40VP SEM der Fa. Carl Zeiss AG. Mit dem gewählten Gerät sind bis zu 900.000-fache Vergrößerungen möglich. Dadurch soll insbesondere die Partikelorientierung in den hergestellten Proben analysiert werden.

6.3.4.1   Mikroskopie

Füllstoffe

Zunächst werden die Füllstoffe vor der Verarbeitung in einem Polymercompound betrachtet. Dazu zeigt Abb. 6.15 lichtmikroskopische Aufnahmen der drei reinen Füllstoffe mit einheitlichem Maßstab. Die Untersuchung der BN-Partikel zeigt die deutliche Agglomeratbildung des hexagonalen Bornitrids. Nur wenige Einzelpartikel, die das hohe Aspektverhältnis erahnen lassen, sind in Abb. 6.15 zwischen den Kugelförmigen Agglomeraten zu erkennen.

Die Kugelbildung ist der Regel- und nicht der Einzelfall, wie die erweiterte Darstellung in Abb. 9.12 zeigt. Einzelne Kugeln erreichen Durchmesser von über $D > 200$ µm. Bei der Handhabung des Pulvers macht sich diese Agglomeratbildung positiv bemerkbar, da das Pulver fließfähig ist, vergleichbar einer Flüssigkeit. In der Anwendung als Füllstoff im Polymer kann sich dies allerdings nachteilig auswirken, denn eine homogene Verteilung der Einzelpartikel wird dadurch erschwert.

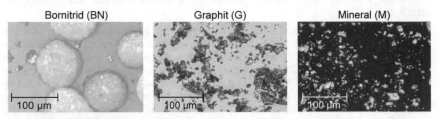

Abb. 6.15: Lichtmikroskopische Aufnahmen der verwendeten Füllstoffe Bornitrid, Graphit und Mineral mit einheitlichem Maßstab

Die Graphit-Partikel tendieren deutlich weniger bis gar nicht zur Agglomeratbildung. Hier sind vereinzelte Anhäufungen zu erkennen, die keinen starken Zusammenhalt besitzen. Auch wenn keine Herstellerangaben zum Aspektverhältnis des Graphitpulvers vorliegen, so ist ansatzweise zu erkennen, dass die Graphitpartikel ein ähnliches Aspektverhältnis aufweisen wie die BN-Partikel. Das bestätigt die in Kap. 6.3.3 erwähnte Theorie, dass ein hohes Aspektverhältnis zu geringerer Permeabilität führt (Graphit zeigt höchste Reduzierung der Permeabilität, vgl. Abb. 6.14).

Die Mineral-Partikel liegen vereinzelt vor und zeigen keine Bindungsaffinität untereinander. Die unter dem Mikroskop zu beobachtende nahezu kubische Partikelform bestätigt das vom Hersteller Angegebene Aspektverhältnis (vgl. Tab. 6.1)

Gefüllte Polymere

Die verwendeten Basispolymere haben im ungefüllten Zustand unterschiedliche Farben. Das reine PE weist eine schwarze Grundfarbe auf, während das PA milchig weiß ist. Um bei den lichtmikroskopischen Untersuchungen bei den ebenfalls farblich unterschiedlichen Füllstoffen einen maximalen Kontrast zu erreichen, wird die ungleiche Farbgebung der Basispolymere genutzt. So werden Probenquerschnitte bei Füllung mit Bornitrid und dem Mineral an PE-Proben durchgeführt, da diese Füllstoffe weißlich sind (vgl. Abb. 6.15). Die Auswertung der graphitgefüllten Proben erfolgt dagegen an PA-Proben. Eine Schnittfläche einer Probe des Materials PE-25-BN ist über der gesamten Probenbreite eines Vielzweckkörpers in Abb. 6.16 dargestellt.

Es wird deutlich, dass es trotz zweimaliger Verarbeitung des Füllstoffes bzw. Materials (1. Basiscompoundierung; 2. Probenherstellung) nicht gelingt, die agglomerierten Partikel des hexagonalen Bornitrids zu vereinzeln. Es sind deutlich Anhäufungen (weiße Punkte) in allen Bereichen des Querschnitts zu erkennen. Dies kann ein Grund dafür sein, warum die Ergebnisse zur Wärmeleitfähigkeit, für die mit Bornitrid gefüllte Polymere (vgl. Abb. 6.13) hinter den Erwartungen, die in Anbetracht der hohen Wärmeleitfähigkeit dieses Füllstoffes naheliegen, zurück bleiben.

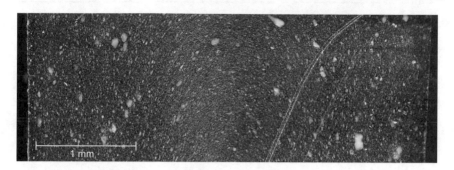

Abb. 6.16: Lichtmikroskopische Aufnahmen eines Vielzweckprobekörpers: Material PE-25-BN; Querschnitt über gesamte Breite b_1 (vgl. Abb. 9.1)

Die Abb. 6.17 zeigt entsprechende Aufnahmen für die Werkstoffe PA-25-G (a) und PE-25-M (b) über die gesamte Probenbreite. Vor dem Hintergrund, dass das Basispolymer PA eine weiße Färbung besitzt, wird die gute Dispergierbarkeit von Graphit deutlich. Es sind nur sehr vereinzelt und vor allem nur sehr kleine helle Punkte zu erkennen, in denen keine Graphitpartikel vorhanden sind. Der Werkstoff PE-25-M (Abb. 6.17, b)) zeigt ebenfalls eine sehr gleichmäßige Durchmischung. Eine auffällige Agglomeratbildung, wie beim Füllstoff Bornitrid sichtbar, ist hier nicht zu beobachten.

In den lichtmikroskopischen Aufnahmen zeigen die Füllstoffe Graphit und Mineral deutlich bessere Dispergiereigenschaften gegenüber dem Bornitrid. Eine unterschiedliche Ausrichtung oder Ansammlung der Partikel in Abhängigkeit zum Randabstand kann anhand dieser Aufnahmen nicht festgestellt werden. Weiteren Aufschluss darüber können die elektronenmikroskopischen Aufnahmen geben, die im nachfolgenden Kapitel beschrieben werden.

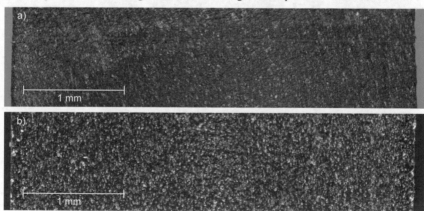

Abb. 6.17: Lichtmikroskopische Aufnahmen eines Vielzweckprobekörpers: Material a) PA-25-G, b) PE-25-M; Querschnitt über gesamte Breite b_1 (vgl. Abb. 9.1)

6.3.4.2 Feldemissions-Raster-Elektronenmikroskopie

Die Vermutung liegt nahe, dass Partikel mit hohem Aspektverhältnis in Spritzgussbauteilen durch die Fließrichtung einer gewissen Orientierung unterliegen, bevorzugt in Längsrichtung. Dies wäre für die Wärmeleitung quer durch die Wand von Nachteil. Dazu wurden in [162] Wärmeleitfähigkeitsuntersuchungen an Proben in Längs- und Querrichtung durchgeführt, die eine bessere Wärmeleitfähigkeit in Längsrichtung bestätigen. Weiterhin wurden aber auch Untersuchungen an Proben durchgeführt, deren äußere Schicht (Spritzhaut) entfernt wurde. Hierbei waren in Querrichtung vergleichbare Wärmeleitfähigkeiten festzustellen wie zuvor in Längsrichtung. Daher wird auf eine isotrope Partikelausrichtung in der Probe geschlossen, wobei eine Orientierung nur in den Randbereichen auftritt.

Mineral

Der mineralische Füllstoff besitzt ein geringes Aspektverhältnis von nahezu eins, was in der elektronenmikroskopischen Aufnahme in Abb. 6.18 deutlich zu erkennen ist. Zudem ist ein lamellarer Aufbau der Partikel zu erkennen. Die Aufnahme ist in der Mitte der Bruchfläche eines Vielzweckprobekörpers aufgenommen (vgl. Abb. 6.18, rechts). Das Detail des linken Partikels zeigt die, aufgrund der besonderen Schlichte des Füllstoffes, gute Anbindung an das Polymer PA, wodurch das in Kap. 6.3.1 beobachtete positive Verhalten bei einigen mechanischen Kennwerten zu erklären ist. Aufgrund des Aspektverhältnisses ist auch in anderen Bereichen des Querschnittes für diesen Füllstoff keine eindeutige Orientierung zu erkennen, was die Annahme einer Orientierung nur in Randbereichen aus [162] bestätigt.

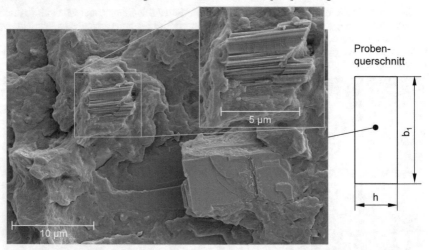

Abb. 6.18: Feldemissions-Raster-Elektronenmikroskopie (FEREM) an der Bruchfläche eines Vielzweckprobekörpers: Material PA-25-M mit Angabe der Position der Aufnahme im Probenquerschnitt (vgl. Abb. 9.1)

Bornitrid

Ein sehr ausgeprägtes Aspektverhältnis weisen die Partikel aus Bornitrid auf. Um das Orientierungsverhalten dieses Füllstoffes zu bewerten sind in Abb. 6.19 FEREM-Aufnahmen an drei verschiedenen Stellen des Querschnittes von der Probenmitte (I) nach außen (II+III) an PA-25-BN Proben dargestellt. Die Aufnahme aus der Mitte der Probe zeigt eine nahezu isotrope Ausrichtung der plättchenförmigen Partikel. Die Partikel stehen zum Teil senkrecht aus der Ebene heraus oder bilden schräge und waagerechte Flächen.

Demgegenüber zeigt die mittlere Aufnahme (II) den Übergangsbereich von der isotropen Orientierung hin zur uniaxialen Ausrichtung der Partikel im Bereich der Spritzhaut. Im rechten Teil des Bildes II ist eine homogene Ausrichtung zu erkennen, welche nach links hin in eine klare Ausrichtung der Partikel aus der Ebene hinaus, parallel zur Wand übergeht.

Im dritten Bild (Abb. 6.19, III) ist der direkte Randbereich zu erkennen, welcher ebenfalls die parallel zur Seitenwand ausgerichteten Partikel aufweist. Diese parallele Ausrichtung verhindert die Ausnutzung der hohen Wärmeleitfähigkeit des Bornitrids in Partikelrichtung, was, neben der Agglomerierung der BN-Partikel (vgl. Abb. 6.16), die verhältnismäßig geringe Auswirkung auf die Ergebnisse der Wärmeleitfähigkeit des BN-Füllstoffs in Kap. 6.3.2 erklärt.

Graphit

Das primäre Ziel der Füllstoffe in dieser Arbeit ist die Optimierung der Wärmeleitfähigkeit. Hierzu liefert nach Kap. 6.3.2 der Füllstoff Graphit die besten Ergebnisse, weshalb nachfolgend detaillierter auf dessen Struktur im Polymer eingegangen wird. Die Abb. 6.20 zeigt vier FEREM Aufnahmen der Bruchfläche eines gering gefüllten ($\varphi_{Nenn} = 6,25\%$) PA Vielzweckprobekörpers an unterschiedlichen Stellen (I bis IV). Die Bilder I bis III zeigen die Partikelausrichtung angefangen von der Probenmitte (I) bis hin zum Randbereich (III). In allen Bereichen ist eine gleichmäßige isotrope Partikelausrichtung zu erkennen. Es liegt scheinbar keine bevorzugte Ausrichtung vor. Auch makroskopisch ist in den Randbereichen (Abb. 6.20, IV) keine Orientierung zu erkennen.

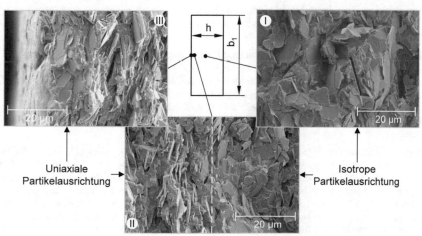

Abb. 6.19: Feldemissions-Raster-Elektronenmikroskopie (FEREM) an der Bruchfläche eines Vielzweckprobekörpers: Material PA-25-BN mit Angabe der Position (I-III) der Aufnahmen im Probenquerschnitt (vgl. Abb. 9.1)

Insgesamt fällt auf, dass die erkennbaren Graphitpartikel sehr klein sind. Gegenüber den Herstellerangaben (D_{50} = 18,6 µm, vgl. Tab. 6.1), können nur deutlich kleinere Partikel ($\leq$ 5 µm) beobachtet werden.

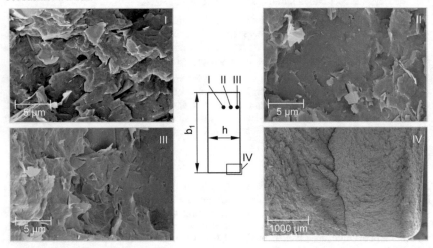

Abb. 6.20:   Feldemissions-Raster-Elektronenmikroskopie (FEREM) an der Bruchfläche eines Vielzweckprobekörpers: Material PA-6,25-G mit Angabe der Position (I-IV) der Aufnahmen im Probenquerschnitt (vgl. Abb. 9.1)

Die größeren Graphitpartikel scheinen den Belastungen durch die zweimalige Verarbeitung (1. Basiscompoundierung; 2. Probenherstellung) nicht stand zu halten. Dies gilt es bei zukünftigen Verwendungen zu berücksichtigen.

Ein ähnliches Ergebnis zeigen vergleichbare Darstellungen an der Bruchfläche eines PA-12,5-G Probekörpers in Abb. 6.21. Auch hier zeigen die Abbildungen aus der Mitte der Probe (I) bis hin zum Randbereich (III) keine eindeutige Ausrichtung der Partikel. Die Abbildung IV, welche den Eckbereich der Probe zeigt, lässt hier eine leichte Orientierung größerer Partikel erkennen, welche sich entlang der Fließrichtung im Eckbereich ausrichten. Diese Ausrichtung liegt jedoch nur in einem geringen Eckbereich in einem Abstand von etwa 300 µm vom Rand vor.

Vergleichbar zu den Darstellungen der anderen Füllstoffe zeigt Abb. 6.22 vier FEREM-Aufnahmen der Bruchfläche einer hochgefüllten PA Probe mit φ_{Nenn} = 25% (PA-25-G). Bei diesem Füllgrad zeigt die Aufnahme aus dem mittleren Bereich der Probe (I) eine isotrope Verteilung, wie sie auch bei geringeren Füllgraden zu beobachten ist (vgl. Abb. 6.20, I und Abb. 6.21, I). Weiter zum Randbereich hin sind bereits in Bild II aus Abb. 6.22 größere Partikel zu erkennen, welche in Fließrichtung parallel zur Wand ausgerichtet sind. Auch die Aufnahme im direkten Wandbereich (III) sowie die Betrachtung des Eckbereiches (IV) zeigen ausgerichtete größere Partikel. Das verstärkte Ausrichten bei erhöhtem Füllgrad ist jedoch eher auf die höhere Anzahl größerer Partikel (> 5 µm) zurückzuführen, nicht auf eine überproportional stärkere Ausrichtung durch den höheren Füllgrad selbst. Dafür spricht, dass auch bei den Aufnahmen II und III in Abb. 6.22 kleinere Partikel in alle Raumrichtungen orientiert sind, wie es auch bei den Proben mit geringem Füllgrad zu sehen ist.

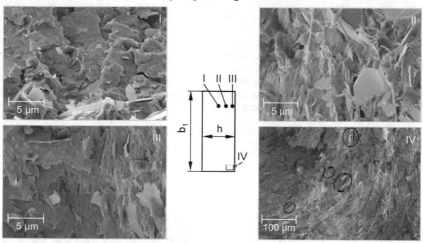

Abb. 6.21: Feldemissions-Raster-Elektronenmikroskopie (FEREM) an der Bruchfläche eines Vielzweckprobekörpers: Material PA-12,5-G mit Angabe der Position (I-IV) der Aufnahmen im Probenquerschnitt (vgl. Abb. 9.1)

Weiterhin zeigt die Untersuchung des Randbereiches auch, dass es im Randbereich keine typische Orientierung für diesen Bereich gibt.

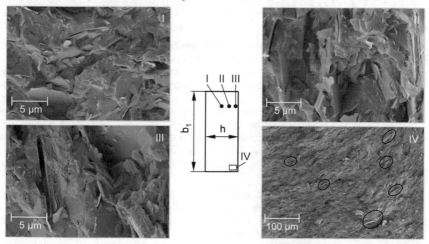

Abb. 6.22: Feldemissions-Raster-Elektronenmikroskopie (FEREM) an der Bruchfläche eines Vielzweckprobekörpers: Material PA-25-G mit Angabe der Position (I-IV) der Aufnahmen im Probenquerschnitt (vgl. Abb. 9.1)

Die Abb. 9.13, Kap. 9.7 zeigt dazu zwei Aufnahmen die im gleichen Abstand zum Probenrand (jeweils rechts im Bild) aufgenommen sind. Es existieren demnach sowohl Regionen mit starker Ausrichtung (Abb. 9.13, III') als auch Regionen mit geringer Orientierung (Abb. 9.13, III'') der Partikel. Dies unterscheidet den Füllstoff Graphit hinsichtlich der morphologischen Eigenschaften in der Polymermatrix, insbesondere von dem ebenfalls untersuchten Bornitrid (BN), bei vergleichbaren Aspektverhältnissen. Dabei sind die Regionen mit den unterschiedlichen Ausrichtungen jeweils so lokal begrenzt und wechselnd, dass auf Bauteilgröße betrachtet von einer tendenziell eher isotropen Partikelverteilung ausgegangen werden kann. Aufgrund der geringeren Ausrichtung und besseren Verteilung gegenüber den BN-Partikeln lassen sich auch die in Kap. 6.3.2 ermittelten guten Wärmeleitfähigkeiten erklären.

6.3.5 Zusammenfassung der Versuchsergebnisse

Die Prüfergebnisse zu den mechanischen und thermischen Eigenschaften sowie die Permeationsergebnisse zu allen untersuchten Basispolymer-Füllstoffkombinationen sind in Abb. 6.23 zusammenfassend dargestellt. Zusätzlich wird eine Kostenbewertung auf Basis der Materialeinzelkosten durchgeführt. Hierbei werden die Kosten unter Berücksichtigung des Füllgrades und der jeweiligen Materialdichte berücksichtigt (Tab. 9.8, Kap. 9.8). Die in Abb. 6.23 dargestellten Ergebnisse sind auf das entsprechende Basispolymer normiert. Um eine einfachere Bewertung durchzuführen sind die Angaben zur Permeation, Dichte sowie den Kosten als Kehrwert dargestellt. Entsprechend gilt für alle Bewertungskriterien, Werte größer eins zeigen einen Vorteil, Werte kleiner eins einen Nachteil gegenüber dem Basispolymer an. Ergänzend sind in Kap. 9.8 die normierten Einzeldaten sowie alle absoluten Werte (Mittelwerte) aufgeführt (Tab. 9.7, Tab. 9.9).

Die BN-Compounds liegen bei fast allen Eigenschaften im Mittelfeld zwischen den Mineral- und Graphit-Compounds. Auffällige Ausnahme sind hier die Kosten für BN-Compounds. Aufgrund des hohen Füllstoffpreises. Ein BN-PA-Compound mit $\varphi_{Nenn} = 25\%$ ist etwa um den Faktor 16,6 teurer als das reine Polymer (PA). Die beiden Elastizitätsmoduln werden durch das Bornitrid in vergleichbarer Größenordnung beeinflusst wie auch beim Graphit.

Das Mineral zeigt insgesamt den geringsten Einfluss auf die beiden untersuchten Polymere. Besonders positiv fällt jedoch der Einfluss auf die Zug- und Biegefestigkeit sowie die Kerbschlagzähigkeit im Polymer PA auf. Nur das Mineral zeigt hier über alle Füllgrade eine Verbesserung. Die Biegefestigkeit und Kerbschlagzähigkeit erreichen bei den maximalen Füllgraden auch das höchste Verbesserungspotenzial ($\Delta\sigma_{fm,max} = 9\%$; $\Delta a_{cA,max} = 32,7\%$). Bei der Zugfestigkeit wird eine nahezu konstante Verbesserung unabhängig vom Füllgrad um etwa $\Delta\sigma_m = 10\%$ erreicht. Das Maximum wird allerdings bei dem mittleren Füllgrad von $\varphi_{Nenn} = 12,5\%$ erreicht, was darauf schließen lässt, das eine weitere Erhöhung des Füllgrades keine weiteren Vorteile mit sich bringt. Insbesondere die Wärmeleitfähigkeit und die Barriereeigenschaften werden gegenüber den beiden anderen Füllstoffen in beiden Polymeren nur geringfügig verbessert.

Aufgrund der höheren Kosten der Füllstoffe (vgl. Tab. 9.8, Kap. 9.8), sind auch die gefüllten Polymere grundsätzlich teurer als die reinen Basispolymere (vgl. Tab. 9.9, Kap. 9.8). Dennoch erweist sich hier der Füllstoff Graphit als Vorteilhaft, der aufgrund seiner geringen Dichte die geringsten Mehrkosten bei identischen volumetrischen Füllgraden verursacht. So ist ein mit $\varphi_{Nenn} = 25\%$ gefüllter Graphit-Compound um den Faktor 1,5 teurer gegenüber dem Basispolymer und somit Faktor 10 günstiger als ein vergleichbarer BN-Compound.

Insgesamt zeigt der Füllstoff Graphit in beiden Polymeren die größten Vorteile gegenüber den anderen Füllstoffen, was durch die ungewichteten Summen in Tab. 9.9, Kap. 9.8 verdeutlicht wird. Insbesondere bei den hier wesentlichen Eigenschaften wie die Reduzierung der Permeabilität und Erhöhung der Wärmeleitfähigkeit zeigt Graphit insbesondere im Basispolymer PA deutliche Vorteile, bei nur geringer Abnahme der Zug- und Biegefestigkeit.

Die Kerbschlagzähigkeit kann im Basispolymer PA durch Graphit bei Füllgraden bis etwa $\varphi_{Nenn} < 12,5\%$ vergleichbar zu den Mineral-Compounds verbessert werden. Die Widerstandsfähigkeit gegen eine schlagartige Belastung steigt demnach. Eine derartige Belastung erfährt das Linermaterial bei der Betankung eines Wasserstoffdruckspeichers durch den Druckstoß zu Beginn der Betankung (vgl. Kap. 4.1.2).

Weniger eindeutig zu bewerten ist die Zunahme des Zug- und Biegemoduls. Das Linermaterial antwortet auf eine entsprechende Belastung mit geringerer elastischer Verformung, wird also steifer. Dieses Verhalten kann an bestimmten Stellen des Liners Vorteilhaft sein, beispielsweise an den Kontaktstellen zwischen Liner und Boss sowie an weiteren Dichtstellen. Wird beispielsweise mit dem Ventil über einen Dichtring auf dem Linermaterial abgedichtet, so ist eine geringere Verformung des Linermaterials unter Belastung vorteilhaft, weil Durchmesserschwankungen, die durch die Dichtung ausgeglichen werden müssen, geringer ausgeprägt sind. Andererseits spricht ein steigendes Elastizitätsmodul für ein spröderes Materialverhalten, was, speziell bei tiefen Temperaturen, zu einem Versagen des Liners aufgrund der Zylinderausdehnung bei steigendem Innendruck führen kann. Dies kann möglicherweise zukünftig bei Vorliegen umfangreicher Erfahrung in der Entwicklung und Herstellung von Typ IV-Zylindern und ausreichenden Materialkennwerten abgeschätzt werden, ist jedoch im Rahmen dieser Arbeit nicht zu beantworten.

Darüber hinaus zeigt sich der Füllstoff Graphit in der Verarbeitung sehr positiv. Er bildet keine Agglomerate und zeigte in den mikroskopischen Aufnahmen eine gute Verteilung über den Probenquerschnitt. Vor allem Bornitrid fällt hierbei durch eine deutliche, für den vorliegenden Anwendungsfall nachteilige, Ausrichtung der Partikel auf. Die in den FEREM-Aufnahmen erkennbaren Partikelgrößen des Graphits lassen darauf schließen, dass die Graphitpartikel während der Verarbeitung zu kleineren Partikeln brechen, während sich die Agglomerate der BN-Partikel nur schwer trennen lassen.

Aus Sicht der Eigenschaften Wärmeleitfähigkeit und Permeation, welchen in dieser Arbeit der maßgebliche Fokus gilt, ist nach den Daten in Abb. 6.23 ein mit 25% gefülltes Graphit-Compound (PA-25-G) zu wählen. Daher wird dies auch zur Potentialabschätzung in Kap. 6.5 verwendet. Auch die weiteren Daten wie Kosten, Dichte und Kerbschlagzähigkeit sprechen für die Kombination aus PA mit dem Füllstoff Graphit. Eine weitere Optimierung des genauen Compounds ist aber noch erforderlich, bevor ein Gesamtzylinder hergestellt werden sollte. So ist nach Aussage des Compoundherstellers bei der direkten Herstellung des Zielcompounds, ohne den Umweg der Verdünnung mit reinem Polymer (vgl. Kap. 6.2), beispielsweise aufgrund einer homogeneren Durchmischung, eine weitere Steigerung der Wärmeleitfähigkeit zu erwarten [185]. Auch eine zusätzliche Modifizierung zur Reduzierung des Elastizitätsmoduls und der Festigkeitsabnahme könnte aus den zuvor diskutierten Gründen erforderlich sein und muss in zukünftigen Detailuntersuchungen bewertet werden. Eine prototypische Herstellung eines Liners und Gesamtzylinders wird in weiterführenden Arbeiten jedoch unumgänglich sein, um die noch offenen Fragen hinsichtlich Herstellbarkeit (Blasformen, Spritzgießen des Liners) sowie Lebensdauer (Druckstoß, Berstfestigkeit, Zyklenfestigkeit) final zu bewerten.

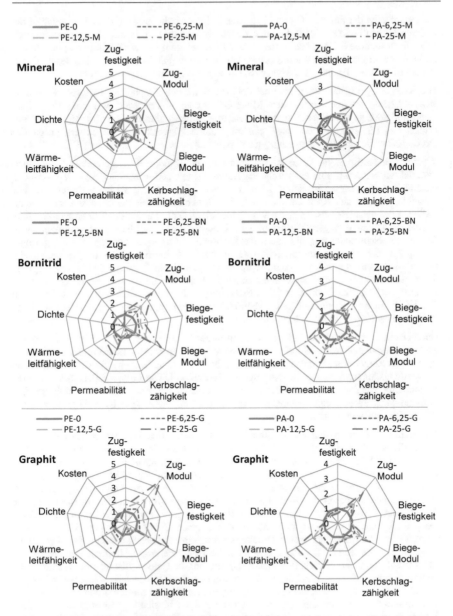

Abb. 6.23: Zusammenfassung der Ergebnisse zu mechanischen und thermischen Eigenschaften sowie zur Permeation und Kosten; Auf ungefülltes Polymer normiert (Permeabilität, Dichte und Kosten als Kehrwert dargestellt)

6.4 Gefüllte Matrixwerkstoffe

Die Matrix eines Faser-Kunststoff-Verbundes hat unterschiedliche Aufgaben [129]. Für den vorliegenden Fall eines auf Innendruck belasteten Zylinders sind dabei im Wesentlichen das Verkleben sowie Fixieren der Fasern und Laminatschichten zur guten Kraftübertragung, sowie der Schutz der Fasern gegen Umwelteinflüsse zu nennen. Zum Einsatz kommen heute im Wickelverfahren hauptsächlich Reaktionsharze aus der Polymerkategorie der Duroplaste, welche heute am häufigsten für FKV-Bauteile eingesetzt werden [129]. Sie liegen zumeist dünnflüssig vor und härten durch eine chemische Reaktion aus. Diese Harze weisen eine für Kunststoffe typisch geringe Wärmeleitfähigkeit von etwa $0,2 < \lambda < 0,5$ W·m^{-1}·K^{-1} je nach Harz auf [194], [110]. Im Bereich der Druckwasserstoffspeicherung mit einem Kohlenstofffaservolumenanteil von $\varphi = 60\%$ können Wärmeleitfähigkeiten des Verbundes von etwa $\lambda_{CFK} = 0,7$ W·m^{-1}·K^{-1} [108], [107] angenommen werden. Das Einbringen von Partikeln zur Erhöhung der Wärmeleitfähigkeit von Faserverbundkunststoffen wird heute bereits angewendet, beispielsweise um Werkzeuge aus FKV für Kunststoffspritzgussbauteile mit geringen Abkühlzeiten herzustellen [196]. In [196] werden je nach Füllstoff und Fasertyp Wärmeleitfähigkeiten von bis zu $\lambda_{FKV} = 2,1$ W·m^{-1}·K^{-1} erreicht. Auch in [194] und [195] werden Kennwerte für mit Aluminium oder Graphit gefüllte Harze von $\lambda = 1...2,6$ W·m^{-1}·K^{-1} angegeben.

Die CFK-Schicht eines Typ IV Zylinders besitzt mit einer Wärmeleitfähigkeit von ca. $\lambda_{CFK} = 0,7$ W·m^{-1}·K^{-1} demnach eine deutlich bessere thermische Leitfähigkeit als die untersuchten Linermaterialien. Auch aus diesem Grund liegt der Fokus der experimentellen Versuche zur Erhöhung der thermischen Leitfähigkeit auf den Linermaterialien. Darüber hinaus geht aus der Literatur hervor, dass auch für FKV eine weitere Steigerung z.B. durch Füllstoffe möglich ist [104], [196]. Es ist anzunehmen, dass zu den in dieser Arbeit untersuchten Linermaterialien mindestens vergleichbare Wärmeleitfähigkeiten ($\lambda_{max} \approx 1$ W·m^{-1}·K^{-1} möglich sind. Im nachfolgenden Kapitel zur Abschätzung des Potenzials hoch wärmeleitfähiger Kunststoffe für die Anwendung in Druckwasserstoffspeichern mittels CFD-Simulation wird daher für die CFK-Schicht maximal von diesem Wert ($\lambda_{CFK, max} \approx 1$ W·m^{-1}·K^{-1}) ausgegangen.

6.5 Potenzial gefüllter Kunststoffe (CFD-Simulation)

Aus thermischer Sicht stellt ein konventioneller Typ IV Zylinder heute für die Wasserstoffbetankung nach SAE J2601 den kritischsten Fall für die erforderliche Vorkühlung dar. Aufgrund der geringen Wärmeleitfähigkeit des Kunststoffliners erwärmt sich das Gas in diesen deutlich stärker als in einem vergleichbaren Typ III-Zylinder. Dadurch wird zur Realisierung einer kundenfreundlichen Betankungszeit von 3 Minuten die heute an den Wasserstofftankstellen gewählte Vorkühltemperatur von -40 °C erforderlich. Um den Einfluss eines wärmeleitfähigen Kunststoffliners in einem Typ IV-Zylinder in diesem Zusammenhang zu beurteilen, wird im Folgenden ein CFD-Modell eines entsprechenden Zylinders aufgebaut. Im Vordergrund steht hierbei die Abschätzung, welchen Schritt in Richtung Typ III-Zylinder aus thermodynamischer Sicht mit den nachweislich erreichten thermischen Eigenschaften aus Kap. 6.3.2 gemacht werden kann und wie sich eine zusätzlich thermische Modifikation der CFK-Schicht auswirkt. Dargestellt werden sollen die Effekte anhand einer theoretisch reduzierten Betankungszeit, einer erhöhten Kapazität oder einer verbesserten Sicherheit gegen Überhitzung des Tanksystems. Weiterhin wird der Effekt der Abkühlung des Tanksystems bei Gasentnahme bewertet. Zur Abschätzung des Potenzials werden, wie abschließend in

Kap. 6.3.2 bereits ausführlich beschrieben, die PA-Graphit-Compounds verwendet, da für diese die besten thermischen Eigenschaften ermittelt werden konnten.

6.5.1 Modellaufbau

Das CFD-Modell wird mit der Software Star-CCM+ (V8.02) aufgebaut. Für den Liner, die Bossenden sowie die CFK-Wicklung werden getrennte *Continua* des Typs *Solid* angelegt, während für den zu simulierenden Wasserstoff der Typ *Fluid* verwendet wird. Für die Vernetzung wird ein allgemeines *Mesh Continuum* angelegt, während eine individuelle Anpassung zusätzlich in den erforderlichen Regionen oder Bereichen selbst vorgenommen wird. So wird beispielsweise der Bereich in dem der Wasserstoff in den Zylinder einströmt feiner vernetzt, wie in Abb. 6.24, b durch das gestrichelte Trapez angedeutet. Darüber hinaus wird im Randbereich zwischen Wasserstoff und Linerwand die Funktion *Prism Layer* aktiviert, um die wandnahen Schichten besser aufzulösen (vgl. Abb. 6.24, a). Die innerhalb der *Continua* allgemein verwendeten Modelle sind in Tab. 9.10, Kap. 9.9 zusammengefasst. Um das Realgasverhalten des Wasserstoffs möglichst gut abzubilden, werden für das Fluid benutzerdefinierte Zustandsgleichungen – *User Defined Equations of State (EOS)* – verwendet.

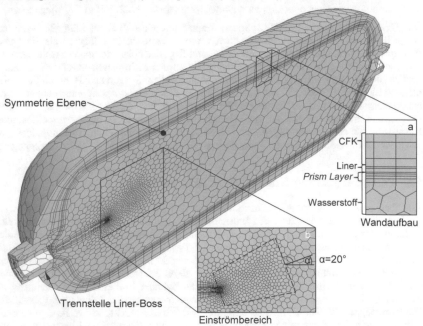

Abb. 6.24:   Vernetztes CFD-Modell mit den Details: a) Wandaufbau mit *Prism Layer* Schicht im wandnahen Bereich und b) feinvernetzter kegelstumpfförmiger Einströmbereich (Einströmwinkel 20°)

Hierbei werden zur Berechnung der benötigten Daten des Wasserstoffes Näherungspolynome dritten bzw. vierten Grades als *User defined EOS* in Star-CCM+ implementiert. Dadurch können die entsprechenden Eigenschaften (Dichte, dynamische Viskosität, Wärmekapazität) in Abhängigkeit von Druck und Temperatur aus [7], welche auf [11] basieren (vgl. Kap. 2), während der Simulation berechnet werden. Die verwendeten konstanten Materialwerte, die weder druck- und temperaturabhängig berechnet werden, noch aus den in Kap. 6.3.2 ermittelten Versuchsdaten entnommen werden, sind in Tab. 9.11, Kap. 9.9 dargestellt und basieren auf Literaturdaten.

Eine Validierung des CFD-Modells wurde durch Danger [197] im Rahmen einer Masterarbeit mit Messungen in einem Wasserstofftank während einer Betankung an 20 Messstellen durchgeführt. Danger kann eine sehr gute Übereinstimmung zwischen Simulation und Messung nachweisen. Bei gemittelter Temperatur über alle 20 Messstellen weicht die Temperatur maximal um ca. 3,3 °C ab [197]. Auch die Temperaturverteilung über alle 20 Messstellen zeigt in der Simulation eine gute Übereinstimmung zu den Messwerten [197].

Um die Berechnungszeit des Modells zu verringern, wird die Symmetrie des Zylinders ausgenutzt. Der Zylinder wird, wie in Abb. 6.24 gezeigt, entlang der Längsachse halbiert modelliert. Auch wenn die Geometrie des Zylinders eine Vereinfachung als Viertelmodell zulassen würde, so ist dies aus thermodynamischer Sicht nicht zulässig. Aufgrund der Einströmung des Gases unter einem Winkel von 20° und der ebenfalls berücksichtigten Schwerkraft würde diese Vereinfachung zu falschen Ergebnissen führen. Die dargestellte Schnittfläche ist in der Simulation als Symmetrieebene definiert.

Die Abb. 6.24 zeigt die Vernetzung des Modells mit den zusätzlichen *Prism Layer* Schichten im Randbereich (a) sowie den feiner vernetzten Einströmbereich (b). Auf eine komplexe reale Geometrie zwischen Liner und Boss für die Simulation eines Typ IV Zylinders wurde verzichtet. Die Trennstelle zwischen Liner und Boss erlaubt eine individuelle Materialzuordnung der beiden Bereiche. Da die Übergangswiderstände der verschiedenen Kontaktstellen nicht bekannt sind, wird an allen Kontaktstellen (*Interfaces*) ein idealer Wärmeübergang angenommen. An der Oberfläche des Zylinders wird zur Wärmeübertragung an die Umgebung freie Konvektion angenommen, die in Abhängigkeit der angegebenen Umgebungstemperatur berücksichtigt wird.

6.5.2 Simulationsergebnisse

Nachfolgend werden die mit dem vorgestellten Modell erzeugten Ergebnisse für den Betankungs- und den Entnahmefall dargestellt und erläutert. Für die Simulation wird der 40 Liter Zylinder aus Tab. 5.1, #5, Kap. 5.1.3 verwendet.

Betankung

Die für die Betankung gewählten Startparameter sind in Tab. 6.5 zusammengefasst. Diese Parameter werden für alle Betankungssimulationen angewendet. Lediglich die durch die Füllstoffe beeinflussten relevanten Materialeigenschaften (Wärmekapazität, Wärmeleitfähigkeit, Dichte), die in den vorherigen Materialuntersuchungen bestimmt wurden (vgl. Kap. 6.3.2), werden je nach Materialkombination geändert. In einigen Fällen wird zur weiteren Potenzialabschätzung zusätzlich die Wärmeleitfähigkeit der CFK-Schicht variiert, was durch den Zusatz *CFK-mod* angezeigt wird (vgl. Tab. 9.11, Kap. 9.9).

In Abb. 6.25 sind die Simulationsergebnisse der Betankungssimulationen der über den gesamten Inhalt gemittelten Wasserstofftemperatur im Speicher bis zum Erreichen eines Tankfüllstandes von SOC = 100% gezeigt. Als Referenz ist sowohl das Ergebnis der Simulation eines Typ III-Zylinders dargestellt, sowie das eines Typ IV-Zylinders mit den ermittelten Daten des reinen PA-Materials. Der Typ III-Zylinder erreicht etwa $\Delta t = 11$ s vor dem klassischen Typ IV-Zylinder (PA-0) seine volle Kapazität und weist bei gleichem Füllstand eine um $\Delta\vartheta_{H2} = 21$ °C geringer Gastemperatur auf.

Tab. 6.5:   Startbedingungen der CFD-Simulationen zur Betankung

Parameter	Wert
Druckrampe APRR [MPa/min]	28,5
Wasserstoffeintrittstemperatur $T_{H2,ein}$ [°C]	-30
Startdruck p_{Start} [MPa]	2
Starttemperatur ϑ_{Start} [°C]	0
Umgebungstemperatur ϑ_{Umg} [°C]	0
Einströmwinkel $\alpha_{H2,ein}$ [°]	20

Weiterhin sind die entsprechenden Endtemperaturen für die Simulationen mit den Stoffwerten der drei unterschiedlichen Füllgrade mit dem Füllstoff Graphit (G) im Basispolymer PA dargestellt. Mit dem höchsten Füllgrad des Linermaterials (PA-25-G), kann bereits ein zeitlicher Vorteil von ca. $\Delta t = 4,5$ s gegenüber dem klassischen Typ IV-Zylinder (PA-0) erreicht werden. Gleichzeitig sinkt die durchschnittliche Gastemperatur im Zylinder um $\Delta\vartheta_{H2} = 8,5$ °C, wodurch die thermische Materialbelastung deutlich reduziert würde. Besonders bemerkenswert ist dieses Ergebnis, welches etwa 41% des Potenzials eines Typ III-Zylinders beträgt, vor dem Hintergrund, dass die Wärmeleitfähigkeit des Liners nur etwa 0,6% der Wärmeleitfähigkeit des Typ III-Liners darstellt. Zum weiteren Verständnis dieser Beobachtung können die Simulationen mit der modifizierten CFK-Schicht beitragen.

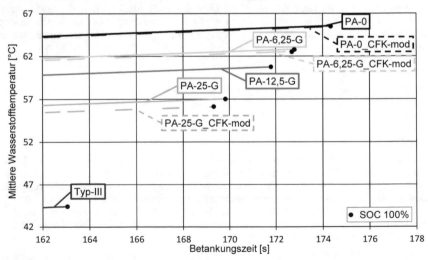

Abb. 6.25:   Ergebnisse der Betankungssimulation mit Simulationsende bei SOC = 100%

Während beim Typ IV Zylinder (PA-0) eine Erhöhung der CFK-Wärmeleitfähigkeit (vgl. Tab. 9.11, Kap. 9.9) keinen nennenswerten Einfluss besitzt, macht sich diese Veränderung mit ansteigendem Partikelfüllgrad respektive ansteigender Wärmeleitfähigkeit des Liners zunehmend positiv bemerkbar. Vor allem der Liner wirkt im Typ IV-Zylinder als isolierende Schicht, während diese Rolle mit zunehmender Wärmeleitfähigkeit des Linermaterials zunehmend der CFK-Schicht zuteil wird. Dies verhindert auch ein noch besseres Ergebnis des Typ III-Zylinders, denn durch die hohe Wärmeleitfähigkeit des Aluminiums kann die Wärmekapazität des Metalls zwar schnell ausgenutzt werden, ist die Linermasse jedoch erwärmt, kann die Wärme nicht weiter nach außen transportiert werden.

Wird eine Betankung ohne Kommunikation nach SAE J2601-2014 für die gewählten Startbedingungen (vgl. Tab. 6.5) betrachtet, so beträgt der nach SAE-Tabelle (H70-T40 4-7kg noncomm) zu erreichende Zieldruck p_{Ziel} = 734 bar [107]. Annahme ist dabei ein zu betankendes Tanksystem mit einer Gesamtkapazität von m_{H2} = 4…7 kg bei einer Vorkühltemperatur von $\vartheta_{Vorkühl}$ = -30…-40 °C. Die Abb. 6.26 gibt den zu diesem Zieldruck in den simulierten Tanksystemen erreichten SOC an bei der maximal zulässigen Wasserstoffvorkühltemperatur von $\vartheta_{Vorkühl}$ = -30 °C (kritischster Fall für die übermäßige Erwärmung des Tanksystems). Durch die zugrundeliegende konstante Druckrampe (APRR) des Betankungsprotokolls nach SAE J2601 wird der Zieldruck in allen Fällen zum gleichen Zeitpunkt erreicht. Die Spannbreite des erreichten Füllgrades zwischen dem konventionellen Typ IV-Zylinder (PA-0) und dem Typ III-Zylinder beträgt demnach etwa ΔSOC = 4%. Wie auch bei der Auswertung der Betankungszeit für eine Befüllung auf 100% SOC (vgl. Abb. 6.25) wird auch hier deutlich, dass die Erhöhung der thermischen Leitfähigkeit der CFK-Schicht erst bei guten Wärmeleitfähigkeiten des Liners eine Rolle spielt.

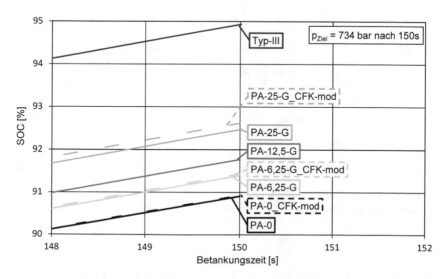

Abb. 6.26: Ergebnisse der Betankungssimulation mit Simulationsende bei Erreichen des Non-Comm Zieldrucks p_{Ziel} = 734 bar nach 150s und erreichtem SOC

Auch in dieser ebenso kundenrelevanten Auswertung wie die der Betankungsdauer wird ein deutlicher Vorteil des thermisch leitfähigen Kunststoffliners deutlich. So kann mit dem maximal untersuchten Füllgrad von 25 Vol.-% bei Graphit bereits eine Steigerung von $\Delta SOC = 1,6\%$ (für PA-25-G_CFK-mod sogar $\Delta SOC = 1,7\%$) erreicht werden. Wird beispielhaft ein Speichersystem mit einer Wasserstoffkapazität von 6 kg betrachtet, so stehen dem Kunden ca. $\Delta m_{H2} = 96$ g mehr zur Verfügung gegenüber einem Kunden mit konventionellem Typ IV-Zylinder. Bei einem Verbrauch von ca. 0,76 $kg_{H2}/100$ km (z.B. Toyota Mirai, [193]) resultiert daraus eine zusätzliche Reichweite von über 12 km.

Neben der heute weitestgehend verbreiteten Betankungsmethode nach den Befülltabellen aus der SAE J2601 könnte bei zukünftigen Methoden (Beispiel *MC-Method* ,vgl. Kap. 4.1.2) das thermische Verhalten des Speichersystems während der Betankung dynamisch berücksichtigt werden. Dadurch wirkt sich die bessere Wärmeabfuhr aus dem Zylinder zusätzlich positiv im Sinne einer geringeren Betankungsdauer aus. Grund dafür ist die dynamische Anpassung der Druckrampe unter Berücksichtigung der Tanksystemtemperatur (geringere Temperaturentwicklung führt zu schnellerer Betankungsrampe).

Entnahme

Bei der Entnahme von Gasen aus Druckzylindern, wie es z.B. bei der Fahrt mit einem Brennstoffzellenfahrzeug im Wasserstoffdrucktanksystem geschieht, kühlen sich die Zylinder aufgrund des näherungsweise adiabaten Ausströmvorgangs (nur geringer Wärmeeintrag von außen durch die Zylinderwand) ab. Der Energiesatz für das betrachtete System (Behälter mit ausströmendem Gas) kann unter Vernachlässigung der kinetischen und potentiellen Energie sowie der Annahme das kein Wärme- und Arbeitsaustausch statt findet für einen Zeitschritt beschrieben werden durch:

$$dU = (u + p \cdot v)\, dm \qquad\qquad \text{Gl. 6-7}$$

Für ein ideales Gas kann durch Einsetzen der thermischen Zustandsgleichung:

$$pV = \frac{m}{M} \cdot R \cdot T \qquad\qquad \text{Gl. 6-8}$$

sowie der kalorischen Zustandsgleichung:

$$U(T,m) = u(T) \cdot m = c_v \cdot m \cdot T \qquad\qquad \text{Gl. 6-9}$$

die Differentialgleichung

$$\frac{dm}{m} = \frac{1}{\kappa - 1} \frac{dT}{T} \qquad\qquad \text{Gl. 6-10}$$

aufgestellt werden. Wird diese für den Anfangszustand Z_1 (mit: p_1, T_1, m_1, V) des Gases bis zu einem Endzustand Z_2 (mit: p_2, T_2, m_2, V) integriert so folgt daraus:

$$\frac{m_2}{m_1} = \left(\frac{T_2}{T_1}\right)^{\frac{1}{\kappa-1}} \qquad\qquad \text{Gl. 6-11}$$

Nimmt die Masse durch das ausströmende Gas ab, so muss entsprechend Gl. 6-11 auch die Temperatur abnehmen.

In den folgenden Simulationen wird neben dem davon abweichenden realen Gasverhalten auch ein Wärmetransport durch die Zylinderwand berücksichtigt. Dem umgebenden Material wird durch das abkühlende Gas Wärme entzogen. Auch in diesem Fall sind wärmeleitfähige Zylinder vorteilhaft, um die in ihrem Material gespeicherte Energie schnell an das Gas abgeben zu können und gegebenenfalls Wärme aus der Umgebung in das Zylinderinnere zu leiten. Dieses physikalische Grundgesetz, welches nicht mit dem Joule-Thomson-Effekt (vgl. Kap.2) zu verwechseln ist, führt für alle Gase zu einer Abkühlung des umgebenden Behälters. Dieser Effekt ist für die *automotive* Anwendung von Druckgaszylindern zur Wasserstoffspeicherung nicht zu vernachlässigen.

Zur Bewertung dieses Effektes und der Auswirkung wärmeleitfähiger Typ IV-Zylinder darauf werden ebenfalls CFD-Simulationen für die Entnahme durchgeführt. Die entsprechenden Startparameter sind in Tab. 6.6 aufgeführt. Die Simulationen werden mit dem gleichen Zylindermodell aus den vorherigen Betankungssimulationen (vgl. Kap. 6.5.1) für unterschiedliche Entnahmeraten durchgeführt.

Tab. 6.6:   Startbedingungen der CFD-Simulationen zur Entnahme

Parameter	Wert
Entnahmemassenstrom $\dot{m}$ [g/s]	0,5...2
Startdruck p_{Start} [MPa]	70
Starttemperatur ϑ_{Start} [°C]	15
Umgebungstemperatur ϑ_{Umg} [°C]	15

Diese Entnahmeraten können auf unterschiedliche Art interpretiert werden. Für den Fall eines Eintanksystems, stellt der Massenstrom von $\dot{m}$ = 2 g/s in etwa die Entnahme bei Volllast für ein Brennstoffzellensystem mit P = 100 kW dar, während die geringeren Entnahmemengen entsprechend Teillastbereiche repräsentieren. Für ein Mehrtanksystem hingegen – z.B. zwei Zylinder – repräsentieren entsprechend geringere Entnahmemengen diesen Lastfall, im genannten Beispiel $\dot{m}$ = 1 g/s.

Die Abb. 6.27 zeigt die Simulationsergebnisse für die Varianten Typ III-, Typ IV- (PA-0) sowie für den modifizierten Typ IV-Zylinder (PA-25-G). Die Simulationen sind jeweils bis zu einem Enddruck von p_{Ende} = 20 bar durchgeführt.

Insgesamt zeigen sich deutliche Abkühlungen des Gases bei der ununterbrochenen, konstanten Wasserstoffentnahme. Für den moderaten Fall von $\dot{m}$ = 0,5 g/s, zeigt sich für den Typ III-Zylinder eine Abkühlung auf etwa $\vartheta_{III,20bar}$ = -40 °C am Ende der Simulation. Der konventionelle Typ IV-Zylinder (PA-0) liegt noch etwa $\Delta\vartheta$ = 11,5 °C darunter, während mit dem gefüllten Linermaterial (PA-25-G) fast eine Halbierung des Unterschiedes erreicht werden kann ($\vartheta_{PA-25-G,20bar}$ = -46,6 °C). Wie zu erwarten sinkt die Temperatur bei schnellerer Entnahme aus dem Zylinder auch stärker ab. Dabei wird die Diskrepanz zwischen dem Typ III- und dem Typ IV-Zylinder stetig größer. Im Falle eines kleinen Einzylindersystems mit einer Entnahme von $\dot{m}$ = 2 g/s beträgt diese Differenz etwa $\Delta\vartheta$ = 27,4 °C und der Typ IV-Zylinder erreicht theoretisch eine minimale Temperatur von $\vartheta_{IV,20bar}$ = -84,8 °C. Während der Zylinder mit Graphit gefülltem Liner bei der moderaten Entnahme ($\dot{m}$ = 0,5 g/s) etwa 42,6% des Temperaturunterschiedes zwischen Typ III- und Typ IV-Zylinder (PA-0) ausgleichen kann, sind es bei der maximal untersuchten Entnahmerate sogar 63%.

Auch wenn derartig lang andauernde konstante Entnahmen, insbesondere mit den sehr hohen Entnahmeraten aus einzelnen Zylindern, eine theoretische Betrachtung sind (freie Autobahn in Deutschland, Bergfahrten, oder evtl. für zukünftig eingesetzte Brennstoffzellenfahrzeuge im Rennsport), so wird dennoch deutlich, dass der thermisch optimierte Zylinder auch auf die Entnahme aus dem Speichersystem einen positiven Einfluss besitzt. Solange diese Fälle jedoch nicht ausgeschlossen werden können (Volllastfahrt auf freier Autobahn), müssen diese für die Entwicklung von Wasserstoffdruckspeichersystemen auch für konventionelle Fahrzeuge beachtet werden.

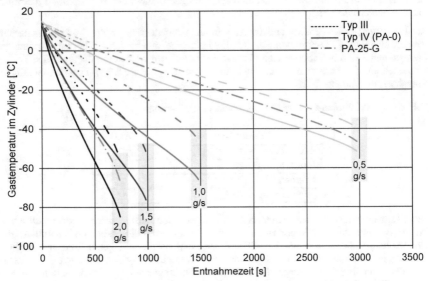

Abb. 6.27:   Ergebnisse der Entnahmesimulation mit Simulationsende bei Erreichen des Enddrucks $p_{Ende} = 20$ bar

Zu beachten ist hierbei auch, dass die Simulationen eine Start- und Außentemperatur von $\vartheta = 15\,°C$ berücksichtigen. Im Winter könnten bei Außentemperaturen von weit unter $\vartheta = 0\,°C$ vergleichbar tiefe Temperaturen im Zylinder auch bei entsprechend geringeren Massenströmen erreicht werden. Nicht nur eine höhere Sicherheit gegenüber der Verletzung der unteren Betriebstemperatur des Speichersystems ist hier von Bedeutung, sondern auch die erlaubten Betriebstemperaturen für nachfolgende Bauteile. Auch bei der Auslegung einer Gasvorkonditionierung für die Brennstoffzelle (Gaseintrittstemperatur, Feuchtigkeit) kann dies relevant sein und entsprechend zu geringeren Anforderungen führen bzw. eine dadurch erforderliche Drosselung der maximalen Dauerleistung abschwächen oder vermeiden. Ein wichtiger Faktor beim Betrieb von Brennstoffzellen ist beispielsweise die Regulierung der Feuchtigkeit der Zellen. Die in den heute verwendeten PEM-Brennstoffzellen verwendeten Membranen sind nur im befeuchteten Zustand ausreichend protonenleitfähig. Die Regulierung der Feuchtigkeit geschieht typischerweise über die zugeführten Gasströme. Ist die Feuchtigkeit der Gase zu hoch und das Wasser kondensiert zum Beispiel aufgrund zu geringer Gastemperatur aus, können sich die Gaskanäle durch Wassertropfen zu setzten und die Zellen kann nicht ordnungsgemäß versorgt werden. Ein weniger stark abgekühltes Gas ist daher von Vorteil und der Aufwand für die richtige Temperierung als auch für die Befeuchtung wird reduziert.

Ein weiterer Ansatz der in zukünftigen Arbeiten untersucht werden kann, ist ein in den Druck-tank integriertes Thermomanagement, welches zum Heizen (nach der Betankung) oder zum Kühlen (während der Fahrt) von Komponenten oder dem Innenraum genutzt werden könnte. Da die Einbringung einer Wärmetauscherstruktur in den Gasraum eines Druckgasspeichers eine Reduzierung des Innenvolumens mit sich bringt, wäre die Integration in den Aufbau der Zylinderwand zu bevorzugen. Auch hierbei sind hoch wärmeleitfähige Linermaterialien von Vorteil, um einen geeigneten Wärmetransfer vom Gas zu einem Wärmeträgermedium oder umgekehrt zu gewährleisten. Ergänzend könnte das Thermomanagement mit einer Energie-rückgewinnung gekoppelt werden, welche die in dem unter Druck stehenden Gas gespeicherte Energie nutzt. Denkbar wäre eine Turbine mit Generator, in welcher vom Tankdruck auf den benötigten Zieldruck für die Brennstoffzelle entspannt wird, anstatt einen heute üblichen Druckminderer zu verwenden. Zu prüfen wäre hier jedoch, ob die zusätzlichen technischen Maßnahmen für diese Art des *Energy Harvestings* (dt. Energieernte) in einem sinnvollen Ver-hältnis zum Nutzen stehen.

7 Zusammenfassung und Ausblick

Vor dem Hintergrund der nur endlich verfügbaren fossilen Primärenergieträger sowie einer notwendigen Begrenzung des CO_2 Ausstoßes, um der Klimaerwärmung entgegenzuwirken, wird an alternativen Antrieben zur Sicherung der Mobilität geforscht und entwickelt. Eine der Technologien, welche das Potenzial besitzen mit, regenerativen Energien dieses Ziel zu erreichen, sind Brennstoffzellenfahrzeuge, welche als Energieträger Wasserstoff tanken. Natürlich kann dieses Konzept nur erfolgreich sein, wenn der verwendete Wasserstoff ebenfalls CO_2-neutral mit Hilfe regenerativer Energien erzeugt wird. Eine weitere Herausforderung derartiger Fahrzeuge ist die Speicherung des Wasserstoffes in geeigneten Tanksystemen für Brennstoffzellenfahrzeuge sowie deren Betankung. Zwei wesentliche kundenrelevante Aspekte der Elektromobilität im Allgemeinen sind die Reichweite sowie die Betankungs- bzw. Ladedauer.

Die vorliegende Arbeit kann zu diesem Aspekt, der *automotive*-tauglichen Wasserstoffdruckgasspeicherung, einen Beitrag zu deren Optimierung leisten. Dazu wurden im Wesentlichen zwei Schwerpunkte festgelegt. Zum einen wurde eine Analyse der Geometrie heutiger konventioneller Druckgaszylinder durchgeführt, um den Einfluss von Länge und Durchmesser auf den Bauraum sowie die Speicherdichte zu bewerten. Zusätzlich wurden von der konventionellen Zylinderform abweichende Geometrien für Druckgasspeicher bewertet. Zum anderen wurden zur thermischen Optimierung von Typ IV-Zylindern Materialuntersuchungen an Linermaterialien durchgeführt, welche mit Füllstoffen versehen wurden, mit dem Ziel eine verbesserte Wärmeleitfähigkeit zu gewährleisten.

Zur Bewertung von optimalen Zylinderdimensionen heute eingesetzter Druckwasserstoffspeicherbehälter wurde ein Modell aufgebaut, welches die Bewertung in großen Parameterräumen erlaubt. Dadurch können gezielte Aussagen für Bauraumspezifische Zylinderauslegungen hinsichtlich maximalem Innenvolumen (Tankinhalt) oder optimaler gravimetrischer Speicherdichte in Abhängigkeit von Zylinderlänge und -durchmesser getroffen werden. Anhand real verfügbarer Zylinderdaten konnte die Validität des Modells nachgewiesen werden. Weiterhin wurde dargestellt, dass kein allgemeingültiges Länge/Durchmesser-Verhältnis (L/D-Verhältnis) als optimal angegeben werden kann, lediglich ein Bereich, der sich bei verschiedenen Zylindertypen unterscheidet. Auch der Umkehrschluss – liegt ein Zylinder in diesem optimalen L/D-Bereich, dann ist er auch ein optimaler Zylinder – ist nicht zulässig. Durch die großen anwendbaren Dimensionsbereiche eignet sich dieses Werkzeug besonders für die frühe Konzeptphase zur Implementierung in Entwurfs- und Auslegungsmethodiken (Fahrzeugpackage oder Antriebsstrangauslegung), wie sie in bisher bekannter Literatur beschrieben sind, um zukünftige Brennstoffzellenfahrzeuge auszulegen.

Für die geometrische Optimierung der Druckwasserstoffspeicherung wurde zur Bewertung abseits der konventionellen Form ebenfalls ein Nennspeicherdruck von 700 bar avisiert, um einen direkten Vergleich zur heute etablierten Technik zu erhalten. Dieses Druckniveau wurde in der Literatur für die Bewertung nicht immer berücksichtigt, so dass sich Vorteile eventuell nur gegenüber konventionellen Speichern mit geringerem Druckniveau ergeben haben, die im hier betrachteten Fall obsolet sein könnten.

Bei den Voruntersuchungen zur Bewertung verschiedenster Geometrievarianten haben sich insbesondere zwei Konzepte, ein Multizellenspeicher sowie ein partiell konischer Speicher, als vielversprechend herausgestellt. Bei der detaillierteren Auslegung, welche den Anforderungen einer Faserkunststoffverbund- (FKV-) Konstruktion gerecht wurde, zeigten sich für den Multizellenspeicher für den Fall eines Bauraumes, in den keine ganzzahlige Anzahl konventioneller Zylinder mit maximalem Durchmesser (Zylinderdurchmesser = Höhe des Multizellenspeichers) integriert werden können, volumetrische Vorteile. Die bessere Bauraumausnutzung wird jedoch nur mit einem überproportionalen Mehrgewicht erreicht, was zu einer verringerten gravimetrischen Speicherdichte führt. Für den im Detail untersuchten Bauraum, in den zwei konventionelle Zylinder mit maximalem Durchmesser eingesetzt werden können, ergeben sich hingegen keine volumetrischen Vorteile.

Bei der FKV-gerechten Auslegung des partiell konischen Speichers handelt es sich um eine Speicherform, die vor allem auf Fahrzeuge mit vorhandenem Getriebetunnel abzielt. Anstatt den bei konventionell angetriebenen Fahrzeugen für ein Getriebe vorgesehenen Bauraum nur mit einem üblichen Zylinder zu bestücken, sollte der vorhandene Bauraum durch die partiell konische Speichergeometrie effizienter ausgenutzt werden. Es konnte gezeigt werden, dass der betrachtete Bauraum durch einen derartigen Speicher einen Vorteil bei der mitgeführten Wasserstoffmenge von etwa 40% bietet. Ein weiterer wesentlicher Vorteil ist, dass dieses Ziel bei nahezu gleicher gravimetrischer Speicherdichte gegenüber einem konventionellen Zylinder erreicht werden konnte. Die zusätzlich durchgeführten Fertigungsversuche an unterschiedlichen Linerdemonstratoren zeigten die fertigungstechnischen Grenzen auf, bestätigten gleichzeitig aber auch die Herstellbarkeit der gewählten Geometrie im Flechtverfahren. Es können folgende Kernaussagen bezüglich der Herstellung eines partiell konischen Speichers im Flechtverfahren aus den Untersuchungen festgehalten werden:

- Das Wenden auf dem Konus im Flechtprozess zur Erzeugung höherer Wandstärken im Konus-Bereich wurde erfolgreich demonstriert.

- Es gibt bei der Verwendung eines einzelnen Flechtrades nur einen Durchmesser, bei dem bei gegebener Anzahl von Spulenträgern und Flechtwinkel eine vollständige Bedeckung erreicht wird. Allerdings sind unter Umständen auch Bedeckungsgrade kleiner 1 vertretbar, wenn dies durch zusätzliche Schichten kompensiert werden kann.

- Für eine wirtschaftliche Tankfertigung sind Szenarien mit mehreren Flechträdern hintereinander vorstellbar, sodass für unterschiedliche Durchmesser auch jeweils andere (optimalere) Spulenträgeranzahlen möglich wären.

Zur Klärung der Zertifizierungsfähigkeit eines partiell konischen Speichers sind noch weiterführende Fragen zu beantworten wie etwa das detaillierte Verhalten der Lagenenden oder der Einfluss der Bedeckung auf die mechanische Stabilität. Für die zukünftige Umsetzung müssen sowohl feiner aufgelöste Einzelmodelle erarbeitet werden (Lagenenden) als letztendlich auch der Aufbau prüffähiger Zylinder zur Berst-prüfung für die Validierung der Auslegung.

Die alternative Form eines konischen, oder partiell konischen Druckgastanks zur Wasserstoffspeicherung bietet insbesondere Vorteile, wenn zukünftig aufgrund von Baukastenstrategien kein *Purpose Design* für ein Brennstoffzellenfahrzeug verfolgt werden soll. Vor allem der Bauraum des Getriebetunnels kann dadurch optimal genutzt werden.

Zur thermischen Optimierung von Typ IV-Zylindern wurden zwei potenzielle Linermaterialien mit drei unterschiedlichen Füllstoffen (Bornitrid, Graphit, Mineral) mit verschiedenen Füllgraden versehen und sowohl thermischen als auch mechanischen Untersuchungen unterzogen. Die umfangreichen Prüfungen waren erforderlich, da in der Literatur keine vergleichbar umfassenden Untersuchungen mit allen Kriterien vorlagen. Darüber hinaus weisen vorhandene Berechnungsmodelle aus der Literatur keine zuverlässige Allgemeingültigkeit auf, um Vorhersagen zu den Untersuchten Parametern in Abhängigkeit der Füllstoffe treffen zu können.

Insgesamt zeigte der Füllstoff Graphit im Basiscompound PA den besten Einfluss über alle Eigenschaften hinweg. Insbesondere die hier im Vordergrund stehenden Eigenschaften wie thermische Leitfähigkeit und Permeation konnten deutlich verbessert werden. So wurde die Wärmeleitfähigkeit um bis zu Faktor 3,3 erhöht, während die Permeabilität um etwa 70% reduziert werden konnte.

Darüber hinaus zeigte der Füllstoff Graphit in der Verarbeitung positive Effekte. Er bildete keine Agglomerate und zeigte in den mikroskopischen Aufnahmen eine gute Verteilung über den Probenquerschnitt. Vor allem Bornitrid fiel hierbei durch eine deutliche, für den vorliegenden Anwendungsfall nachteilige Ausrichtung der Partikel auf. Zudem weist Graphit aufgrund seiner geringen Dichte und des vor allem gegenüber Bornitrid niedrigen Preises den geringsten Nachteil bezüglich der Mehrkosten auf. Zusammenfassend können für den Füllstoff Graphit folgende Aussagen getroffen werden:

● Verbesserung der Wärmeleitfähigkeit (bis zu Faktor 3,3)

● Reduzierung der Permeation (max. 70%)

● Gute Dispergierbarkeit im Polymer sowie gute Verarbeitungseigenschaften

● Geringes Mehrgewicht und geringe Mehrkosten gegenüber Basispolymeren

Die CFD-Simulation mit den ermittelten Materialparametern ergab sowohl bei der Betankung als auch bei der Entnahme von Wasserstoff aus dem Zylinder eindeutige Vorteile durch die Verwendung der Füllstoffe. So konnte für eine Betankung nach heutigem Standard eine kundenrelevante erhöhte garantierte Mehrreichweite von ca. 12 km im betrachteten Fall dargestellt werden. Alternativ kann der Vorteil bei einer Kommunikationsbetankung auch mit einer verkürzten Betankungsdauer einhergehen. Wird zukünftig eine alternative dynamische Betankungsmethode verwendet, so können sich, durch eine direkte Berücksichtigung der thermischen Eigenschaften während des Befüllvorgangs, weitere Verkürzungen der Befülldauer ergeben. Die Entnahmesimulationen verdeutlichen darüber hinaus einen signifikanten Vorteil bezüglich der zu erwartenden Temperaturen im Tank während der Gasentnahme. Ein Mehrwert an Sicherheit gegenüber der Verletzung der zulässigen Betriebsparameter kann durch den besseren Wärmeeintrag ins Gas bei hohen Gasentnahmen (z.B. Volllastfahrt) erreicht werden. Die thermische Optimierung des Linermaterials heutiger Typ IV-Speicherbehälter zeigt eindeutige Vorteile durch die Möglichkeit zur:

● Verkürzung der Betankungszeit bzw. Erhöhung der Speichermenge

● Reduzierung der thermischen Belastung

In zukünftigen Untersuchungen muss vor allem die Herstellbarkeit der Liner mit geeigneten Verfahren nachgewiesen werden. Zusätzlich müssen auch weitere Optimierungen durch direkte Compoundierung des gewählten Zielmaterials auf Basis von PA und Graphit sowie eine eventuell erforderliche weitere Modifizierung des Compounds hinsichtlich der mechanischen Eigenschaften untersucht werden. Vor dem Hintergrund der Festigkeitssteigerung können auch zusätzliche Untersuchungen zur Variation der Partikelgröße oder einer speziellen Schlichte sinnvoll sein, da die verwendeten Partikel im Wesentlichen bezüglich Wärmeleitfähigkeit optimiert wurden. Hinsichtlich der Festigkeitskennwerte (Zug-, Biegefestigkeit, Elastizitätsmodul) sind zudem weiterführende Untersuchungen an Gesamtzylindern erforderlich, um eine Bewertung der maximal umsetzbaren Füllgrade im Linermaterial bei Erfüllung der geforderten Prüfungen (Berst-, und Zyklusprüfungen) nach den Zulassungsvorschriften durchführen zu können. Dies ist nur auf Basis von Materialkennwerten aufgrund fehlender Übertragungskriterien nicht final möglich. Die vorliegende Arbeit hat jedoch gezeigt, dass Füllstoffe ein weiter zu untersuchendes Potential hinsichtlich der Verbesserung der Materialeigenschaften von Typ IV-Zylindern besitzen.

Um den Wärmeübergang weiter zu optimieren wäre eine dünne metallische Schicht (z.B. durch Aufdampfen) auf der Innenseite des Liners denkbar, wie in [198] berücksichtigt. Da die wesentlichen Materialien eines Zylinders mit wärmeleitfähiger CFK-Schicht und wärmeleitfähigem Liner vergleichbar zum Zylinder des Typs IV sind, könnte dieser zukünftig als Typ IV advanced (kurz: Typ IV adv.) bezeichnet werden.

Damit trägt diese Arbeit dazu bei, dass eine nachhaltige Mobilität sowohl für die Automobilindustrie – durch ein optimiertes Package (Zylinderauswahl und Zylindergeometrie) sowie verbesserte Materialeigenschaften (geringere thermische Linerbelastung und Permeation) – als auch aus Kundensicht – durch höhere Reichweiten und geringeren Betankungszeiten – durch Wasserstoffgetriebe Fahrzeuge umsetzbar wird.

8 Literatur

[1] Deutscher Wasserstoff- und Brennstoffzellen-Verband; *Wasserstoff-Spiegel: Kein Grund zur Entwarnung*; Hrsg.: Dt. Wasserstoff- und Brennstoffzellen-Verband e.V., Berlin; Verantw.: Dr. Ulrich Schmidtchen, Berlin, Nr.3, 2013

[2] Arrhenius S.; *On the Influence of Carbonic Acid in the Air upon the Temperature of the Ground*; Philosophical Magazine and Journal of Science; Series 5; Volume 41; pages 237-276; April 1896

[3] Die Bundesregierung der Bundesrepublik Deutschland; *Nationaler Entwicklungsplan Elektromobilität der Bundesregierung*; Berlin, S.8, 2009

[4] US Department of Energy (DOE); *Targets for Onboard Hydrogen Storage Systems for Light Duty Vehicles;* Hrsg.. Office of Energy Efficiency and Renewable Energy and The FreedomCAR and Fuel Partnership; Revision 4; Online verfügbar: http://energy.gov/sites/prod/ files/2014/03/f11/ targets_onboard_hydro_storage_explanation.pdf, letzter Abruf 29.07.2014

[5] Deutscher Wasserstoff- und Brennstoffzellen-Verband; *http://www.dwv-info.de/*; Abgerufen am 07.06.2014

[6] Wurster R., Schmidtchen U.; *DWV Wasserstoff-Sicherheits-Kompendium*; Report; Deutscher Wasserstoff- und Brennstoffzellen-Verband e.V.; November 2011

[7] National Institute of Standards and Technology; *http://webbook.nist.gov*; Abgerufen am 16.04.2014; Wasserstoffdaten basieren auf: [11], [199], [200]

[8] Butler M.S., Moran C.W., Sunderland P.B., Axelbaum R.L.; *Limits for hydrogen leaks that can support stable flames*; International Journal of Hydrogen Energy 34; Elsevier; S. 5174-5182; 2009

[9] Carroll J.J.; *Working with Fluids that Warm Upon Expansion*; WISO direkt, Chemical Engineering Vol. 106 No.10; S. 108-114; New York; September 1999

[10] Linstrom P.J., Mallard W.G.; *Thermophysical Properties of Fluid Systems*; NIST Standard Reference Database Number 69; *http://webbook.nist.gov*; Abgerufen am 13.07.2014;

[11] Leachman J.W., Jacobsen R.T., Penoncello S. G., Lemmon E.W.; *Fundamental Equations of State for Parahydrogen, Normal Hydrogen, and Orthohydrogen*; Journal of Physical and Chemical Reference Data Vol.38 No.3; 2009

[12] Lemmon E.W., Huber M.L., Leachman J.W.; Revised *Standardized Equation for Hydrogen Gas Densities for Fuel Consumption Applications*, Journal of Research of the National Institute of Standards and Technology Vol. 113 No.6; S. 341-350; 2008

[13] Leachman J.W.; Fundamental Equations of State for Parahydrogen, Normal Hydrogen, and Orthohydrogen; Master Thesis at the University of Idaho; 2007

© Springer Fachmedien Wiesbaden GmbH, ein Teil von Springer Nature 2018
P. A. Rosen, *Beitrag zur Optimierung von Wasserstoffdruckbehältern*,
AutoUni – Schriftenreihe 113, https://doi.org/10.1007/978-3-658-21124-0

[14]   Younglove B.A.; *Thermophysical properties of fluids.*; Journal of Physical and
          Chemical Reference Data Vol. 11 No.1; 1982

[15]   Lemmon E.W., Huber M.L., Friend D.G., Paulina C.; *Standardized Equation
          for Hydrogen Gas Densities for Fuel Consumption Applications*, SAE Tech-
          nical Paper 2006-01-0434; doi:10.4271/2006-01-0434; 2006

[16]   Eichlseder H., Klell M.; *Wasserstoff in der Fahrzeugtechnik - Erzeugung,
          Speicherung, Anwendung*; Vieweg+Teubner Verlag; 3. Auflage; Wiesbaden,
          2012

[17]   Schmidtchen U; *Sicherheit bei Wasserstoff-Anwendungen*; Vortrag im Rah-
          menprogramm zur H2EXPO durch den Wasserstoff-Gesellschaft Hamburg
          e.V.; Oktober Hamburg, 2003

[18]   Kenchenpur A.; *Gas and Vapor Explosion Hazards Basis of Safety Control of
          Ignition Sources: Static Electricity*; In: Gases & Instrumentation Newsletter
          September 2012; Online verfügbar: http://www.gasesmag.com/features/2012/
          September/Chilworth_September_2012.pdf, letzter Abruf 15.07.2014, Septem-
          ber 2012

[19]   N.N.; *Guidelines for the CONTROL OF STATIC ELECTRICITY IN
          INDUSTRY*; Published by the Occupational Safety and Health Service, De-
          partment of Labour; Online seit 1999 verfügbar: http://www-
          eng.lbl.gov/~shuman/NEXT/GAS_SYS/staticelectricity.pdf, letzter Abruf
          15.07.2014, Überarbeitete Version, Wellington, New Zeeland 1990

[20]   Bragin M.V., Molkov V.V.; *Physics of spontaneous ignition of high-pressure
          hydrogen release and transition to jet fire*; International Journal of Hydrogen
          Energy 36; Elsevier; S. 2589-2596; 2011

[21]   Mogi T, Kim D., Shiina H., Horiguchi S.; *Self-Ignition and explosion during
          discharge of high-pressure hydrogen*, Journal of Loss Prevention in the Process
          Industrie 21; Elsevier; S. 199-204; 2008

[22]   Mogi T., Horiguchi S.; *Experimental study on the hazards of high-pressure
          hydrogen jet diffusion flames*; Journal of Loss Prevention in the Process Indus-
          tries 22; Elsevier; S. 45-51; 2009

[23]   Mogi T., Wada Y., Ogata Y, Hayashi A.K.; *Self-ignition and flame propaga-
          tion of high-pressure hydrogen jet during sudden discharge from a pipe*; Inter-
          national Journal of Hydrogen Energy 34; Elsevier; S. 5810-5816; 2009

[24]   Xu B.P., EL Hima L., Wen J.X., Tam V.H.Y.; *Numerical study of spontaneous
          ignition of pressurized hydrogen release into air*; International Journal of Hy-
          drogen Energy 34; Elsevier; S. 5954-6960; 2009

[25]   Yamada E., Kitabayashi N., Hayashi A. K., Tsuboi N.; *Mechanism of high-
          pressure hydrogen auto-ignition when spouting into air*; International Journal
          of Hydrogen Energy 36; Elsevier; S. 2560-2566; 2011

[26]   Linde AG; *EG-Sicherheitsdatenblatt Wasserstoff, verdichtet*; Gas und Enginee-
          ring, Geschäftsbereich Linde Gas; 2006

[27]   Landucci G., Tugnoli A., Cozzan V.; *Safety assessment of envisaged systems for automotive hydrogen supply and utilization*; International Journal of Hydrogen Energy 35; Elsevier; S. 1493-1505; 2010

[28]   Burdick B., Waskow F.; *Flächenkonkurrenz zwischen Tank und Teller*; WISO direkt, Analysen und Konzepte zu Wirtschafts- und Sozialpolitik; Friedrich-Ebert-Stiftung, Abteilung Wirtschafts- und Sozialpolitik; Bonn, 2009

[29]   Konrad G., Sommera M., Loschko B., Schell A., Docter A.; *System design for vehicle applications: Daimler Chrysler*; In: Handbook of Fuel Cells: Fundamentals, Technology and Applications; Volume 4, Chapter 58; John Wiley & Sons Ltd, 2003

[30]   Donnerbauer R.; *Brennstoffzellen Mit Wasserstoff in die Zukunft - Brennstoffzellen-Fahrzeuge zeigen Flagge*; In: Handbook of Fuel Cells: Fundamentals, Technology   and   Applications;   Online   verfügbar: http://www.vde.com/DE/FG/ETG/ARCHIV/ARBEITSGEDIETE/DRENNST OFFZELLEN/Seiten/B511.aspx, letzter Abruf 13.07.2014, VDE Dialog, Januar 2002

[31]   Heinzel A., Mahlendorf F., Roes J.; *Brennstoffzellen Entwicklung Technologie Anwendung*; 3. Auflage; C.F. Müller Verlag, Heidelberg 2006

[32]   Wallentowitz H., Freialdenhoven A., Olschewski I.; *Strategien zur Elektrifizierung des Antriebstranges: Technologien, Märkte und Implikationen*; Vieweg+Teubner Verlag; 1. Auflage; Wiesbaden, 2010

[33]   World Energy Hydrogen Conference (WHEC), *Informationen aus den Vorträgen und Fachgesprächen auf der 19. WHEC in Toronto, Canada*; Juni 2012

[34]   Komiya K., Daigoro M., Shinpei M., Norihiko H., et al.; *High-Pressure Hydrogen-Absorbing Alloy Tank for Fuel Cell Vehicles*, SAE Technical Paper 2010-01-0851, 2010, doi:10.4271/2010-01-0851

[35]   Mori D., Hirose K., Haraikawa N., Takiguchi T.: et al.; *High-pressure Metal Hydride Tank for Fuel Cell Vehicles*, SAE Technical Paper 2007-01-2011, 2007, doi:10.4271/2007-01-2011

[36]   Broom D.P.; *Hydrogen Storage Materials - The Characterisation of Their Storage Properties*; 1. Auflage; Springer-Verlag London Limited, 2011

[37]   Taube K.; *Reversible H2-Speicherung in Metallhydriden*; In: HZwei, Jahrgang 12; Hydrogeit Verlag; Seite 26-28; Oktober 2012

[38]   Arai A., Kanzaki Y., Saito Y., Nohara T., et al.; *A Fuel-Cell Electric Vehicle with Cracking and Electrolysis of Ammonia*, SAE Technical Paper 2010-01-1791, 2010, doi:10.4271/2010-01-1791

[39]   Pozzana G., Bonfanti N., Frigo S., Doveri N., et al.; *A Hybrid Vehicle Powered by Hydrogen and Ammonia*, SAE Technical Paper 2012-32-0085, 2012, doi:10.4271/2012-32-0085

[40]   Ahluwalia R.K., Hua T.Q., Peng J.K.; *On-board and Off-board performance of hydrogen storage options for light-duty vehicles*, International Journal of Hydrogen Energy, Volume 37, Issue 3, February 2012, Pages 2891-2910, ISSN 0360-3199, http://dx.doi.org/10.1016/j.ijhydene.2011.05.040

[41]   Züttel A., Wenger P., Rentsch S., Sudan P., Mauron Ph., Emmenegger Ch.;
         LiBH₄ a new hydrogen storage material, Journal of Power Sources, Volume
         118, Issues 1–2, 25 May 2003, Pages 1-7, ISSN 0378-7753, http://dx.doi.org/
         10.1016/S0378-7753(03)00054-5

[42]   Wenger D., Polifke W., Schmidt-Ihn E., Abdel-Baset T., Maus S.; *Comments
         on solid state hydrogen storage systems design for fuel cell vehicles*, Interna-
         tional Journal of Hydrogen Energy, Volume 34, Issue 15, August 2009, Pages
         6265-6270,   ISSN   0360-3199,   http://dx.doi.org/10.1016/j.ijhydene.
         2009.05.072.

[43]   Neuendorf R., Zuck B.; *Kühlung und Durchströmung*; In: Hucho – Aerodyna-
         mik des Automobils, Strömungsmechanik, Wärmetechnik, Fahrdynamik, Kom-
         fort; 6. Auflage; Hrsg. Dr.-Ing. T. Schütz; Springer Vieweg; S.485-522; Wies-
         baden, 2013

[44]   Scott W. J.; *Hydrogen storage tanks for vehicles: Recent progress and current
         status, Current Opinion in Solid State and Materials Science*, Volume 15, Issue
         2, April 2011, Pages 39-43, ISSN 1359-0286, http://dx.doi.org/10.1016/
         j.cossms.2010.09.004

[45]   Bläse S.; Screening und Potenzialabschätzung der alternativen Wasserstoff-
         speicher-Technologien für Automotive-Applikationen; Unveröffentlichter Ab-
         schlussbericht; Helmholtz-Zentrum Geesthacht; Geesthacht, 2014

[46]   Geitmann S.; *BRENNSTOFFZELLENBETRIEBENE U-BOOTE ERSETZEN
         ARBEITSPFERDE, HDW und Siemens arbeiten an der Spitze*; In: HZwei,
         Jahrgang 7; Hydrogeit Verlag; S. 10-12; Januar 2007

[47]   Züttel A.; Demonstration eines Metallhydrid Speichers in einem mit Wasser-
         stoff angetriebenen Pistenfahrzeug; Schlussbericht; Hrg. Bundesamt für Ener-
         gie (Schweiz), 2004

[48]   Asia Pacific Fuel Cell Technologies, Ltd.; *ZES Fuel Cell Scooter;* Datenblatt;
         http://www.apfct.com/data/file/1302576226n6vmb.pdf;   letzter   Abruf
         23.07.2014

[49]   Jespen J; *Technical and Economic Evaluation of Hydrogen Storage Systems
         based on Light Metal Hydrides*; Dissertation; Helmut-Schmidt-Universität
         Hamburg, Hrsg. Helmholtz-Zentrum Geesthacht, 2014

[50]   Zhang J.; *Investigation of CO Tolerance in Proton Exchange Membrane Fuel
         Cells*; Dissertation, Worcester Polytechnic Institute; Juni 2004

[51]   Kahlich M., Gasteiger H.A., Behm R.J.: Preferential Oxidation of CO over
         Pt/γ-Al2O3 and Au/α-Fe2O3: Reactor design calculations and experimental re-
         sults; J. New Mat. Electrochem. Syst. 1, 39-46 (1998)

[52]   Teichmann D., Arlt W., Wasserscheid P., *Liquid Organic Hydrogen Carriers
         as an efficient vector for the transport and storage of renewable energy*, Inter-
         national Journal of Hydrogen Energy, Volume 37, Issue 23, December 2012,
         Pages   18118-18132,   ISSN   0360-3199,   http://dx.doi.org/10.1016/
         j.ijhydene.2012.08.066

[53] Eblagon K.M., Rentsch D., Friedrichs O., Remhof A., Zuettel A., Ramirez-Cuesta A.J., Tsang S.C.; *Hydrogenation of 9-ethylcarbazole as a prototype of a liquid hydrogen carrier*, International Journal of Hydrogen Energy, Volume 35, Issue 20, October 2010, Pages 11609-11621, ISSN 0360-3199, http://dx.doi.org/10.1016/j.ijhydene.2010.03.068

[54] Zenner M., Teichmann D., Di Pierro M., Dungs, J.; *Flüssige Wasserstoffträger Als Potenzieller PKW-Kraftstoff*, In: ATZ 114. Jahrgang, S. 940-947; Dezember 2012

[55] Ahluwalia R.K., Hua T. Q., Peng J.-K.; *Technical Assessment of Organic Liquid Carrier Hydrogen Storage Systems for Automotive Applications*; Executive Summary; Hrsg.: Argonne National Laboratory, Argonne, IL 60439 und TIAX LLC, Lexington, MA 02421; Juni 2011

[56] Ahluwalia R.K., Hua T. Q., Peng J-K, Kumar R.; *System Level Analysis of Hydrogen Storage Options*; 2007, DOE Hydrogen Program Annual Review, Arlington, VA; Mai 2007

[57] Panella B.; *Hydrogen Storage by Physisorption on Porous Materials*; Dissertation, Universität Stuttgart, 2006

[58] Panella B., Hirscher M., Roth S.; *Hydrogen adsorption in different carbon nanostructures*, Carbon, Volume 43, Issue 10, August 2005, Pages 2209-2214, ISSN 0008-6223, http://dx.doi.org/10.1016/j.carbon.2005.03.037

[59] Yao, Y.; *Hydrogen Storage Using Carbon Nanotubes,* In: Carbon Nanotubes, Kapitel 28; Jose Mauricio Marulanda (Ed.), ISBN: 978-953-307-054-4, InTech, DOI: 10.5772/39443. Online verfügbar: http://www.intechopen.com/books/carbon-nanotubes/hydrogen-storage-using-carbon-nanotubes, 2010

[60] Kleperis J., Lesnicenoks P., Grinberga L., Chikvaidze G., Klavins J.; *Zeolite as Material for Hydrogen Storage in Transport Applications*; Latvian Journal of Physics and Technical Sciences. Volume 50, Issue 3, Pages 59–64; Juli 2013

[61] Turnbull M. S.; *Hydrogen storage in zeolites: Activation of the pore space through incorporation of guest materials*; School of Chemistry, College of Engineering and Physical Science, The University of Birmingham; Dissertation; März 2010

[62] Yang J., Sudik A., Wolverton C., Siegel D.J.; *High capacity hydrogen storage materials: attributes for automotive applications and techniques for materials discovery*; Chem. Soc. Rev., 2010, 39,S. 656-675; The Royal Society of Chemistry; 2010

[63] Ahluwalia R.K., Peng J.K.; *Automotive hydrogen storage system using cryo-adsorption on activated carbon*, International Journal of Hydrogen Energy, Volume 34, Issue 13, July 2009, Pages 5476-5487, ISSN 0360-3199, http://dx.doi.org/10.1016/j.ijhydene.2009.05.023

[64] Furukawa H., Millerb M.A., Yaghi O.M.; Independent verification of the saturation hydrogen uptake in MOF-177 and establishment of a benchmark for hydrogen adsorption in metal–organic frameworks; J. Mater. Chem. 2007, 17, 3197 - 3204

[65]   Abele R.; F 125! - Das neue Mercedes-Benz Forschungsfahrzeug F 125! ver-
            knüpft futuristische Bedienkonzepte mit visionären Antriebstechnologien; On-
            line verfügbar: http://technicity.daimler.com/f12

[66]   Deutscher Wasserstoff- und Brennstoffzellen-Verband (DWV); *Chemische
            Speicherung von Wasserstoff als Kraftstoff - Möglichkeiten und Grenzen*; Pres-
            semitteilung; Hrsg.: Dt. Wasserstoff- und Brennstoffzellen-Verband e.V., Ber-
            lin; Juli 2011

[67]   Rittmar von Helmolt, Ulrich Eberle, Fuel cell vehicles: Status 2007, Journal of
            Power Sources, Volume 165, Issue 2, 20 March 2007, Pages 833-843, ISSN
            0378-7753, http://dx.doi.org/10.1016/j.jpowsour.2006. 12.073.

[68]   Zur Verfügung gestellt durch die Fa. Linde AG im Jahr 2014.

[69]   Klell M., Kindermann H., Jogl C.; *Thermodynamics of gaseous and liquid hyd-
            rogen storage*; HyCentA Research GmbH; Beitrag auf der International Hyd-
            rogen Energy Congress and Exhibition IHEC 2007, Istanbul, Juli 2007

[70]   BMW AG; Vorstellung der Kryodrucktanktechnologie in München an der
            TOTAL Multi-Energietankstelle in der Detmoldstraße 1; Eigenes Foto des
            Tanksystems; Pressetermin; 16.07.2015

[71]   Kampitsch, M.; *BMW - CRYOCOMPRESSED HYDROGEN REFUELING.*;
            Beitrag auf der WHEC 2012, Toronto, Canada; 2012

[72]   Kunze, K.; *PERFORMANCE OF A CRYO-COMPRESSED HYDROGEN
            STORAGE.*; Beitrag auf der WHEC 2012, Toronto, Canada; 2012

[73]   Comond O., Perreux D., Thiebaud F., Weber M.; *Methodology to improve the
            lifetime of type III HP tank with a steel liner*; International Journal of Hydrogen
            Energy, Volume 34, Issue 7, April 2009, Pages 3077-3090, ISSN 0360-3199,
            http://dx.doi.org/10.1016/j.ijhydene.2009. 01.080

[74]   Clean Energy Partnership (CEP); *Informationen aus dem online Auftritt der
            CEP*; http://www.cleanenergypartnership.de/; letzter Abruf: 20.01.2015

[75]   World Energy Hydrogen Conference (WHEC), *Informationen aus den Vorträ-
            gen und Fachgesprächen auf der 20. WHEC* in Gwangju, Korea; Juni 2014

[76]   Hua T., Ahluwalia R., Peng J.-K., Kromer M., Lasher S., McKenney K., Law
            K., Sinha J.; *Technical Assessment of Compressed Hydrogen Storage Tank
            Systems for Automotive Applications*; Report; Hrsg.: Argonne National Labora-
            tory, Argonne, IL; September 2010

[77]   Hua T.Q., Ahluwalia R.K., Peng J.-K., Kromer M., Lasher S., McKenney K.,
            Law K., Sinha J., *Technical assessment of compressed hydrogen storage tank
            systems for automotive applications*, International Journal of Hydrogen Energy,
            Volume 36, Issue 4, February 2011, Pages 3037-3049, ISSN 0360-3199,
            http://dx.doi.org/10.1016/j.ijhydene.2010.11.090

[78]   Tomioka J., Kiguchi K., Tamura Y., Mitsuishi H.; *Influence of temperature on
            the fatigue strength of compressed-hydrogen tanks for vehicles*; International
            Journal of Hydrogen Energy, Volume 36, Issue 3, February 2011, Pages 2513-
            2519, ISSN 0360-3199, http://dx.doi.org/10.1016/j.ijhydene.2010.04.120.

[79]   Hu J., Chandrashekhara K.; *Fracture analysis of hydrogen storage composite cylinders with liner crack accounting for autofrettage effect*; International Journal of Hydrogen Energy, Volume 34, Issue 8, May 2009, Pages 3425-3435, ISSN 0360-3199, http://dx.doi.org/10.1016/ j.ijhydene.2009.01.094.

[80]   Seifi R., Babalhavaeji M.; Bursting pressure of autofrettaged cylinders with inclined external cracks, International Journal of Pressure Vessels and Piping; Volume 89, January 2012, Pages 112-119, ISSN 0308-0161, http:// dx.doi.org/10.1016/j.ijpvp.2011.10.018.

[81]   Volkswagen Aktiengesellschaft

[82]   Adams P. et al.; *ALLOWABLE HYDROGEN PERMEATION RATE FOR AUTOMOTIVE APPLICATIONS*; D74 (InsHyde), Finaler Report HySafe; Final - Rev.7 - Corr.1, Juni 2009

[83]   Thomas C., Nony F., Villalonga S., Renard J.; *DAMAGES IN THERMOPLASTIC COMPOSITE STRUCTURES· APPLICATION TO HIGH PRESSURE HYDROGEN STORAGE VESSELS*; 18th International Conference on Composite Materials, Edinburgh, Scotland; Juli 2009

[84]   SAE International, "Standard for Fuel Systems in Fuel Cell and Other Hydrogen Vehicles", J2579, USA, März 2013

[85]   ISO/TS 15869:2009; *Gaseous hydrogen and hydrogen blends — Land vehicle fuel tanks*; Technical Specification

[86]   Das europäische Parlament und der Rat der europäischen Union; Verordnung (EG) Nr. 79/2009 über die Typgenehmigung von wasserstoffbetriebenen Kraftfahrzeugen und zur Änderung der Richtlinie 2007/46/EG; Amtsblatt der Europäischen Union; Januar 2009

[87]   Die europäische Kommission; Verordnung (EU) Nr. 406/2010 der Kommission zur Durchführung der Verordnung (EG) Nr. 79/2009 des Europäischen Parlaments und des Rates über die Typgenehmigung von wasserstoffbetriebenen Kraftfahrzeugen; Amtsblatt der Europäischen Union; April 2010

[88]   Economic Commission for Europe; *Draft Regulation on hydrogen and fuel cell vehicles*; No.13; Inland Transport Committee, World Forum for Harmonization of Vehicle Regulations, Geneva, Mai 2014; Online verfügbar unter: http://www.unece.org/fileadmin/DAM/trans/doc/2014/   wp29grsp/ECE-TRANS-WP29-GRSP-2014-08e.pdf

[89]   Schutzrecht DE19547752 B4; *Kraftstoffbehälter für druckbeaufschlagte Gase*; 2005-03-03; Bayrische Motoren Werke AG

[90]   Schutzrecht DE102009024794 A1; *Wasserstofftank in einem Kraftfahrzeug*; 2010-12-16; Daimler AG

[91]   Schutzrecht DE10305397 B4; *Druckbehälter*; 2005-07-14; Büchler D., ATI Küste GmbH

[92]   Löhr S., Schürmann H.; *Auslegung und Konstruktion eines Erdgasdrucktank-Demonstrators nach dem Darmstädter Bauweisenkonzept*; Konstruktiver Leichtbau und Bauweisen, TU Darmstadt; 2009

[93]   Schutzrecht EP0812293 B1; *Composite Conformable Pressure Vessel*; 1997-
            12-17; Alliant Techsystems Inc.

[94]   Haaland A.; *High-Pressure Conformable Hydrogen Storage for Fuel Cell Ve-
            hicles*; Thiokol Propulsion; Proceedings of the 2000 Hydrogen Program Re-
            view; 2000

[95]   Schutzrecht DE102010045705 A1; *Drucktank in einem Kraftfahrzeug mit ei-
            nem Zugelement*; 2011-07-07; Daimler AG

[96]   Schutzrecht DE19749950 A1; *Behälter zum Speichern von Druckgas*; 1999-05-
            12; Mannesmann AG

[97]   Schutzrecht DE19725369 A1; *Nichtzylindrischer Verbundstoffdruckbehälter*;
            1998-02-05; Braune, M.

[98]   Zu L., Zhang D., Xu Y., Xiao D., *Integral design and simulation of composite
            toroidal hydrogen storage tanks, International Journal of Hydrogen Energy*,
            Volume 37, Issue 1, January 2012, Pages 1027-1036, ISSN 0360-3199,
            http://dx.doi.org/10.1016/j.ijhydene.2011.03. 026.

[99]   James B.D.; *Hydrogen Storage Cost Analysis*; DOE Hydrogen and Fuel Cells
            Program, FY2013 Annual Progress Report; Strategic Analysis, Inc. (SA); Pro-
            ject ID: ST100; 2013

[100]   James B.D.; *Ongoing Analysis of H_2 Storage System Costs*; 2014 DOE Hydro-
            gen and Fuel Cells Program and Vehicle Technologies Office Annual Merit
            Review and Peer Evaluation Meeting; Project ID: ST100; Washington, Juni
            2014

[101]   Law K., Rosenfeld J., Han V., Chan M., Chiang H., Leonard J.; *Hydrogen
            Storage Cost Analysis*; Final Public Report; TIAX LLC, Cupertino, CA; März
            2013

[102]   Rosenfeld J., Law K.; Cost Analyses of Hydrogen Storage Materials and On-
            Board Systems - Updated Hydrogen Storage System Cost Assessments; DOE
            Annual Merit Review; Mai 2011

[103]   Haight A. E.; *Optimizing the Cost and Performance of Composite Cylinders
            for H_2 Storage using a Graded Construction*; 2014 DOE Hydrogen and Fuel
            Cells Program and Vehicle Technologies Office Annual Merit Review and
            Peer Evaluation Meeting; Project ID: ST110; Washington, Juni 2014

[104]   Mao D.; *Ultra Lightweight High Pressure Hydrogen Fuel Tanks Reinforced
            with Carbon Nanotubes*; 2014 DOE Hydrogen and Fuel Cells Program and
            Vehicle Technologies Office Annual Merit Review and Peer Evaluation Meet-
            ing; Project ID: ST105; Washington, Juni 2014

[105]   Roh H.S., Hua T.Q., Ahluwalia R.K.; *Optimization of carbon fiber usage in
            Type 4 hydrogen storage tanks for fuel cell automobiles*; International Journal
            of Hydrogen Energy; Volume 38, Issue 29, 30 September 2013, Pages 12795-
            12802, ISSN 0360-3199, http://dx.doi.org/10.1016/ j.ijhydene.2013.07.016.

[106]   Simmons K.L.; *Enhanced Materials and Design Parameters for Reducing the Cost of Hydrogen Storage Tanks*; 2014 DOE Hydrogen and Fuel Cells Program and Vehicle Technologies Office Annual Merit Review and Peer Evaluation Meeting; Project ID: ST101; Washington, Juni 2014

[107]   SAE International, "Fueling Protocols for Light Duty Gaseous Hydrogen Surface Vehicles", Standard J2601, USA, Juli 2014

[108]   SAE International, "Fueling Protocols for Light Duty Gaseaus Hydrogen Surface Vehicles", Technical Information Report J2601, USA, März 2010

[109]   Baehr, H.D.; Stephan, K.; *Wärme- und Stoffübertragung*; Springer, Berlin Heidelberg, 6. Auflage, 2008

[110]   Verein Deutscher Ingenieure; *VDI-Wärmeatlas;* Hrsg.: VDI-Gesellschaft Verfahrenstechnik und Chemieingenieurwesen (GVC) Springer, Berlin Heidelberg, 10. Auflage, 2006

[111]   Lienhard IV, J. H.; Lienhard V, J. H.; A Heat Transfer Textbook; Phlogiston Press, Massachusetts, 3. Auflage, 2008

[112]   Stephan, P.; Schaber, K.; Stephan, K.; Mayinger, F.; *Thermodynamik, Grundlagen und technische Anwendungen*; Band 1: Einstoffsysteme; Springer, Berlin Heidelberg, 18. Auflage, Kapitel 15, 2009

[113]   Han S., Chung D.D.L.; Increasing the through-thickness thermal conductivity of carbon fiber polymer–matrix composite by curing pressure increase and filler incorporation; Composites Science and Technology, Volume 71, Issue 16, 14 November 2011, Pages 1944-1952, ISSN 0266-3538, http://dx.doi.org/10.1016/j.compscitech.2011. 09.011

[114]   Pak S.Y., Kim H.M., Kim S.Y., Youn J.R.; Synergistic improvement of thermal conductivity of thermoplastic composites with mixed boron nitride and multi-walled carbon nanotube fillers; Carbon, Volume 50, Issue 13, November 2012, Pages 4830-4838, ISSN 0008-6223, http://dx.doi.org/10.1016/j.carbon.2012.06.009.

[115]   Blumm J.; *Das Laserflash Verfahren – aktuelle Entwicklungen und Tendenzen*; Symposium „Tendenzen in der Materialentwicklung und die Bedeutung von Wärmetransporteigenschaften"; Stuttgart, März 2007

[116]   NETZSCH-Gerätebau GmbH; *Dynamische Differenz-Kalorimetrie Methode, Technik, Applikationen, DSC 204 F1 Phoenix®*; Produktbroschüre; Online verfügbar: http://www.netzsch-thermal-analysis.com ;letzter Abruf: 10.05.2015

[117]   Ballhorn M.: Entwicklung von Polymermembranen für die Abtrennung von Kohlendioxid aus Gasströmen; Dissertation an der RWTH-Aachen; 2000

[118]   Dörr, C.; *Untersuchung der Eignung von Kunststoffflaschen für die Bierabfüllung*; Dissertation an der Technischen Universität München; 2003

[119]   Prachumchon S.: A Study of HDPE in High Pressure of Hydrogen Gas—Measurement of Permeation Parameters and Fracture Criteria; Dissertation an der University of Nebraska-Lincoln; 2012

[120]   Philibert, J.; *One and a Half Century of Diffusion: Fick, Einstein, Before and Beyond*; Extended version of Jean Philibert's contribution to the Proceedings of Diffusion Fundamentals I, Leipzig, 2005; Diffusion Fundamentals 4; S.6.1-6.19, 2006

[121]   DIN 53380-2:2006; Prüfung von Kunststoffen – Bestimmung der Gasdurchlässigkeit – Teil 2: Manometrisches Verfahren zur Messung an Kunststoff-Folien

[122]   DIN EN ISO 527-1:2012; Kunststoffe – Bestimmung der mechanischen Eigenschaften - Teil 1: Allgemeine Grundsätze

[123]   DIN EN ISO 3167, ISO/FDIS 3167:2014; *Kunststoffe – Vielzweckprobekörper*, Entwurf, als Ersatz für DIN EN ISO 3167:2003-12

[124]   DIN EN ISO 178:2010 + Amd.1:2013; *Kunststoffe – Bestimmung der Biegeeigenschaften*

[125]   DIN EN ISO 179-1:2010; Bestimmung der Charpy-Schlageigenschaften – Teil 1: Nicht instrumentierte Schlagzähigkeitsprüfung

[126]   DIN EN ISO 306:2013; Kunststoffe - Thermoplaste - Bestimmung der Vicat-Erweichungstemperatur

[127]   Gelbe H.; *Konstruktionselemente von Apparaten und Rohrleitungen*; In: Dubbel – Taschenbuch für den Maschinenbau, Hrsg.: Beitz W., Grote K.-H.; 20. Auflage; S. K5-K18, Berlin 2001

[128]   Önder A.; *First Failure Pressure of Composite Pressure Vessels*; Masterarbeit an der Dokuz Eylül University; Izmir, Februar 2007

[129]   Schürmann H.; *Konstruieren mit Faser-Kunststoff-Verbunden*; Springer-Verlag Berlin Heidelberg, 2005

[130]   Ulke-Winter L., Kroll L.: *Naturanaloge Optimierungsverfahren zur Auslegung von Faserverbundstrukturen*. In: Gehde, M.; Wagenknecht, U.; Bloß, P.: Technomer 2013: 23. Fachtagung über Verarbeitung und Anwendung von Polymeren. Chemnitz: 2013, S. 72, ISBN 978-3-939382-11-9

[131]   Vasiliev V.V.; *Composite Pressure Vessels: Analysis, Design, and Manufacturing;* Hrsg.: Robert Millard Jones; Bull Ridge Corporation Verlag; 2009

[132]   Xia M., Takayanagi H., Kemmochi K.; *Analysis of multi-layered filament-wound composite pipes under internal pressure*; Composite Structures, Volume 53, Issue 4, September 2001, Pages 483-491, ISSN 0263-8223, http://dx.doi.org/10.1016/S0263-8223(01)00061-7.

[133]   Naumann M. D., Nendel W., Kroll L.: *Technologiegerechte Hochdruckbehälter in Faserverbundbauweise*. In: Gehde, M.; Wagenknecht, U.; Bloß, P.: Technomer 2011: 22. Fachtagung über Verarbeitung und Anwendung von Polymeren. Chemnitz: 2011, S. 60, ISBN 978-3-939382-10-2.

[134]   Cuntze R.G., Deska R., Kroll L., Szelinski B., Jeltsch-Fricker R., Meckbach S., Huybrechts D., Kopp J., Gollwitzer S., Rackwitz R.: *Neue Bruchkriterien und Festigkeitsnachweise für unidirektionalen Faserkunststoffverbund unter mehrachsiger Beanspruchung*; Fortschrittberichte Reihe 5: Grund und Werkstoffe,VDI,1997, Düsseldorf

[135]   Cuntze R.G., Freund A., *The predictive capability of failure mode concept-based strength criteria for multidirectional laminates*, Composites Science and Technology, Volume 64, Issues 3–4, March 2004, Pages 343-377, ISSN 0266-3538, http://dx.doi.org/10.1016/ S0266-3538(03)00218-5.

[136]   Naumann M. D., Kroll L., Blaschke U., Fuchs F.: *Leichte Hochdruckbehälter in Faserverbundbauweise.* In: Tagungsband 13. Chemnitzer Textiltechnik-Tagung: Wertschöpfungspotenzial Textiltechnik. Chemnitz: 2012. ISBN: 978-3-9812554-7-8, S. 318-324.

[137]   Naumann M. D., Ulke-Winter L., Kroll L.: *Optimization of winding structures for compo-site pressure vessels with elliptic bottom shapes.* 3rd Annual Composite Pressure Vessel Symposium. Hasselt (Belgien): 2013.

[138]   Renner, O.; Antonowitz, H.; *Fachgespräche im Rahmen der Zusammenarbeit mit dem Leichtbau-Zentrum Sachsen GmbH*; Fachgespräche mit den genannten Mitarbeitern des LZS; 2014

[139]   August Herzog Maschinenfabrik GmbH & Co. KG, *Abbildung: Radialflechter Typ RF 1/144-100*; Copyright: mit freundlicher Genehmigung der August Herzog Maschinenfabrik GmbH & Co. KG, 2016

[140]   Toyota Motor Corporation; *Toyota Ushers in the Future with Launch of 'Mirai' Fuel Cell Sedan*; Pressemitteilung der Toyota Motor Corporation; verfügbar unter: http://newsroom.toyota.co.jp/en/detail/4198334; letzter Abruf: 06.01.2015; erschienen am 18.11.2014

[141]   Sirosh N; *FUELS – HYDROGEN STORAGE | Compressed*, In Encyclopedia of Electrochemical Power Sources, edited by Jürgen Garche, Elsevier, Amsterdam, 2009, Pages 414-420, ISBN 9780444527455, http://dx.doi.org/ 10.1016/B978-044452745-5.00322-1

[142]   Ahluwalia R.K., Peng J-K, Hua T. Q., Kumar R.; *System Level Analysis of Hydrogen Storage Options*; 2006 DOE Hydrogen Program Review, Crystal City, VA; Mai 2006

[143]   Ahluwalia R.K., Hua T. Q., Peng J-K, Kumar R.; *System Level Analysis of Hydrogen Storage Options*; 2009 DOE Hydrogen Program Review, Arlington, VA; Mai 2009

[144]   Kuchenbuch K.; *Methodik zur Identifikation und zum Entwurf packageoptimierter Elektrofahrzeuge*; Dissertation an der Technischen Universität Carolo-Wilhelmina zu Braunschweig; Hrsg.: Volkswagen Aktiengesellschaft Auto Uni; Logos Verlag Berlin; 2012

[145]   Sarioglu I.L.; *Conceptual Design of Fuel-Cell Vehicle Powertrains*; Dissertation an der Technischen Universität Carolo-Wilhelmina zu Braunschweig; Shaker Verlag; 2014

[146]   Professionalplastics; *Aluminum 6061-T6; 6061-T651*; Datenblatt Online Verfügbar: https://www.professionalplastics.com/professionalplastics/ Aluminum6061DataSheet.pdf; letzter Abruf 23.07.2015

[147]	ThyssenKrupp Materials International; *Werstoffdatenblatt 1.4571;* Datenblatt Online verfügbar: http://www.edelstahl-service-center.de/tl_files/Thyssen Krupp/PDF/Datenblaetter/1.4571.pdf; letzter Abruf 16.05.2016

[148]	Pflug, S; *Alternative Tankgeometrien zur Wasserstoffspeicherung;* Bei der Volkswagen AG erstellte Masterarbeit, Betreut durch Dipl.-Ing. P. Rosen (Volkswagen AG) und Prof. Dr.-Ing. Thomas Vietor (TU Braunschweig, Institut für Konstruktionstechnik); Wolfsburg; Oktober 2013

[149]	Audi AG; *Der Audi A7 Sportback h-tron quattro;* Video zur Fahrzeugpräsentation Audi A7 Sportback h-tron quattro auf der LA-Autoshow 2014; Online verfügbar: https://audimedia.tv/de/vid/der-audi-a7-sportback-h-tron-quattro, letzter Abruf: 20.08.2015

[150]	Renner, O.; Antonowitz, H., Gärtner R., Zavesky M.; *HoMuZ – Realisierbarkeit einer Hochdruck-Multizelle;* Im Auftrag der Volkswagen AG durchgeführte Analyse; nicht veröffentlichter Abschlussbericht; 2014

[151]	Renner, O.; Antonowitz, H., Gärtner R.; *KoFTa – Analyse zur Realisierbarkeit konischer Hochdruck-Flechttanks;* Im Auftrag der Volkswagen AG durchgeführte Analyse; nicht veröffentlichter Abschlussbericht; 2015

[152]	Welsch M.: *Bewertung von Spannungsspitzen und Singularitäten in FEM-Rechnungen;* Beitrag für das 11. Norddeutsche Simulationsforum, Hamburg; Oktober 2015

[153]	Liedtke Kunststofftechnik; *Werkstoffdatenblatt PE-HD, Physikalische Eigenschaften, Richtwerte;* Datenblatt; http://www.l-kt.de/Werkstoffdaten blaetter/Werkstoffdatenblatt%20PE-HD.pdf; letzter Abruf 23.07.2015

[154]	xperion components GmbH & Co. KG; *Faszination CFK, Der Werkstoff für Innovationen;* http://www.avanco.de/fileadmin/user_upload/pdf-broschueren/ xperion-components_faszination-CFK_DE_low.pdf; letzter Abruf 23.07.2015

[155]	Toray Industries, Inc.; *Functional and Compressive Properties, Table 6-1 Functional Properties;* http://www.torayca.com/en/techref/index.html; letzter Abruf 23.07.2015

[156]	ALBIS PLASTIC GMBH; *ALBIS baut T-Conductive Lösungen weiter aus;* Presseinformation; Hamburg, 25.10.2010

[157]	Ensinger GmbH; *TECACOMP® TC, Wärmeleitfähige Kunststoffe;* Produktinformation; http://www.ensinger-online.com; letzter Abruf 03.07.2012

[158]	Agrawal A., Satapathy A.; *Development of a Heat Conduction Model and Investigation on Thermal Conductivity Enhancement of AlN/Epoxy Composites;* Procedia Engineering, Volume 51; 2013; Pages 573-578; ISSN 1877-7058, http://dx.doi.org/10.1016/j.proeng.2013.01.081.

[159]	Cheewawuttipong W., Fuoka D., Tanoue S., Uematsu H., Iemoto Y.; *Thermal and Mechanical Properties of Polypropylene/Boron Nitride Composites;* Energy Procedia, Volume 34; 2013; Pages 808-817; ISSN 1876-6102, http://dx.doi.org/10.1016/j.egypro.2013.06.817.

[160] Kumlutas D., Tavman I.H.; *A Numerical and Experimental Study on Thermal Conductivity of Particle Filled Polymer Composites*, Journal of Thermoplastic Composite Materials, Volume 19, No. 4, Pages 441-455, July 2006; doi: 10.1177/0892705706062203

[161] Lee G-W., Park M., Kim J., Lee J.I., Yoon H.G.; *Enhanced thermal conductivity of polymer composites filled with hybrid filler*; Composites Part A: Applied Science and Manufacturing; Volume 37, Issue 5; May 2006; Pages 727-734; ISSN 1359-835X, http://dx.doi.org/10.1016/j.compositesa.2005.07.006.

[162] Pflug G., Gladitz M., Reinemann S.; *Nanoskalige Füllstoffe: Wärme besser leiten*; Kunststoffe 99 (2009) 12; S. 54-60; Carl Hanser Verlag, München; 2009

[163] Raman C., Meneghetti P.; *Boron nitride finds new applications in thermoplastic compounds*; Plastics, Additives and Compounding; Volume 10, Issue 3; May–June 2008; Pages 26-29, 31, ISSN 1464-391X, http://dx.doi.org/10.1016/S1464-391X(08)70092-8

[164] Zhou W., Qi G., An Q., Zhao H., Liu N.; *Thermal conductivity of boron nitride reinforced polyethylene composites*; Materials Research Bulletin, Volume 42, Issue 10; 2 October 2007; Pages 1863-1873; ISSN 0025-5408, http://dx.doi.org/10.1016/j.materresbull.2006.11.047.

[165] ALBIS PLASTIC GMBH; *ALBIS T-CONDUCTIVE, THERMISCH LEITFÄHIGE COMPOUNDS*; Produktdatenblatt; http://www.albis.com; letzter Abruf 16.07.2012

[166] Schön F.; Elastomer / Schichtsilikat Komposite: Einfluss der Füllstoffstruktur auf mechanische, dynamische und Gasbarriere-Eigenschaften; Dissertation; Univesität Freiburg im Breisgau; 2004

[167] Klopffer M.H., Flaconneche B.; *Transport properties of gases in polymers: Bibliographic review*; OIL GAS SCI, 56(3); pp. 223-244; 2001

[168] Müller K., Botos J., Bastian M., Heidemeyer P., Hochrein T.; *Permeationsmessung von Folien: Schneller zum Ergebnis*; in Kunststoffe 7/2011; S. 75-80; 2011

[169] CheapTubes.com; Internetshop für Kohlenstoffnanoröhrchen; Online Verfügbar unter: http://www.cheaptubes.com/default.htm; letzter Abruf 02.08.2015

[170] Agrawal A., Satapathy A.; *Experimental Investigation of Micro-sized Aluminium Oxide Reinforced Epoxy Composites for Microelectronic Applications*; Procedia Materials Science Volume 5, 2014; Pages 517-526; ISSN 2211-8128; http://dx.doi.org/10.1016/j.mspro.2014.07.295.

[171] Ahn H.J., Eoh Y.J., Park S.D., Kim E.S.; *Thermal conductivity of polymer composites with oriented boron nitride*; Thermochimica Acta, Volume 590, 20 August 2014, Pages 138-144, ISSN 0040-6031, http://dx.doi.org/10.1016/j.tca.2014.06.029.

[172]   Han Z., Fina A.; *Thermal conductivity of carbon nanotubes and their polymer nanocomposites: A review*; Progress in Polymer Science, Volume 36, Issue 7, July 2011; Pages 914-944; ISSN 0079-6700, http://dx.doi.org/10.1016/ j.progpolymsci.2010.11.004.

[173]   Hornbostel B.; *Laserunterstützte Synthese von einwandigen Kohlenstoffnanoröhren (SWCTs) und Applikationen in Polycarbonaten*; Dissertation; Univesität Stuttgart; Jost Jetter Verlag, Heimsheim; 2008

[174]   Causin V., Marega C., Marigo A., Ferrara G., Ferraro A.; *Morphological and structural characterization of polypropylene/conductive graphite nanocomposites*; European Polymer Journal, Volume 42, Issue 12, December 2006; Pages 3153-3161;   ISSN   0014-3057,   http://dx.doi.org/10.1016/ j.eurpolymj.2006.08.017.

[175]   Dorfmüller T., Bergmann L., Schaefer C.; *Mechanik, Relativität, Wärme*; Band 1 von Lehrbuch der Experimentalphysik; Hrsg.: Bergmann L., Schaefer C.; Walter de Gruyter; 1998

[176]   Nielsen L.E.; Models for the permeability of filled polymer systems, Journal of Macromolecular Science: Part A – Chemistry; Vol.1, Iss. 5; Pages 929-942; 1967

[177]   Bharadwaj R. K.; *Modeling the Barrier Properties of Polymer-Layered Silicate Nanocomposites*; Macromolecules 2001 34 (26), 9189-9192; DOI: 10.1021/ma010780b

[178]   Yano K., Usuki A., Okada A., Kurauchi T., Kamigaito O.; Synthesis and properties of polyimide–clay hybrid; Journal of Polymer Science Part A: Polymer Chemistry; Volume 31, Issue 10, pages 2493–2498, September 1993; http://dx.doi.org/10.1002/pola.1993.080311009

[179]   Cussler E.L., Hughes S. E., Ward III W.J., Aris R.; B*arrier membranes*; Journal of Membrane Science, Volume 38, Issue 2, August 1988; Pages 161-174, ISSN 0376-7388, http://dx.doi.org/10.1016/S0376-7388(00)80877-7.

[180]   Fredrickson G. H., Bicerano J.; *Barrier properties of oriented disk composites*; The Journal of Chemical Physics, 110, 2181-2188 (1999), DOI:http:// dx.doi.org/10.1063/1.477829

[181]   Gusev A. A., Lusti H. R.; *Rational Design of Nanocomposites for Barrier Applications*; Journal of Advanced Materials, Volume 13, Issue 21, November, 2001; Pages 1641–1643; WILEY-VCH Verlag GmbH; http://dx.doi.org/ 10.1002/1521-4095(200111)13:21<1641::AID-ADMA1641>3.0.CO;2-P

[182]   Waché R., Klopffer M-H., Gonzalez S.: Characterization of Polymer Layered Silicate Nanocomposites by Rheology and Permeability Methods: Impact of the Interface Quality; Oil & Gas Science and Technology – Rev. IFP Energies nouvelles, Vol. 70 (2015), No. 2, pp. 267-277; published by IFP Energies nouvelles; 2014

[183]   Martínez V. S.; Thermal and transport properties of layered silicate nanomaterials subjected to extreme thermal cycling; Dissertation und der University of New Orleans; 2007

[184]   Decker J.J.; Meyers K.P.; Paul D.R.; Schiraldi D.A.; Hiltner A., Nazarenko S.; Polyethylene-based nanocomposites containing organoclay: A new approach to enhance gas barrier via multilayer coextrusion and interdiffusion, Polymer, Volume 61, 20 March 2015, Pages 42-54, ISSN 0032-3861, http:// dx.doi.org/10.1016/j.polymer.2015.01.061.

[185]   Sturmbichler M., Fraer J., Henne C.; Projektbegleitende Fachkorrespondenz mit den genannten Mitarbeitern im Rahmen der Zusammenarbeit mit der Fa. Ensinger GmbH; 2013-2015

[186]   Ayatollahi M.R., Shadlou S., Shokrieh M.M., Chitsazzadeh M.; *Effect of multi-walled carbon nanotube aspect ratio on mechanical and electrical properties of epoxy-based nanocomposites*; Polymer Testing, Volume 30, Issue 5, August 2011, Pages 548-556; ISSN 0142-9418, http://dx.doi.org/10.1016/ j.polymertesting.2011.04.008.

[187]   Manoj Kumar R , Sharma S.K., Manoj Kumar D.V., Lahiri D., Effects of carbon nanotube aspect ratio on strengthening and tribological behavior of ultra high molecular weight polyethylene composite; Composites Part A: Applied Science and Manufacturing, Volume 76, September 2015, Pages 62-72; ISSN 1359-835X, http://dx.doi.org/10.1016/j.compositesa.2015.05.007.

[188]   Kollenberg, W; *Technische Keramik: Grundlagen, Werkstoffe, Verfahrens-technik*; Vulkan-Verlag GmbH, Essen; 2004

[189]   Jaroschek, C.; *Das Ende des Biegemoduls*; Hrsg.: Prof. Dr.-Ing. Dr. h.c. Gott-fried W. Ehrenstein; Zeitschrift Kunststofftechnik 05/2012

[190]   Ondracek G.; *Werkstoffkunde. Leitfaden für Studium und Praxis*; Expert-Verlag; 4. Aufl.; 1994

[191]   Quadrant Engineering Plastic Products; *Technische Kunststoffe Produktleitfa-den für Konstruktionsingenieure*; Produktbroschüre; Online verfügbar: www.quadrantplastics.com; Seite 68; 2011

[192]   Askeland D.; *Materialwissenschaften*; 1. Auflage; Springer Spektrum Akade-mischer Verlag; 1996

[193]   TOYOTA Deutschland GmbH; *Toyota Mirai*; Prospekt der Presseabteilung; verfügbar unter: http://toyota-prospekte.de/index.php?attachment/7981-350326-toyota-mirai-dpl-de3-pdf/; letzter Abruf: 08.12.2015; Oktober 2015

[194]   Suter Kunststoffe AG; *Faserverbund-Werkstoffdaten*; Swiss Composite Info; Datensammlung zu Verbundkunststoffen;Online Verfügbar: www.swiss-composite.ch; Springer Spektrum Akademischer Verlag; letzter Abruf: 27.06.2012

[195]   Wang Z., Qi R., Wang J., Qi S.; *Thermal conductivity improvement of epoxy composite filled with expanded graphite*; Ceramics International; Available online 31 July 2015; ISSN 0272-8842; http://dx.doi.org/10.1016/ j.ceramint.2015.07.148.

[196]   Vasconcelos P., Lino F.J., Neto R.J., Teixeira A.; *Hybride Glas- und Kohlefaserverstärkte Verbundwerkstoffe für die Herstellung von Epoxidwerkzeugen*; Fachzeitschrift Structure; Ausgabe 40; Online verfügbar: http://www.struers.de; S. 3-5; 2003

[197]   Danger, H.; *Konzeptionierung einer geeigneten Messvorrichtung zur Temperaturerfassung in PKW-Wasserstoffdruckbehältern*; Bei der Volkswagen AG erstellte Masterarbeit, Betreut durch Prof. Dr.-Ing. Sven Olaf Neumann (Fachhochschule Kiel); Wolfsburg; August 2014

[198]   Schutzrecht DE102012023065 A1; *Druckbehälter und Kraftfahrzeug*; 2014-04-28; Volkswagen AG; Erfinder: P. Rosen, M. Kahlich

[199]   McCarty R.D., Hord J., Roder H.M.; *Selected Properties of Hydrogen (Engineering Design Data)*; NBS Monograph 168; National Bureau of Standards; Boulder, CO; 1981

[200]   Kunz O., Klimeck R., Wagner W., *The GERG-2004 Wide-Range Reference Equation of State for Natural Gases and Other Mixtures,* to be published as a GERG Technical Monograph, Fortschr.-Ber. VDI; VDI-Verlag; Düsseldorf; 2006

9 Anhang

9.1 DOE-Targets mit Definition Nettospeicherdichten

Tab. 9.1: DOE-Targets for Onboard Hydrogen Storage Systems for Light-Duty Vehicles Stand 2009 nach [4]

Storage Parameter	Units	2010	2017	Ultimate
System Gravimetric Capacity:	kWh/kg	1.5	1.8	2.5
Usable, specific-energy from H2 (net useful energy/max system mass) [a]	(kg H_2/kg$_{system}$)	(0.045)	(0.055)	(0.075)
System Volumetric Capacity:	kWh/L	0.9	1.3	2.3
Usable energy density from H2 (net useful energy/max system volume)	(kg H_2/L$_{system}$)	(0.028)	(0.040)	(0.070)
Storage System Cost [b]:	$/kWh net	TBD	TBD	TBD
	($/kg H_2)	(TBD)	(TBD)	(TBD)
• Fuel cost[c]	$/gge at pump	3-7	2-4	2-4
Durability/Operability:				
• Operating ambient temperature [d]	°C	-30/50 (sun)	-40/60 (sun)	-40/60 (sun)
• Min/max delivery temperature	°C	-40/85	-40/85	-40/85
• Operational cycle life (1/4 tank to full)[e]	Cycles	1000	1500	1500
• Min delivery pressure from storage system; FC= fuel cell, ICE= internal combustion engine	bar (abs)	5 FC/35 ICE	5 FC/35 ICE	3 FC/35 ICE
• Max delivery pressure from storage system[f]	bar (abs)	12 FC/100 ICE	12 FC/100 ICE	12 FC/100 ICE
• Onboard Efficiency	%	90	90	90
• "Well" to Powerplant Efficiency	%	60	60	60
Charging / Discharging Rates:				
• System fill time (5 kg)	min	4.2	3.3	2.5
	(kg H_2/min)	(1.2)	(1.5)	(2.0)
• Minimum full flow rate	(g/s)/kW	0.02	0.02	0.02
• Start time to full flow (20°C) [g]	s	5	5	5
• Start time to full flow (-20°C) [g]	s	15	15	15
• Transient response 10%-90% and 90% - 0% [h]	s	0.75	0.75	0.75
Fuel Purity (H2 from storage)[i]:	% H2	SAE J2719 and ISO/PDTS 14687-2 (99.97% dry basis)		
Environmental Health & Safety:				
• Permeation & leakage j	Scc/h	Meets or exceeds applicable standards		
• Toxicity	-			
• Safety	-			
• Loss of useable H_2 [k]	(g/h)kg $H_{2,stored}$	0.1	0.05	0.05

"Note: The above targets are based on the lower heating value of hydrogen. Targets are for a complete system, including tank, material, valves, regulators, piping, mounting brackets, insulation, added cooling capacity, and/or other balance-of-plant components. All capacities are defined as useable capacities that could be delivered to the powerplant (i.e. fuel cell or internal combustion engine). All targets must be met at the end of service life (approximately

© Springer Fachmedien Wiesbaden GmbH, ein Teil von Springer Nature 2018
P. A. Rosen, *Beitrag zur Optimierung von Wasserstoffdruckbehältern*,
AutoUni – Schriftenreihe 113, https://doi.org/10.1007/978-3-658-21124-0

1,500 cycles or 5,000 operation hours, equivalent of 150,000 miles). Unless otherwise indicated, all targets are for both hydrogen internal combustion engine and for hydrogen fuel cell use, based on the low likelihood of power plant specific fuel being commercially viable. Commercial systems must meet manufacturing specifications for cycle life variation; see note [e] to cycle life below.", [4]

Weitere Erläuterungen zu Tab. 9.1:

[a] Generally the 'full' mass (including hydrogen) is used; for systems that gain weight, the highest mass during discharge is used. All capacities are net useable capacity able to be delivered to the powerplant. Capacities must be met at end of service life.

[b] Note: Storage system costs targets are currently under review and may be changed at a future date.

[c] 2005 US$; includes off-board costs such as liquefaction, compression, fuel regeneration, etc; ultimate target based on H2 production cost of $2 to $3/gasoline gallon equivalent untaxed, independent of production pathway.

[d] Stated ambient temperature plus full solar load. No allowable performance degradation from –20 °C to 40 °C. Allowable degradation outside these limits is to be determined.

[e] Equivalent to 200,000; 300,000; and 300,000 miles respectively (current gasoline tank spec). Manufactured items have item-to-item variation. The variation as it affects the customer is covered by the cycle life target of number of cycles. Testing variation is addressed by testing variation metrics. It is expected that only one or two systems will be fabricated to test life of early concepts. The data generated has great uncertainty associated with it due to the low number of samples. Thus a factor is required to account for this uncertainty. The effect is to increase the required cycle life based on normal statistics using the number of samples tested. The value is given in the form XX/YY where XX is the acceptable percentage of the target life (90 means 90%), and YY is the percent confidence that the true mean will be inside the xx% of the target life (99 indicates 99% confidence or an alpha value of 0.01). For demonstration fleets this is less critical and no target is specified to functionally enable single specimen testing. Variation testing needs to be included for general sales. By the time full fleet production is reached, testing levels will also need to tighten, but availability of multiple samples will no longer be a problem. This entire sequence is standard practice in the mass production of automobiles and their components. Units are in minimum percent of the mean and a percentage confidence level. The technology readiness goals are: minimum percentage of the mean of 90% at a 99% confidence level.

[f] For delivery the storage system, in the near-term, the forecourt should be capable of delivering 10,000 psi (700 bar) compressed hydrogen, liquid hydrogen, or chilled hydrogen (77K) at 5,000 psi (350 bar). In the long term, it is anticipated that delivery pressures will be reduced to between 50 and 150 bar for materials-based storage systems, based on today's knowledge of sodium alanate (Ti-catalyzed NaAlH4).

[g] Flow must initiate within 25% of target time.

[h] At operating temperature.

[i] The storage system is not expected to provide any purification for the incoming hydrogen, and will receive hydrogen at the purity levels required for the fuel cell. The hydrogen purity specifications are currently in both SAE J2719: Technical Information Report on the Development of a Hydrogen Quality Guideline in Fuel Cell Vehicles (harmonized with ISO/PDTS

14687-2) and ISO/PDTS 14687-2: Hydrogen Fuel — Product Specification — Part 2: PEM fuel cell applications for road vehicles. Examples include: total non-particulates, 300 ppm; H_2O, 5 ppm; total hydrocarbons (C1 basis), 2 ppm; O2, 5 ppm; He, 300 ppm; N2 + Ar combined, 100 ppm; CO_2, 2 ppm; CO, 0.2 ppm; total S, 0.004 ppm; formaldehyde (HCHO), 0.01 ppm; formic acid (HCOOH), 0.2 ppm; NH3, 0.1 ppm; total halogenates, 0.05 ppm; maximum particle size, <10 µm; and particulate concentration, <1 µg/L H2. These are subject to change. See Appendix on Hydrogen Quality in the DOE EERE Hydrogen Fuel Cells and Infrastructure Technologies Program Multiyear Research, Development and Demonstration Plan (www.eere.energy.gov/hydrogenandfuelcells/mypp/) to be updated as fuel purity analyses progress. Note that some storage technologies may produce contaminants for which effects are unknown; these will be addressed by system engineering design on a case by case basis as more information becomes available.

[j] Total hydrogen lost into the environment as H2; relates to hydrogen accumulation in enclosed spaces. Storage system must comply with CSA/HGV2 standards for vehicular tanks. This includes any coating or enclosure that incorporates the envelope of the storage system.

[k] Total hydrogen lost from the storage system, including leaked or vented hydrogen; relates to loss of range.", [4]

System Gravimetric Capacity: Usable specific energy from hydrogen, net

This is a measure of the specific energy from the standpoint of the total onboard storage system, not just the storage medium. The term specific energy is used interchangeably with the term gravimetric capacity. "Net useful energy" excludes unusable energy (i.e. hydrogen left in a tank below minimum powertrain system pressure requirement, flow and temperature requirements) and hydrogen-derived energy used to extract the hydrogen from the storage medium (e.g. fuel used to heat a hydride or material to initiate or sustain hydrogen release). The system gravimetric capacity refers to end of life net available capacity. The storage system includes interfaces with the refueling infrastructure, safety features, the storage vessel itself, all storage media, any required insulation or shielding, all necessary temperature/humidity management equipment, any regulators, electronic controllers, and sensors, all onboard conditioning equipment necessary to store the hydrogen (compressors, pumps, filters etc.), as well as mounting hardware and delivery piping. Obviously, it cannot be so heavy as to preclude use on a vehicle. Further, the fuel efficiency of any vehicle is inversely related to the vehicle's mass. If the intent is to create an efficient, and thus lightweight vehicle, and to have it meet all customer expectations in terms of performance, convenience, safety, and comfort, then the total percentage of the vehicle weight devoted to the hydrogen storage system must be limited. The target is in units of net useful energy in kWh per maximum system mass in kg. "Maximum system mass" implies that all of the equipment enumerated above plus the maximum charge of hydrogen are included in the calculation. Reactive systems may increase in mass as they discharge hydrogen; in such systems the discharged mass is used. [4]

System Volumetric Capacity: Usable volumetric energy density from hydrogen, net

This is also a measure of energy density from a system standpoint, rather than from a storage media standpoint. The term energy density is used interchangeably with the term volumetric capacity. As above, the onboard hydrogen storage system includes every component required to safely accept hydrogen from the delivery infrastructure, store it onboard, and release conditioned hydrogen to the powerplant. Again, given vehicle constraints and customer requirements (i.e. aerodynamics for fuel economy, luggage capacity for people), the system cannot take up too much volume, and the "shape factor" that the volume occupies becomes important. Also, as before, any unusable fuel must be taken into account. As discussed above, the targets account for the demonstrated ability of OEMs to accommodate additional volume for hydrogen and fuel cell subsystems and components on a vehicle without compromising customer expectations. Today's gasoline tanks are considered conformable. Conformability requires a tank to take irregular shapes, and to "hug" the space available in the vehicle, but right angle bends and inch wide protuberances are not required. For conformable fuel tanks the required volumetric energy density may be reduced up to 20% because space not allocated for fuel storage may be used without a penalty. The system volumetric capacity refers to end of life net available capacity. The targets are in units of net usable energy in kWh per system volume in liters. [4]

9.2 Annahmen zur Kostenbetrachtung

Der mit „Base Case" bezeichnete Fall bezieht sich auf ein Produktionsvolumen von 500.000 Einheiten/Jahr [102].

Tab. 9.2:   Base Case Annahmen der Kostenbetrachtung nach für 700 bar CGH$_2$-Systeme nach [101]

Design Parameter	Base Case Value	Basis/Comment
Nominal pressure	350 and 700 bar	Design assumptions based on DOE and industry input
Number of tanks	Single and dual	Design assumptions based on DOE and industry input
Tank liner	Type III (Aluminum) Type IV (HDPE)	Design assumptions based on DOE and industry input
Maximum/ Filling Pressure	700-bar, 875 bar	125% of nominal design pressure is assumed required for fast fills to prevent under-filling
"Empty" Pressure	20 bar	Discussions with Quantum, 2008
Usable H$_2$ storage capacity	5.6 kg	Design assumption based on drive-cycle modeling for 350 mile range assuming a mid-sized, hydrogen FCV
CF Weight	Type III, 1 tank, 700 bar: 65.0 kg Type III, 2 tank, 700 bar: 28.3 kg Type IV, 1 tank, 700 bar: 68.7 kg Type IV, 2 tank, 700 bar: 34.8 kg	Design assumptions from ANL
Tank size (water capacity)	700-bar: 149 L	Calculated based on Benedict-Webb-Rubin equation of state for 5.6 kg usable H2 capacity and 20 bar "empty" pressure" (6.0 and 5.8 kg total H$_2$ capacity for 350-bar and 700-bar tanks, respectively)
Safety factor	2.25	Industry standard criteria (e.g., ISO/TS 15869) applied to nominal storage pressure (i.e., 350 bar and 700 bar)
Length/Diameter Ratio	3.0	Discussions with Quantum, 2008; based on the outside of the CF wrapped tank
Carbon Fiber (CF) Type	Toray T700S	Discussions with Quantum and other developers, 2008
CF Composite Tensile Strength	2550 MPa	Toray material data sheet for 60% fiber by volume
Adjustment for CF Quality	10 %	Reduction in average tensile strength to account for variance in CF quality, based on discussion with Quantum and other developers, 2010
CF Translation Efficiency	700-bar: 80.0%	Assumption based on data and discussions with Quantum, 2004-09
Tank Liner Thickness	7.4 mm Al (Type III) 5 mm HDPE (Type IV)	Discussions with Quantum, 2008; typical for Type III and Type IV tanks
Overwrap	1 mm glass fiber	Discussions with Quantum, 2008; common but not functionally required
Protective End Caps	10 mm foam	Discussions with Quantum, 2008; for impact protection

9.3   Probekörpergeometrien

Vielzweckprobekörper

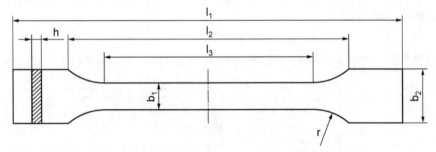

Bezeichnung		Wert [mm]
l_1	Gesamtlänge	160
l_2	Abstand zwischen den breiten parallelen Teilen	100
l_3	Länge des schmalen parallelen Teils	80
b_1	Breite des engen Teils	10
b_2	Breite an den Enden	20
h	Dicke	4
r	Radius	40

Abb. 9.1:   Daten des Vielzweckprobekörpers nach DIN EN ISO 3167, [123]

Plattenprobekörper klein (P60)

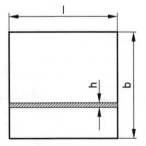

Bezeichnung		Wert [mm]
l	Länge	60
b	Breite des engen Teils	60
h	Dicke	2

Abb. 9.2:   Daten des kleinen Plattenprobekörpers P60

Plattenprobekörper groß (P200)

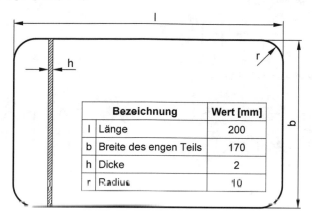

Bezeichnung		Wert [mm]
l	Länge	200
b	Breite des engen Teils	170
h	Dicke	2
r	Radius	10

Abb. 9.3: Daten des großen Plattenprobekörpers P200

9.4 Ergänzungen zum konventionellen Zylindermodell

Massenanteil CFK m_{CFK}

$$m_{CFK} = \left[\begin{array}{c} \pi \cdot \left(\left(\left(\frac{D_i}{2} \right) + \left(\frac{3 \cdot D_i \cdot p_i \cdot \hat{S}}{4 \cdot \sigma_1} \right) \right)^2 - \left(\frac{D_i}{2} \right)^2 \right) \\ \cdot \left(l_z - \left(D_i + 2 \cdot \left(\frac{3 \cdot D_i \cdot p_i \cdot \hat{S}}{4 \cdot \sigma_1} \right) + 2 \cdot l_{fB} \right) \right) \\ + \left(\frac{4}{3} \pi \cdot \left(\left(\left(\frac{D_i}{2} \right) + \left(\frac{3 \cdot D_i \cdot p_i \cdot \hat{S}}{4 \cdot \sigma_1} \right) \right)^3 - \left(\frac{D_i}{2} \right)^3 \right) \right) \end{array} \right] \cdot \rho_{CFK} \qquad \text{Gl. 9-1}$$

Massenanteil Liner m_{Liner}

$$m_{Liner} = \left[\begin{array}{c} \pi \cdot \left(\left(\frac{D_i}{2} \right)^2 - \left(\frac{D_i}{2} - t_L \right)^2 \right) \cdot \left(l_z - \left(D_i + 2 \cdot \left(\frac{3 \cdot D_i \cdot p_i \cdot \hat{S}}{4 \cdot \sigma_1} \right) + 2 \cdot l_{fB} \right) \right) \\ + \left(\frac{4}{3} \pi \cdot \left(\left(\frac{D_i}{2} \right)^3 - \left(\frac{D_i}{2} - t_L \right)^3 \right) \right) \end{array} \right] \cdot \rho_L \qquad \text{Gl. 9-2}$$

Massenanteil Boss(e) m_{Boss}

$$m_{Boss} = \left[\pi \cdot \left(\frac{D_B}{2} \right)^2 \cdot 2 \cdot l_B \right] \cdot \rho_B$$

Gl. 9-3

Innenvolumen des Zylinders V_{innen}

$$V_{innen} = \begin{bmatrix} \pi \cdot \left(\frac{D_i}{2} - t_L \right)^2 \cdot \left(l_Z - \left(D_i + 2 \cdot \left(\frac{3 \cdot D_i \cdot p_i \cdot \hat{S}}{4 \cdot \sigma_1} \right) + 2 \cdot l_{fB} \right) \right) + \\ \left(\frac{4}{3} \pi \cdot \left(\frac{D_i}{2} - t_L \right)^3 \right) \end{bmatrix}$$

Gl. 9-4

Kombinierter Sicherheitsbeiwert $\hat{S}$

$$\hat{S} = \frac{S_{EG79}}{\prod\limits_{i=1}^{n} S_i}$$

Gl. 9-5

Verwendeten Parameter und Größen

Tab. 9.3: Übersicht der Parameter des konventionellen Zylindermodells

Bezeichnung		Wert*
D_B	Bossdurchmesser	70 mm
D_i	Innendurchmesser	diverse
l_B	Bossgesamtlänge	70mm
l_{fB}	Freie Bosslänge (Neckmount, sonst 5 mm)	30 mm, Typ III 40 mm, Typ IV
l_Z	Zylindergesamtlänge (mit freien Bossenden)	diverse
p	Nomineller Arbeitsdruck	700 bar
$\hat{S}$	Kombinierter Sicherheitsbeiwert	2,63
S_{EG79}	Sicherheitsbeiwert nach EG79	2,25
S_1	Faserschädigungsfaktor	0,95
S_2	Faserwelligkeitsfaktor	0,9
t_L	Linerstärke	5 mm
ρ_B	Dichte Boss (Aluminium; 6061 T6)	2,7 kg/l
ρ_{CFK}	Dichte CFK (bei 60% Faservolumenanteil)	1,5 kg/l
ρ_L	Dichte Liner Aluminium HDPE PA	2,7 kg/l Typ III 0,96 kg/l Typ IV 1,1 kg/l Typ IV
σ_1	Max. Zugfestigkeit Laminat bei 60% Faservol.	1550 MPa

*Wenn nicht anders angegeben

Weitere Simulationsergebnisse

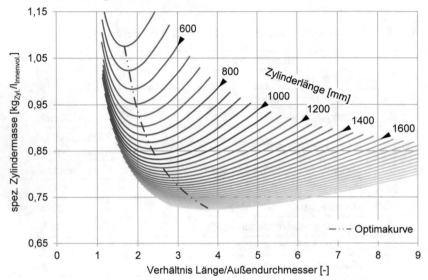

Abb. 9.4:   Berechnung: Einfluss der Zylinderabmessungen auf die spezifische Zylindermasse für Typ IV Zylinder

9.5 Ergebnisse der FEM-Simulationen - Multizellenspeicher

9.5.1 Annahmen zur FKV-gerechten Auslegung

Tab. 9.4: Übersicht der Materialkennwerte der UD-Einzelschicht zur FKV-gerechten FEM-Simulation [150]

Parameter		Wert
Laminatbeschreibung (CFK)		Fasern: T700 Matrix: LY556 (Epoxy)
S_1	Faserschädigungsfaktor	0,95
S_2	Faserwelligkeitsfaktor	0,85
$E_{t,II}$	Elastizitätsmodul in Faserrichtung	94,1 GPa
$E_{t,\perp}$	Elastizitätsmodul quer zur Faserrichtung	8,06 GPa
$G_{II\perp}$	Schubmodul in II⊥-Ebene (vgl. Abb. 4-10)	2,49 GPa
$G_{\perp\perp}$	Schubmodul in ⊥⊥-Ebene (vgl. Abb. 4-10)	3,62GPa
$v_{II\perp}$	Querkontraktionszahl in II⊥-Ebene (vgl. Abb. 4-10)	0,26
$v_{\perp\perp}$	Querkontraktionszahl in ⊥⊥-Ebene (vgl. Abb. 4-10)	0,36
R_{II+}	Festigkeit in Faserrichtung Zugbelastung	1215,5 MPa
R_{II-}	Festigkeit in Faserrichtung Druckbelastung	898 MPa
$R_{\perp+}$	Festigkeit quer zur Faserrichtung Zugbelastung	45,1 MPa
$R_{\perp-}$	Festigkeit quer zur Faserrichtung Druckbelastung	201,6 MPa
$R_{\perp II}$	Festigkeit bei Schubbeanspruchung	73,1 MPa
ρ	Dichte	1,5 kg/l
φ	Faservolumenanteil	50 %

9.5.2   Ergebnisse der FEM-Simulationen - Multizellenspeicher

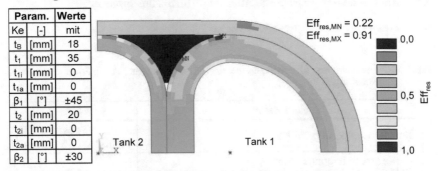

Param.		Werte
Ke	[-]	mit
t_B	[mm]	18
t_1	[mm]	35
t_{1i}	[mm]	0
t_{1a}	[mm]	0
β_1	[°]	±45
t_2	[mm]	20
t_{2i}	[mm]	0
t_{2a}	[mm]	0
β_2	[°]	±30

Abb. 9.5:   Simulation des Multizellenspeichers: Resultierende Gesamtanstrengung (Eff$_{res}$) bei Prüfdruck 1050 bar der besten Variante mit Keilelement (#1531) aus erster Variantenrechnung eins (V01)

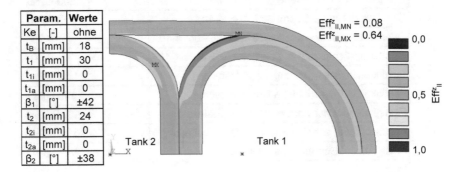

Param.		Werte
Ke	[-]	ohne
t_B	[mm]	18
t_1	[mm]	30
t_{1i}	[mm]	0
t_{1a}	[mm]	0
β_1	[°]	±42
t_2	[mm]	24
t_{2i}	[mm]	0
t_{2a}	[mm]	0
β_2	[°]	±38

Abb. 9.6:   Simulation des Multizellenspeichers: Laminatanstrengung für Faserzug (Eff$_{II}^z$) bei Berstdruck 1575 bar der besten Variante aus manueller Variantenrechnung (V00)

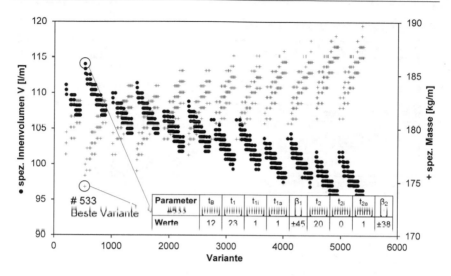

Abb. 9.7: Simulation des Multizellenspeichers, Variantenrechnung 3 (V03): Ergebnisse zu spezifischem Innenvolumen und spezifischer Masse der Varianten mit resultierender Gesamtanstrengung 0,9<Eff_res<1

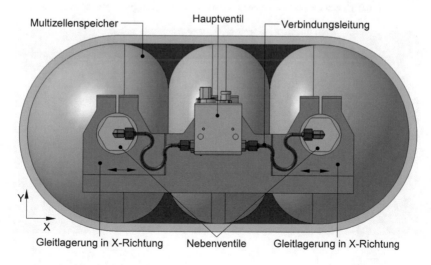

Abb. 9.8: Neckmountkonzept für den Multizellenspeicher nach [148]

9.5.3   Ergebnisse der FEM-Simulationen - Konischer Speicher

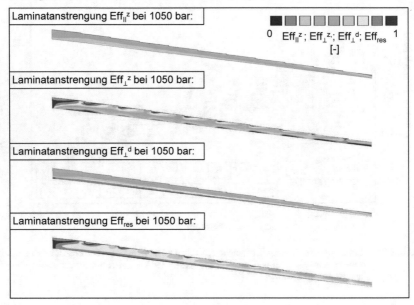

Abb. 9.9:   Ergebnis der Laminatanstrengung für Faserzug (Eff_{II}^z), Matrixzug ($Eff_{\perp}^z$), Matrixdruck ($Eff_{\perp}^d$) und der resultierenden Laminatanstrengung (Eff_{res}) des konischen Speichers

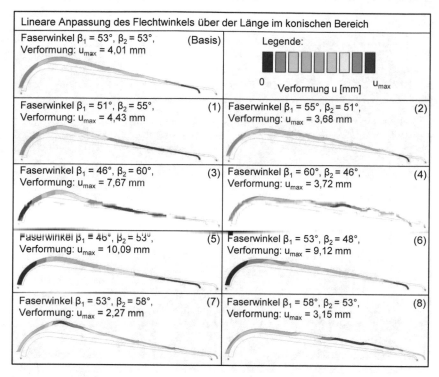

Abb. 9.10: Ergebnisse der Sensitivitätsanalyse des Faserwinkels in Bezug auf das Ausdehnungsverhalten für den konischen Speicher

9.5.4   Ergebnisse der Fertigungsversuche - Konischer Speicher

gleichmäßige Ablage: minimale Winkelvariation und weitestgehend homogene Bedeckung

Wendepunkt im Schulterbereich

Wendepunkt im konischen Bereich

Abb. 9.11:   Fertigungsversuch 3 an Liner-Demonstrator 1 mit variablem Flechtaugendurchmesser sowie variabler Geschwindigkeit; Fotos: LZS

9.6 Detaillierte Versuchsergebnisse

Tab. 9.5: Details zur Bestimmung der realen Füllgrade durch Dichtebestimmung und Glühverlustmessungen; PE

Probe	Masse Tiegel [g]	Masse der Probe mit Tiegel [g]	Masse n. Glühverlust imit Tiegel [g]	Masse der Probe [g]	Masse nach Glühverlust [g]	Restmasse [%]	Dichte Füllstoff [kg/l]	Dichte Basispolymer [kg/l]	Dichte Compound [kg/l]	Füllgrad n. Glühverlust [Vol.-%]	Füllgrad n. Compounddichte [Vol.-%]	Mittelwert realer Füllgrad [Vol.-%]	Abweichung zu Annahme [Vol.-%]
PE-6,25-BN	23,326	25,504	23,617	2,179	0,291	13,4			1,036	6,14	6,15	6,15	0,1
PE-12,5-BN	22,796	26,174	23,638	3,377	0,842	24,9	2,3		1,107	12,3	12,27	12,3	0,2
PE-25-BN	22,663	26,587	24,396	3,924	1,733	44,2			1,269	25,1	24,91	25,01	-0,01
PE-6,25-G	22,514	24,878	22,781	2,365	0,267	11,3			1,016	5,22	5,21	5,22	1,03
PE-12,5-G	22,435	25,868	23,276	3,432	0,841	24,5	2,2	0,954	1,14	12,3	12,69	12,51	-0,01
PE-25-G	22,51	26,305	24,218	3,795	1,709	45			1,301	26,2	26,61	26,4	-1,4
PE-6,25-M	11,333	14,041	11,949	2,708	0,616	22,7			1,16	7,43	7,54	7,48	-1,23
PE-12,5-M	22,368	24,832	23,271	2,464	0,904	36,7	3,5		1,257	13,6	13,17	13,4	-0,9
PE-25-M	15,165	19,077	17,29	3,913	2,125	54,3			1,563	24,5	24,26	24,36	0,64

Tab. 9.6:   Details zur Bestimmung der realen Füllgrade durch Dichtebestimmung und Glühverlustmessungen; PA

Probe	Masse Tiegel	Masse der Probe mit Tiegel [g]	Masse n. Glühverlust imitTiegel [g]	Masse der Probe [g]	Masse nach Glühverlust [g]	Restmasse [%]	Dichte Füllstoff [kg/l]	Dichte Basispolymer [kg/l]	Dichte Compound [kg/l]	Füllgrad n. Glühverlust [Vol.-%]	Füllgrad n. Compounddichte [Vol.-%]	Mittelwert realer Füllgrad [Vol.-%]	Abweichung zu Annahme [Vol.-%]
PA-6,25-BN	22,665	24,904	22,877	2,239	0,212	9,46			**1,203**	5,01	5,06	**5,04**	1,21
PA-12,5-BN	22,798	25,465	23,315	2,667	0,516	19,4	2,3		**1,28**	10,8	11	**10,9**	1,58
PA-25-BN	13,03	15,978	14,158	2,948	1,128	38,3			**1,447**	23,9	24,6	**24,2**	0,77
PA-6,25-G	22,438	25,113	22,728	2,675	0,29	10,9			**1,22**	5,92	6,02	**5,97**	0,28
PA-12,5-G	22,372	24,714	22,839	2,342	0,468	20	2,2	**1,137**	**1,28**	11,4	11,6	**11,5**	0,98
PA-25-G	24,693	27,962	25,95	3,269	1,257	38,5			**1,409**	24,4	24,6	**24,5**	0,48
PA-6,25-M	11,456	14,555	11,924	3,099	0,468	15,1			**1,282**	5,47	5,53	**5,5**	0,75
PA-12,5-M	17,374	20,048	18,18	2,675	0,807	30,2	3,5		**1,447**	12,3	12,5	**12,4**	0,12
PA-25-M	13,266	17,003	15,247	3,737	1,981	53			**1,738**	26,8	26,3	**26,6**	-1,6

Tab. 9.7: Ergebnisse (Mittelwerte) zu den mechanischen und thermischen Materialuntersuchungen sowie die berechneten Kosten in absoluten Werten für PE und PA

Probe	Zugfestigkeit [N/mm²]	Zugmodul [N/mm²]	Biegefestigkeit [N/mm²]	Biegemodul [N/mm²]	Kerbschlagzähigkeit [kJ/m²]	Permeabilität [cm³·m⁻²·d⁻¹·bar⁻¹]	Wärmeleitfähigkeit [W·m⁻¹·K⁻¹]	Temperaturleitfähigkeit [cm²/s]	Wärmekapazität [J·g⁻¹·K⁻¹]	Dichte [kg/l]	Preis [€/kg]
PE-0	19,7	618	22,5	820	20,3	110	0,35	0,0015	1,9	1	1,5
PE-6,25-M	21,4	964	25,7	1200	11,2	97	0,39	0,0021	1,7	1,2	2
PE-12,5-M	21	1055	27,3	1415	8,15	81	0,46	0,0024	1,5	1,3	2,56
PE-25-M	21,2	1808	32,9	2505	5,24	63	0,6	0,003	1,3	1,6	3,7
PE-6,25-BN	21,8	1021	26,9	1245	21,7	90	0,37	0,0021	1,7	1	11,2
PE-12,5-BN	23,2	1395	30,7	1800	14,3	70	0,41	0,0024	1,5	1,1	20,9
PE-25-BN	25,1	2294	37,4	2995	7,39	44	0,69	0,0036	1,5	1,3	40,5
PE-6,25-G	23	984	26,2	1145	18,9	81	0,42	0,0024	1,7	1	1,75
PE-12,5-G	26,3	1603	34	2100	12,9	64	0,5	0,0027	1,6	1,1	2,08
PE-25-G	29,8	2914	43	3550	7,36	44	0,8	0,0047	1,3	1,3	2,72
PA-0	88,6	3267	143	3275	2,08	6,8	0,31	0,0018	1,5	1,1	2,5
PA-6,25-M	98	4000	148	3960	2,48	5,4	0,34	0,002	1,3	1,3	3,32
PA-12,5-M	101	4855	154	4875	2,54	4,9	0,44	0,0024	1,3	1,5	3,8
PA-25-M	98,5	7357	156	7190	2,76	4,3	0,63	0,0033	1,1	1,7	4,76
PA-6,25-BN	89,6	4219	135	4360	2,51	4,6	0,36	0,0022	1,4	1,2	12,5
AP-12,5-BN	80,9	5056	131	5675	1,94	3,9	0,49	0,0026	1,4	1,3	22,2
PA-25-BN	64,8	8467	115	9230	1,54	2,5	0,72	0,0038	1,3	1,5	41,5
PA-6,25-G	78,6	4831	133	4340	2,58	4,1	0,44	0,0025	1,4	1,2	3,08
PA-12,5-G	62,9	5920	122	5785	2,33	3,4	0,6	0,0036	1,3	1,3	3,31
PA-25-G	57,8	8889	112	8420	1,61	1,9	1,03	0,0061	1,2	1,4	3,78

9.7 Ergänzende mikroskopische oder FEREM Aufnahmen

Abb. 9.12: Erweiterte Lichtmikroskopische Aufnahme des verwendeten Füllstoffs Bornitrid zur Darstellung der Agglomeratbildung

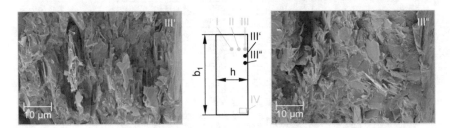

Abb. 9.13: Feldemissions-Raster-Elektronenmikroskopie (FEREM) an der Bruchfläche eines Vielzweckprobekörpers: Material PA-25-G mit Angabe der Position (III'-III") der Aufnahmen im Probenquerschnitt (vgl. Abb. 9.1)

9.8 Weitere Ergebnisse und Annahmen zur Materialbewertung

Tab. 9.8: Materialkosten für der Füllstoffe bzw. Polymere bei einer angenommen Abnahmemenge von ca. 10 bzw. 50 Tonnen pro Jahr [185].

	Füllstoff	Preis* [€/kg]
BN	Bornitrid	70
G	Graphit	3
M	Mineral	3

* angenommene Abnahmemenge 10t/a

	Polymer	Preis** [€/kg]
PE	Polyethylen	1,5
PA	Polyamid	2,5

** angenommene Abnahmemenge 50t/a

Tab. 9.9: Detaildaten der normierten Ergebnisse in Ergänzung zu Abb. 6.23

	Zug-festigkeit	Zug-Modul	Biege-festigkeit	Biege-Modul	Kerbschlag-zähigkeit	Perme-abilität	Wärmeleit-fähigkeit	Dichte	Kosten	Σ*
PE-0	1,00	1,00	1,00	1,00	1,00	1,00	1,00	1,00	1,00	9,00
PE-6,25-M	1,08	1,53	1,14	1,45	0,40	1,22	1,13	0,82	0,75	9,53
PE-12,5-M	1,07	1,68	1,21	1,71	0,29	1,45	1,33	0,76	0,58	10,08
PE-25-M	1,08	2,88	1,46	3,03	0,19	1,88	1,73	0,61	0,41	13,25
PE-6,25-BN	1,11	1,62	1,19	1,50	0,77	1,31	1,06	0,92	0,13	9,62
PE-12,5-BN	1,18	2,22	1,36	2,17	0,51	1,69	1,19	0,86	0,07	11,25
PE-25-BN	1,27	3,65	1,66	3,62	0,26	2,71	1,98	0,75	0,04	15,94
PE-6,25-G	1,17	1,57	1,16	1,38	0,67	1,46	1,20	0,94	0,86	10,40
PE-12,5-G	1,33	2,55	1,51	2,54	0,46	1,84	1,43	0,84	0,72	13,22
PE-25-G	1,51	4,64	1,91	4,29	0,26	2,72	2,29	0,73	0,55	18,90
PA-0	1,00	1,00	1,00	1,00	1,00	1,00	1,00	1,00	1,00	9,00
PA-6,25-M	1,11	1,22	1,03	1,21	1,19	1,26	1,10	0,89	0,75	9,75
PA-12,5-M	1,13	1,49	1,08	1,49	1,22	1,39	1,39	0,79	0,66	10,63
PA-25-M	1,11	2,25	1,09	2,20	1,33	1,57	2,01	0,65	0,53	12,73
PA-6,25-BN	1,01	1,29	0,94	1,33	1,21	1,46	1,16	0,95	0,20	9,55
PA-12,5-BN	0,91	1,55	0,92	1,73	0,93	1,72	1,54	0,89	0,11	10,30
PA-25-BN	0,73	2,59	0,80	2,82	0,74	2,68	2,28	0,79	0,06	13,49
PA-6,25-G	0,89	1,48	0,93	1,33	1,24	1,64	1,40	0,93	0,81	10,64
PA-12,5-G	0,71	1,81	0,85	1,77	1,12	1,97	1,91	0,89	0,75	11,79
PA-25-G	0,65	2,72	0,78	2,57	0,77	3,58	3,28	0,81	0,66	15,83

* Summe bei gleicher Gewichtung aller Eigenschaften

9.9 Ergänzungen zur CFD-Simulation

Tab. 9.10:   Gewählte Modelle der Verwendeten *Continua* für das CFD-Modell.

Modell	Continua		
	Fluid	Solid	Mesh
All y+ Wall Treatment	x		
Gas	x		
Solid		x	
Gradients	x	x	
Gravity	x		
Implicit Unsteady	x	x	
K-Omega Turbulence	x		
Reynolds-Averaged Nvier-Stokes	x		
Segregated Flow	x		
Segregated Fluid Temperature	x		
Segregated Solid Energy		x	
SST (Menter) K-Omega	x		
Three Dimensional	x	x	
Transition Boundary Distance	x		
Turbulence Suppression	x		
Turbulent	x		
User Defined EOS	x		
Constant Density		x	
Embedded Thin Mesher			x
Polyhedral Mesher			x
Prism Layer Mesher			x
Surface Remesher			x
Extruder			x

Tab. 9.11:   Verwendete Materialeigenschaften zur CFD-Simulation; Daten aus [146] und [107]

Eigenschaft	Material	
	Aluminium	CFK
Dichte [kg/m³]	2700	1494
spezifische Wärmekapazität [J/(kg·K)]	896	1120
Wärmeleitfähigkeit [W/(m·K)]	167	0,74*

* Bei Angabe CFK-mod: 1,0 W/(m·K)

Printed in the United States
By Bookmasters